大学数学系列规划教材

概率论与数理统计

(经济管理类)

主　编　孙国正　杜先能
副主编　蒋　威　侯为波
　　　　束立生　殷晓斌

北京师范大学出版集团
BEIJING NORMAL UNIVERSITY PUBLISHING GROUP
安徽大学出版社

图书在版编目(CIP)数据

概率论与数理统计:经济管理类/孙国正,杜先能主编.
—合肥:安徽大学出版社,2011.8(2024.1重印)
大学数学系列规划教材
ISBN 978-7-5664-0291-2

Ⅰ.①概… Ⅱ.①孙…②杜… Ⅲ.①概率论—高等学校—教材 ②数理统计—高等学校—教材 Ⅳ.①O21

中国版本图书馆 CIP 数据核字(2011)第 165308 号

概率论与数理统计(经济管理类)

(大学数学系列规划教材)　　主编　孙国正　杜先能

出版发行:	北京师范大学出版集团
	安 徽 大 学 出 版 社
	(安徽省合肥市肥西路3号 邮编230039)
	www.bnupg.com
	www.ahupress.com.cn
印　　刷:	合肥图腾数字快印有限公司
经　　销:	全国新华书店
开　　本:	710 mm×1010 mm　1/16
印　　张:	14.75
字　　数:	234 千字
版　　次:	2011 年 8 月第 2 版
印　　次:	2024 年 1 月第 8 次印刷
定　　价:	24.00 元

ISBN 978-7-5664-0291-2

责任编辑:钟　蕾　　　　　　　　　装帧设计:张同龙　李　军
责任印制:赵明炎

版权所有　侵权必究
反盗版、侵权举报电话:0551—65106311
外埠邮购电话:0551—65107716
本书如有印装质量问题,请与印制管理部联系调换。
印制管理部电话:0551—65106311

编审委员会

马阳明　叶　鸣　孙国正　许志才
杜先能　陈松林　祝家贵　陈　秀
姚云飞　侯为波　费为银　钱　云
黄己立　梁仁臣　蒋　威

参编人员

王良龙　孙国正　刘树德　朱春华
张敬和　束立生　何江宏　杜先能
宋寿柏　陆　斌　郭大伟　侯为波
祝东进　赵礼峰　胡舒合　徐建华
徐德璋　殷晓斌　蒋　威　葛茂荣
雍锡琪

再 版 前 言

概率论与数理统计是研究随机现象的一门数学学科,是与现实世界联系最密切应用最广泛的学科之一.随着科学技术的进步和发展,研究随机现象的数学理论和方法——概率论与数理统计方法已渗透到自然科学和社会科学的各个领域.概率论与数理统计学科与其他学科结合形成了许多边缘性学科,如金融统计学、生物统计学、医学统计学、数量经济学、保险精算学、统计物理学、统计化学等等.概率论与数理统计已成为人们从事生产劳动、科学研究和社会活动的一个基本工具.

在本书再版之际我们除了秉承原书的特色外,还删去了部分过难的内容,修改了一些印刷错误。注意到 Excel 是一种被广泛应用的工具软件,我们特别编撰了用 Excel 进行概率统计计算和分析的章节,以利于学生在学习过本书后能运用所学的知识,解决实践中的概率统计问题.

由于编者水平所限,书中的错误和缺陷在所难免,恳请同行、读者提出宝贵意见,以利于我们再版时补正提高.

编者

2011 年 5 月

前　言

概率论与数理统计是研究随机现象的一门数学学科,它是与现实世界联系最密切、应用最广泛的学科之一.随着科学技术的进步和发展,研究随机现象的数学理论和方法——概率论与数理统计方法已渗透到自然科学和社会科学的各个领域.概率论与数理统计学科与其他学科结合形成了许多边缘性学科,如金融统计学、生物统计学、医学统计学、数量经济学、保险精算学、统计物理学、统计化学等等.概率论与数理统计已成为人们从事生产劳动、科学研究和社会活动的一个基本工具.

本书是依据教育部颁发的教学大纲,在编者多年的教学与实践的基础上编写的.本书可作为高等学校文科"概率论与数理统计"课程的教材或教学参考书.作者在编写过程中,注意到文科的特点,精选材料,使教师和学员在大纲规定的学时内完成教学计划.

全书共分八章,第一章到第四章为概率论部分,其内容有概率论的基本概念、随机变量及其概率分布、数字特征、大数定律与中心极限定理等;第五章到第八章为数理统计部分,其内容有统计量及其概率分布、参数估计、假设检验等.

本书体现了编者在以下几方面的努力:

1. 通过例题细致地阐述了概率论与数理统计中的主要概念和方法及其产生的背景和思路,力求运用简洁的语言描述随机现象及其内在的统计规律性.

2. 书中的定理和结论,大多给出简化、直观且严格的证明.对一些类似的结论给出了推导与证明的思路.有些结论用表格列出,便于对照、理解与掌握.

3. 按照国家标准,采用规范的概率统计用语.注重提高学生运用概率统计的理论与方法去解决实际问题的能力.书中例题与习题较丰富,包括大量的应用题,有助于培养学生分析问题与解决问题的能力.

本书的编写是在安徽大学、安徽师范大学、淮北煤炭师范学院三校数学系、教务处的领导和许多教师的大力支持下完成的.安徽大学出版社为本书的出版做了大量的工作,在此表示感谢.在本书的编写过程中,我们参阅了国内外许多教材,谨表诚挚谢意.

由于编者水平有限,书中的错误和缺陷在所难免,恳请同行、读者提出宝贵意见.

编者

2004 年 5 月

目 录

第1章 随机事件和概率 ·· 1
  §1.1 随机事件 ··· 1
  §1.2 概率的定义 ··· 8
  §1.3 条件概率和乘法公式 ································· 18
  §1.4 全概率公式和贝叶斯公式 ····························· 20
  §1.5 事件的独立性 ······································· 23
  习题1 ·· 28

第2章 随机变量及其数字特征 ·································· 33
  §2.1 随机变量及其分布 ··································· 33
  §2.2 随机变量的数字特征 ································· 40
  §2.3 常用的概率分布 ····································· 49
  习题2 ·· 61

第3章 随机向量的分布及数字特征 ······························ 66
  §3.1 随机向量的分布 ····································· 66
  §3.2 随机变量的独立性 ··································· 73
  §3.3 随机向量函数的分布与数学期望 ······················· 80
  §3.4 随机向量的数字特征 ································· 85
  习题3 ·· 90

第4章 极限定理 ·· 94
  §4.1 大数定律 ·· 94
  §4.2 中心极限定理 ······································· 96
  习题4 ·· 100

第 5 章　数理统计的基本概念 ·················· 101
§5.1　总体与样本 ·················· 101
§5.2　经验分布函数与顺序统计量 ·················· 102
§5.3　样本分布的数字特征 ·················· 105
§5.4　n 个常用的分布 ·················· 107
§5.5　常用抽样分布 ·················· 111
习题 5 ·················· 112

第 6 章　参数估计 ·················· 116
§6.1　参数的点估计 ·················· 116
§6.2　区间估计 ·················· 124
习题 6 ·················· 130

第 7 章　假设检验 ·················· 134
§7.1　假设检验的基本概念 ·················· 134
§7.2　单个正态总体的假设检验 ·················· 136
§7.3　两个正态总体的假设检验 ·················· 139
§7.4　*非正态总体参数及分布律的假设检验 ·················· 143
习题 7 ·················· 150

第 8 章　方差分析和线性回归分析 ·················· 154
§8.1　单因素方差分析 ·················· 154
§8.2　一元线性回归分析 ·················· 159
习题 8 ·················· 172

第 9 章　Excel 统计分析 ·················· 175
§9.1　利用随机数发生器产生随机数 ·················· 175
§9.2　常见的几个分布的概率计算 ·················· 177
§9.3　常用统计量的计算 ·················· 178
§9.4　假设检验 ·················· 180
§9.5　方差分析 ·················· 189
§9.6　回归分析 ·················· 195

附　习题答案 ·················· 200

附表 ·· 210
  附表 1 ·· 210
  附表 2 ·· 213
  附表 3 ·· 214
  附表 4 ·· 216
  附表 5 ·· 217
  附表 6 ·· 221

第 1 章

随机事件和概率

概率论是研究随机现象规律性的数学学科.本章重点介绍概率论的两个最基本的概念——事件与概率,接着讨论古典概型和几何概型以及其概率计算,然后介绍条件概率、乘法公式、全概率公式与贝叶斯公式,最后讨论事件的独立性.

§1.1 随机事件

一、随机试验与样本空间

在自然界和人类社会生活中存在着两种现象,一类是在一定条件下必然出现的现象,称为确定性现象.如太阳必然从东方升起等.另一类则是我们事先无法准确预知其结果的现象,称作随机现象.如抛一枚硬币,我们不能事先预知将是出现正面还是反面.概率论研究的正是随机现象.由于随机现象的结果不能事先预知,初看起来,随机现象无规律可言.但人们发现同一随机现象在大量重复出现时,其出现的结果却具有一定的规律性.如人们重复抛一枚均匀硬币时,虽每次抛之前并不能预知它是出现正面还是反面,但出现正面的频率总是稳定在 0.5 左右,人们把随机现象在大量重复出现时所表现的规律性称为随机现象的统计规律性.对随机现象的观察称为试验,如果试验满足下列条件:

(1) 试验可以在同样条件下重复进行;

(2) 试验的所有可能结果在试验前可以明确知道;

(3) 每次试验将要出现的结果是不确定的,

则称此试验为随机试验.简称随机试验为试验.一个试验将要出现的结果是不确定的,但其所有可能结果是明确的.称试验的每一个结果为一个样本点,一般用 ω 表示,一切样本点所构成的集合称为<u>样本空间</u>,一般用 Ω 表示.

对一个具体的试验,我们根据试验的条件和结果的含义来确定其样本空间,必要时约定一些记号以便把样本空间简洁地表示出来.

例 1 掷一枚硬币,在一次试验中,H 表示"正面朝上",T 表示"反面朝上",这个试验共有 2 个样本点,故样本空间为
$$\Omega = \{H, T\}.$$

例 2 掷一枚骰子,用 i 表示标有数字 i 的面朝上,则在一次试验中共有 6 个样本点,故样本空间为
$$\Omega = \{1, 2, 3, 4, 5, 6\}.$$

例 3 记录在某一时间段某城市发生的火灾的次数,一个样本点就是该城市在一段时间内发生的火灾次数,故样本空间为
$$\Omega = \{0, 1, 2, \cdots\}.$$

例 4 向一目标射击炮弹,观测弹着点的位置,一次射击为一次试验.选定坐标系,则炮弹的一个弹着点 (x, y) 就是一个样本点,故样本空间为
$$\Omega = \{(x, y) : -\infty < x < +\infty, -\infty < y < +\infty\}.$$

从上面的例子可以看出,样本空间可以是有限或无限的点集,也可以是抽象的集合.从随机试验到样本空间这一数学抽象,使我们可以用集合论的语言来表示概率论的概念.

二、随机事件

在随机试验中,人们除关心试验结果外,还关心试验的结果是否具备某一指定的可观察的特征.粗略地讲,我们把随机试验中可能发生,也可能不发生的结果称为<u>随机事件</u>,简称为事件,事件用英文大写字母 A, B, C 等来表示,事件也可用关于试验结果的某个断言来表述,如在掷一枚骰子的试验中,"点数是 6"就是一件事件.在试验中必然发生的事件称为<u>必然事件</u>,记作 Ω,在试验中一定不发生的事件,称为<u>不可能事件</u>,记作 $\varnothing$.如在掷一枚骰子试验中,"点数为偶数"是随机事件,"点数小于 7"是必然事件,"点数大于 8"是不可能事件.

一个样本点组成的单元素集称为<u>基本事件</u>.如在例 1 中,$A = \{H\}$,$B = \{T\}$ 均为基本事件;在例 2 中,$A = \{1\}, B = \{2\}$ 等是基本事件.

三、事件的运算

1. 事件的集合表示

由定义知,样本空间 Ω 是试验的所有可能结果的全体,因此样本空间实际上是所有样本点构成的集合. 每一个样本点是该集合的元素. 从这个意义上来讲,一个事件是 Ω 中具有某些特征的样本点构成的集合,它是 Ω 的一个子集. 某事件发生,是指属于该集合的某一个样本点在试验中的出现.

由于样本空间 Ω 包含所有可能结果,试验结果必是其中之一,所以样本空间作为一个事件是必然发生的,它是一个必然事件. 空集 $\varnothing$ 作为 Ω 的子集不含有任何样本点,不管试验的结果是什么, $\varnothing$ 作为一个事件总不会发生,因而是不可能事件.

2. 事件间的关系

在随机试验中,一般有很多随机事件,为了通过简单事件来研究掌握复杂的事件,我们需要了解事件之间的关系. 下面就来分析这些关系:

(1) 事件的包含.

如果事件 A 发生必然导致事件 B 发生,则称<u>事件 A 含于事件 B</u>,或称<u>事件 B 包含 A</u>,记作

$$A \subset B \quad \text{或} \quad B \supset A.$$

按照前面的说明, $A \subset B$ 意味着,若 $\omega \in A$ 则 $\omega \in B$. 故 A 是 B 的子集,也即 A 是 B 的子事件,易知对任一事件 A,有

$$\varnothing \subset A \subset \Omega.$$

(2) 事件的相等(或等价).

如果 $A \subset B$ 且 $B \subset A$,则称 A 与 B 相等(或等价),记作 $A = B$. $A = B$ 表示 A 和 B 是同一个事件.

(3) 事件的并(或和).

由事件 A 与 B 至少有一个发生构成的事件,称为<u>事件 A 与事件 B 的并(或和)</u>,记作 $A \cup B$.

据定义, $A \cup B$ 发生,当且仅当 A 与 B 至少有一个发生,详言之,当 A 发生但 B 不发生,或 B 发生但 A 不发生,或 A 与 B 同时发生,都有 $A \cup B$ 发生.

(4) 事件的交(或积).

由事件 A 与 B 同时发生构成的事件,称为<u>事件 A 与事件 B 的交

（或积），记作 $A\cap B$ 或 AB.

由定义知，$A\cap B$ 发生当且仅当 A 与 B 同时发生.

(5) 事件的差.

由事件 A 发生而事件 B 不发生构成的事件，称为事件 A 与事件 B 的差，记作 $A\backslash B$.

据定义，$A\backslash B$ 发生当且仅当 A 发生且 B 不发生.

如果 $A\supset B$，$A\backslash B$ 记作 $A-B$.

(6) 互不相容（或互斥）事件.

如果事件 A 与 B 不可能同时发生，即 $AB=\varnothing$，则称事件 A 与事件 B 是互不相容（或互斥）事件. 互斥的两个事件 A 与 B 的并称为和，记作 $A+B$.

(7) 对立事件（或逆事件）.

事件 A 不发生这一事件称为 A 的对立事件，记作 $\bar{A}$. 显然 $\bar{A}$ 发生当且仅当 A 不发生，由事件 A 得到事件 $\bar{A}$ 是一种运算，称作取逆运算. 显然有

$$A\cap\bar{A}=\varnothing, \quad A\cup\bar{A}=\Omega.$$

由上述关系式也知道，两个对立的事件必定是互斥的，所以"对立"是"互斥"的一种特殊情形.

例 5 记录某电话交换台一分钟内接到的呼唤次数. 则样本空间 $\Omega=\{0,1,2,\cdots\}$，设 A 表示"接到的呼唤不超过 50 次"事件，B 表示"接到的呼唤在 40 次到 60 次之间"事件，C 表示"接到的呼唤超过 50 次"事件，D 表示"接到的呼唤超过 100 次"事件，则

$$A=\{0,1,\cdots,50\}, \quad B=\{40,41,\cdots,60\},$$
$$C=\{51,52,\cdots\}, \quad D=\{101,102,\cdots\};$$

$A\cup B=\{0,1,\cdots,60\}$，它表示"接到的呼唤不超过 60 次"事件；

$A\cap B=\{40,41,\cdots,50\}$，它表示"接到的呼唤在 40 次到 50 次之间"事件；

$A\backslash B=\{0,1,\cdots,39\}$，它表示"接到的呼唤次数不超过 39 次"事件. 另外，显见 A 与 C 对立，即 $A=\bar{C}$；A 与 D 互斥，但不是对立事件.

事件的并和交可以推广到任意有限个或可数个事件的情形. 设 $\{A_i\}$ 为一列事件，$\bigcup_{i=1}^{n}A_i$ 表示"$A_1,A_2,\cdots,A_n$ 至少有一个发生"事件，称为 A_1，$\cdots$，A_n 的并；$\bigcup_{i=1}^{\infty}A_i$ 表示"$A_1,A_2,\cdots,A_n$ 中至少有一个发生"事件，称为 A_1，

$\cdots, A_n$ 的并. 当 $A_1, A_2, \cdots$ 两两互斥时,即
$$A_i A_j = \varnothing, \quad i \neq j, \ i,j=1,2,\cdots$$
此时记 $\bigcup\limits_{i=1}^{n} A_i$ 为 $\sum\limits_{i=1}^{n} A_i$,而将 $\bigcup\limits_{i=1}^{\infty} A_i$ 记作 $\sum\limits_{i=1}^{\infty} A_i$.

类似地 $\bigcap\limits_{i=1}^{n} A_i$ 表示 "$A_1,\cdots,A_n$ 同时发生"事件;$\bigcap\limits_{i=1}^{\infty} A_i$ 表示 "$A_1,A_2,\cdots$ 同时发生"事件.

(8) 完备事件组.

设 $A_1, A_2, \cdots$ 是有限或可数个事件,如果它们满足:

(i) $A_i A_j = \varnothing, \quad i \neq j, \ i,j=1,2,\cdots$;

(ii) $\sum\limits_{i} A_i = \Omega$,

则称 $A_1, A_2, \cdots$ 是一个完备事件组,显然 A 与它的对立事件 $\bar{A}$ 构成一个完备事件组.

事件之间的关系及运算还可用图形来示意.

用平面上矩形来表示样本空间 Ω. 圆形区域 A, B 分别表示事件 A, B. 图中阴影部分分别表示运算得到的事件,见图 1.1.

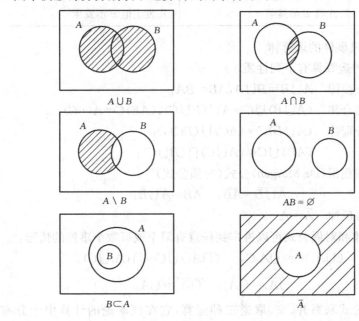

图 1.1

为了便于读者比较概率论中事件的关系和运算与集合的关系及运算,我们将两种等价的表述形式列成下面的对照表.

表 1.1

符号	集 合 论	概 率 论
Ω	空 间	样本空间,必然事件
$\varnothing$	空 集	不可能事件
ω	点(元素)	样本点
$A \subset \Omega$	子集	事件
$A \subset B$	集合 A 含于集合 B	A 是 B 的子事件
$A = B$	集合 A 与集合 B 相等	事件 A 与事件 B 相等
$AB = \varnothing$	集合 A 与集合 B 不相交	事件 A 与事件 B 互斥
$\bar{A}$	A 的余集	A 的对立事件
$A \cup B$	A 与 B 的并集	A 与 B 至少有一个发生
$A \cap B$	A 与 B 的交集	A 与 B 同时发生
$A \backslash B$	A 与 B 的差集	A 发生但 B 不发生

3. 随机事件的运算律

事件的运算具有下列性质.

(1) 交换律 $A \cup B = B \cup A, AB = BA$;

(2) 结合律 $(A \cup B) \cup C = A \cup (B \cup C), (AB)C = A(BC)$;

(3) 分配律 $(A \cup B)C = (AC) \cup (BC)$,
$$(AB) \cup C = (A \cup C) \cap (B \cup C);$$

(4) 德莫根(De Morgan)公式(对偶公式)
$$\overline{A \cup B} = \bar{A} \bar{B}, \quad \overline{AB} = \bar{A} \cup \bar{B};$$

(5) 自反律 $\bar{\bar{A}} = A$.

分配律和对偶公式可以推广到任意有限个或可数个事件的情形:
$$(\bigcup_i A_i)C = \bigcup_i A_i C, \quad (\bigcap_i A_i) \cup C = \bigcap_i (A_i \cup C),$$
$$\overline{\bigcup_i A_i} = \bigcap_i \bar{A}_i, \quad \overline{\bigcap_i A_i} = \bigcup_i \bar{A}_i.$$

对偶公式联系并、交、取逆三种运算,它在概率论的计算中十分有用.由事件之间的关系及运算的定义可推出一些有用的关系式,如由 $AB = \varnothing$ 可推出 $A \subset \bar{B}, B \subset \bar{A}$;由 $A \subset B$ 可推出 $A \cup B = B, AB = A$. 另外利用事件的运算及其性质,还可以用给定的事件来表达另一些有关的事件,或将给定的事件按照某种要求来表示. 以后,在有交、并、差运算的表达式中,总是理解为先进行交运算,然后依次从左向右进行并、差运算.

例6 设 A,B,C 为三个事件,试用 A,B,C 来表达下列事件:(1)只有 A 发生;(2)恰有一个事件发生;(3)恰有两个事件发生;(4)至少有两个事件发生.

解 (1)"只有 A 发生"="A 发生且 B 与 C 均不发生"=$A\bar{B}\bar{C}$;

(2)"恰好有一个发生"="只有 A 发生或只有 B 发生或只有 C 发生"=$A\bar{B}\bar{C}+\bar{A}B\bar{C}+\bar{A}\bar{B}C$;

(3)"恰有两个发生"="恰好 A 与 B 同时发生或 B 与 C 同时发生或 C 与 A 同时发生"=$AB\bar{C}+A\bar{B}C+\bar{A}BC$;

(4)"至少有两个发生"="A 与 B 同时发生或 B 与 C 同时发生或 C 与 A 同时发生"="恰好有两个发生或三个都发生"=$AB\cup BC\cup CA=AB\bar{C}+A\bar{B}C+\bar{A}BC+ABC$.

上例中(4)有两种不同的表达式,这两种表达式都是正确的,不过意义不同,不难看出,第二个表达式中相关的四个事件是两两互斥的;而第一个表达式中相并的每个事件都包含事件 ABC. 今后,在计算几个事件并的概率时,常常要将事件的并表成互斥事件的和,以便利用概率的性质.

例7 在图 1.2 的电路中,A,B,C,D 分别表示继电器 a,b,c,d 闭合事件,试用 A,B,C,D 来表示"R,S 两点之间为通路"事件.

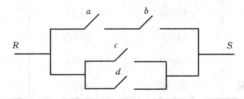

图 1.2

解 R,S 之间是通路,当且仅当"a 与 b 同时闭合或 c 闭合或 d 闭合"=$AB\cup C\cup D$.

§1.2 概率的定义

一、频率

随机事件在一次试验中可能发生,也可能不发生,具有不确定性,即随机性.然而在大量重复试验中随机事件却呈现出明显的规律性,即所谓频率稳定性.

设 A 是试验 E 中的一个事件,若将 E 重复进行 n 次,其中 A 发生了 n_A 次,则称

$$f_n(A) = \frac{n_A}{n}$$

为该 n 次试验中 A 发生的频率.人们对事件的频率稳定性的观察最早出现在人口统计中.早在我国古代的人口普查结果表明,"男孩出生"的频率大约为 1/2.后来,许多国家的人口统计结果都表明,男孩出生的频率几乎完全一致.又如在做掷硬币试验中,"正面朝上"的频率大致接近 0.5,表 1.2 列出了历史上的一些试验记录.表 1.2 表明不管何人在何时何地来掷硬币,当试验次数较大时,$f_n(A)$ 总是在 0.5 附近摆动.

表 1.2

实验者	n	n_A	$f_n(A)$
蒲 丰	4040	2048	0.5069
K·皮尔逊	12000	6019	0.5016
K·皮尔逊	24000	12012	0.5005
费 勒	10000	4979	0.4979
罗曼诺夫斯基	80640	39699	0.4923

在同一个 n 次试验中,容易证明频率具有以下性质:
(1) $f_n(\Omega) = 1$;
(2) 对任意事件 A,有 $0 \leqslant f_n(A) \leqslant 1$;
(3) 若 $AB = \varnothing$,则 $f_n(A \cup B) = f_n(A) + f_n(B)$.

二、概率的统计定义

概率是概率论中最基本的概念之一,随机事件频率的稳定性使人们

确信概率的存在,它是对随机事件发生的可能性的度量.概率的存在性正如一个物体的长度、重量的存在一样,它是客观存在的,是事件的固有属性.一个物体的长度有多长,人们通常用测量工具来测量.测定的结果不仅依赖于测量工具,也依赖于人们对长度的认识,但即使测量结果有误差甚至无法测出物体的真实长度(如边长为 1 的正方形的对角线长度,"有理数"尺子是测不出的)也丝毫不会影响物体长度的客观存在,相对于物体长度、重量等"看得见,摸得着"的客观存在,事件的概率的客观存在显得"看不见,摸不着",但它也是客观存在,它就是频率的稳定值.从这个意义上来说,频率是对概率进行一次测量的结果.频率可以认为是概率的近似值.度量随机事件 A 发生的可能性大小的数值称为事件 A 的概率,因为它不以人们的意志而转移,是 A 的固有属性,故把它记作 $P(A)$.

三、概率的古典定义

1. 古典概型

如果随机试验具有下列特征:

(1) 样本空间是有限的;

(2) 每个基本事件的发生是等可能的,即具有相同的概率,

则称该试验为古典随机试验,简称古典概型.古典概型的两个条件在数学上可表述为:

① $\Omega = \{\omega_1, \omega_2, \cdots, \omega_n\}$;

② $P\{\omega_1\} = \cdots = P\{\omega_n\} = \dfrac{1}{n}$.

定理 1.1(古典概型概率计算公式) 若以 $|A|$ 表示 A 所包含的样本点的个数,则对古典概型有

$$P(A) = \frac{|A|}{|\Omega|}.$$

证 设 $\Omega = \{\omega_1, \cdots, \omega_n\}$,即 $|\Omega| = n$,又设 $A = \{\omega_{i_1}, \cdots, \omega_{i_m}\} \subset \Omega$ ($m \leqslant n$),则由加法公式可得

$$\begin{aligned}P(A) &= P(\{\omega_{i_1}\} + \cdots + \{\omega_{i_m}\}) \\ &= P(\{\omega_{i_1}\}) + \cdots + P(\{\omega_{i_m}\}) \\ &= \frac{1}{n} + \cdots + \frac{1}{n} = \frac{m}{n} = \frac{|A|}{|\Omega|}.\end{aligned}$$

在概率论的历史上,上述计算公式是由法国数学家拉普拉斯

(Laplace)最早(1812年)给出的.因为这个定义只适用于古典概型,故现在通常称其为古典定义.

古典概型有许多实际应用,产品的质量检查就是其中之一.在工业生产和商业上都必须对产品的质量进行检查,当产品数量大或检验方法具有破坏性(如检测灯泡的寿命)时,不能对产品一一检查,而需进行抽样检查,然后由抽样检查的结果来对整批产品的质量作出判断,这类问题正好用古典概型来描述.

需要指出的是:在实际问题中,样本空间是否有限比较容易判断,需要解决的是每个样本点是否等可能,基本准则是要指出每一个基本事件发生的可能性既不大于又不小于其他基本事件发生的可能性的大小,如掷一枚质量均匀的骰子时,由于质量均匀,几何形状对称,所以每个点朝上的机会是均等的,这就是一个古典概型.

例 8 将一颗骰子连掷两次,试求下列事件的概率:(1) 两次掷得的点数之和为 8;(2) 第二次掷得 3 点.

解 将掷骰子两次看做一次试验,第一次掷得 i 点,第二次掷得 j 点,则

$$\Omega=\{(1,1),\cdots,(1,6),(2,1),\cdots,(2,6),\cdots,(6,1),\cdots,(6,6)\},$$

显然 Ω 共有 36 个样本点,因为骰子质量均匀,故每个点面朝上等可能,从而是古典概型.

设 A 表示"点数之和为 8", B 表示"第二次掷得 3 点",则

$$A=\{(2,6),(3,5),(4,4),(5,3),(6,2)\},$$
$$B=\{(1,3),(2,3),(3,3),(4,3),(5,3),(6,3)\},$$

根据定义,得

$$P(A)=\frac{5}{36}, \quad P(B)=\frac{6}{36}=\frac{1}{6}.$$

计算第二次掷得点数为 3 的概率也可有如下解法:

因为事件 B 只与第二次掷骰子结果有关,而第二次掷骰子共有 6 种情况,且等可能,故

$$P(B)=1/6.$$

例 9 掷一颗骰子,求出现偶数点的概率.

解法一 以 A 表示"出现偶数"事件,则

$$\Omega=\{1,2,3,4,5,6\}, \quad A=\{2,4,6\},$$

故

$$P(A)=\frac{3}{6}=\frac{1}{2}.$$

解法二 $\Omega=\{偶数,奇数\}$，$A=\{偶数\}$，
故
$$P(A)=\frac{1}{2}.$$

从上面的例子可以看出，同一个问题可用不同的数学模型来描述，只要方法正确，结论必定一致. 在解决实际模型中，适当选取模型可大大简化计算过程，以达到事半功倍的效果.

2. 排列组合及概率的初等计算

袋子模型 设一袋中有标号为 $1,2,\cdots,n$ 的 n 个球，从中按照下列方式任取 r 个球：

(1) 取球有放回，并计取球次序，共有 n^r 种取法；

(2) 取球不放回，但计取球次序（$r \leqslant n$），共有 P_n^r 种取法；

(3) 取球不放回，不计取球次序（$r \leqslant n$），共有 C_n^r 种取法；

(4)* 取球有放回，不计取球次序，此时共有 C_{n+r-1}^r 种取法.

例 10 从 $0,1,\cdots,9$ 十个数字中随机地有放回地连取七个数字，求下列事件的概率：(1) 七个数字全不相同；(2) 不含 0 和 1；(3) 0 恰好出现两次.

解 以 A,B,C 分别表示(1),(2),(3)中所述的事件，将从 $0,1,\cdots,9$ 中有放回地取七个数字作为一次试验，由于取数随机，故是一个古典概型，且易知
$$|\Omega|=10^7,$$

(1) $|A|=P_{10}^7$，所以
$$P(A)=P_{10}^7/10^7;$$

(2) $|A|=8^7$，所以
$$P(A)=8^7/10^7;$$

(3) 0 恰好出现两次，它可以在任意两个位置上，故有 C_7^2 种可能方式；两个 0 的位置排好后，其余五个位置可以是 $1,\cdots,9$ 中任何一个，故有 9^5 种可能方式，由乘法原理知，$|C|=C_7^2 \cdot 9^5$，所以
$$P(C)=C_7^2 \cdot 9^5/10^7.$$

例 11 设一批产品共有 200 件，内有 15 件次品. 今任取产品60件，试求恰有 2 件次品概率.

解 从 200 件产品中任取 60 件，共有 C_{200}^{60} 种取法，这 60 件产品中恰有 2 件次品 58 件正品的取法有 $C_{15}^2 \cdot C_{185}^{58}$ 种，以 A 表示"任取 60 件产品恰有 2 件次品"事件，则

$$P(A) = C_{15}^2 C_{185}^{58} / C_{200}^{60}.$$

例 12 设有 $a+b$ 个球,其中 a 个红球,b 个白球,$a+b$ 个人依次随机摸一球,试求第 k 个人摸到红球的概率.

解 因为所考虑的事件涉及到取球的次序,所以 $a+b$ 个人摸球共有 $(a+b)!$ 种摸法,设 A_k 表示"第 k 个人摸到红球"事件,因为红球共有 a 个,所以第 k 个人有 a 种可能方式,其余人可在 $a+b-1$ 个球任意选取,这共有 $(a+b-1)!$ 种摸法,由乘法原理知,$|A_k|=a\cdot(a+b-1)!$,故

$$P(A_k) = \frac{a\cdot(a+b-1)!}{(a+b)!} = \frac{a}{a+b}, k=1,2,\cdots,a+b.$$

$P(A_k)$ 与 k 无关,即每个人摸到红球的概率相同,并且与摸球的次序无关. 这与人们的日常生活经验是一致的,例如在体育比赛中,常常采取抽签的方法就是这个道理.

例 13 某市一周(七天)平均发生 7 次火警.假设一次火警在哪一天出现是等可能的,求:(1) 一周每天一次火警的概率;(2) 至少有两次火警出现在同一天的概率.

解 7 次火警在一周内出现共有 7^7 种可能情形,以 A,B 分别表示 (1),(2) 中所述事件.

(1) $|A|=7!$,故

$$P(A) = 7!/7^7 \approx 0.00612,$$

(2) 显见 $B=\bar{A}$,故

$$P(\bar{A}) = 1 - P(A) \approx 0.99388.$$

这表明大约三年多才有一周会每天出现一次火警.因此几乎是每周至少有一天出现两次或两次以上火警,这个结论对城市消防系统的规划和设置不无意义.

例 14 将 n 个球随意地放入 N 个箱子中 $(n \leqslant N)$,求下列每个事件的概率:

(1) 指定的 n 个箱子各放一球;

(2) 每个箱子至多放入一球;

(3) 某指定的箱子不空;

(4) 某指定的箱子恰好放入 k 个球 $(k \leqslant n)$.

解 将 n 个球放入 N 个箱子,共有 N^n 种放法,以 A,B,C,D 分别表示 (1),(2),(3),(4) 中所述的事件.

(1) 将 n 个球放入指定的 n 个箱子,且每箱一球,共有 $n!$ 种放法,故
$$P(A) = n!/N^n.$$

(2) 每个箱子至多放一球,也就是从 N 个箱子挑出 n 个来放球,这共有 P_N^n 种放法,故
$$P(B) = P_N^n/N^n.$$

(3) $\bar{C}$ 表示"某指定的箱子是空的"事件,这等于说把 n 个球放入其余的 $N-1$ 个箱子中,共有 $(N-1)^n$ 种放法,从而
$$P(\bar{C}) = \frac{(N-1)^n}{N^n},$$
故
$$P(C) = 1 - P(\bar{C}) = \frac{N^n - (N-1)^n}{N^n}.$$

(4) 先取出 k 个球放入指定的箱子中,共有 C_n^k 种取法,余下的 $n-k$ 个球随意放入其余的 $N-1$ 个箱子中,共有 $(N-1)^{n-k}$ 种放法,据乘法原理知,某指定的箱子恰好放入 k 个球的放法有 $C_n^k \cdot (N-1)^{n-k}$ 种,故
$$P(D) = C_n^k (N-1)^{n-k}/N^n.$$

四、概率的几何定义

古典概型是关于试验结果有限个且等可能的概率模型,对于试验结果为无穷多时,概率的古典定义显然不适用. 本段讨论另一特殊的随机试验,即几何概型. 在该模型中借助于几何度量(长度、面积、体积)来计算事件的概率. 几何概型的样本空间是无限的,但仍具有某种等可能性,在这个意义上,几何概型是古典概型的推广.

设 Ω 为一有界区域,$L(\Omega)$ 表示区域 Ω 的度量,且 $L(\Omega) > 0$,考虑随机试验:向区域 Ω 内随机地投点,如果投点落入 Ω 内任一区域 A 的可能性大小只与 A 的度量成正比,而与 A 的形状和位置无关,则称试验为<u>几何型试验</u>,简称几何概型.

设几何概型的样本空间为 Ω,Ω 内的区域 A 定义为事件 A,由几何概型的定义知
$$P(A) = \lambda L(A),$$
其中 λ 为比例常数,特别的取 $A = \Omega$,得
$$1 = P(\Omega) = \lambda L(\Omega),$$
故
$$\lambda = \frac{1}{L(\Omega)},$$

所以
$$P(A) = \frac{L(A)}{L(\Omega)}.$$

几何概型中,等可能的含义是,具有相同度量的事件有相同的概率.

例 15 公共汽车每隔 5 分钟来一辆,假定乘客在任一时刻随机到达停车站,试求乘客候车不超过 3 分钟的概率.

解 从前一辆车开出起计算时间,乘客到达车站的时刻 t 可以是$[0,5)$中任一点,也即 $\Omega=\{t:0\leqslant t<5\}$. 由假设知乘客到达时刻 t 均匀分布在 Ω 内,故问题归结为几何概型. 设 A 表示"乘客候车不超过 3 分钟"事件,则
$$A=\{t:2\leqslant t<5\},$$
故
$$P(A)=\frac{L(A)}{L(\Omega)}=\frac{3}{5}.$$

例 16(会面问题) 甲、乙两人相约在 7 点到 8 点之间在某地会面,先到者等候 20 分钟后就可离去,设两个人在指定的一小时内任意时刻到达,求两人能会面的概率.

解 设 7 点为计算时刻的 0 时,以分钟为单位,x,y 分别表示甲、乙到达指定地点的时刻,则样本空间为
$$\Omega=\{(x,y):0\leqslant x\leqslant 60, 0\leqslant y\leqslant 60\},$$
以 A 表示"两人能会面"事件,则显然有
$$A=\{(x,y):|x-y|\leqslant 20\},$$
由题意,这是一个几何概型问题,故
$$P(A)=\frac{L(A)}{L(\Omega)}=\frac{60^2-40^2}{60^2}=\frac{5}{9}.$$

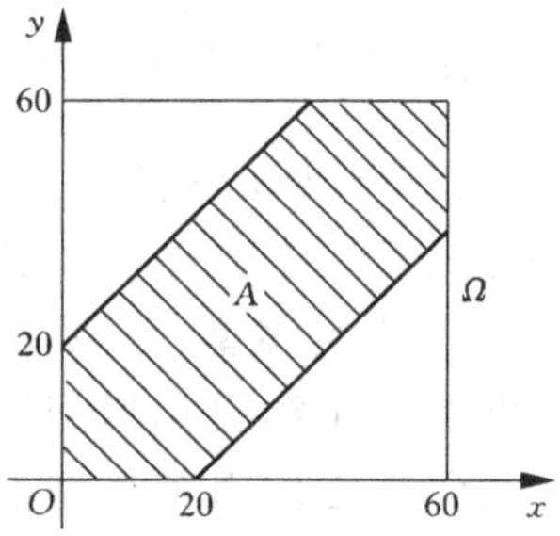

图 1.3

例 17 向线段 AB 上任意投两点 X,Y,求点 X 在 Y 的左侧的概率.

解 设 AB 的长度为 a,以 x,y 分别表示点 X,Y 距线段 AB 左端点的距离.则样本空间为
$$\Omega=\{(x,y):0\leqslant x\leqslant a, 0\leqslant y\leqslant a\},$$
以 A 表示"点 X 在点 Y 左侧"事件,则
$$A=\{(x,y):0\leqslant x\leqslant y\leqslant a\},$$
它是一个三角形(图 1.4),故

$$P(A) = \frac{L(A)}{L(\Omega)} = \frac{\frac{1}{2}a^2}{a^2} = \frac{1}{2}.$$

本题也可用如下方法求解，取样本空间为

$\Omega=\{\{X 在 Y 左侧\},\{X 在 Y 右侧\}\}$，

显见$\{X 在 Y 左侧\}$与$\{X 在 Y 右侧\}$等可能，这是一个古典概型，从而

$$P(A)=1/2.$$

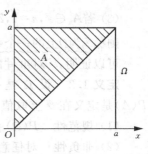

图 1.4

从上例再一次看出，选取适当的样本空间可以起到简化计算的目的.

五、概率的公理化定义

任何一个数学概念都是对现实世界的抽象，这种抽象使其具有广泛的适应性，并成为进一步数学推理的基础. 概率也不例外，经过漫长的探索历程，人们才真正完整地解决了概率的严格定义. 前苏联著名的数学家柯尔莫哥洛夫在 1933 年发表的《概率论的基本概念》一书中系统地表述了概率的公理化体系，第一次将概率论建立在严密的逻辑基础上.

我们知道，事件 A 的概率实际上是赋予事件 A 在$[0,1]$上的一个实数值，从这个意义上讲 $P(\cdot)$ 是一个定义在事件上、取值于$[0,1]$的函数. 那么，这个函数的定义域怎样？函数本身又具有哪些性质？这正是近代概率论要建立的公理化结构.

1. 事件域

概率论公理化结构是从样本空间 Ω 出发的. 从前面的叙述知道，虽然事件 A 一定是 Ω 的子集，但一般来讲，我们不能认为 Ω 的任何一个子集都是事件. 另一方面，要使得概率论的基本框架能够容纳现实背景提出的大多数问题，那么事件应当足够的丰富，它应使事件的运算（如交、并、差等）通行无阻，如果说 Ω 是一个空间，那么事件域就是搭建在这个空间的一个舞台. 下面给出事件的公理化定义.

定义 1.1 设 Ω 是一样本空间，$\mathscr{F}$ 是 Ω 的某些子集组成的集素，如果它满足下列条件：

(1) $\Omega \in \mathscr{F}$；

(2) 若 $A \in \mathscr{F}$，则 $\bar{A} \in \mathscr{F}$；

(3) 若 $A_n \in \mathscr{F}, n=1,2,\cdots$,则 $\bigcup_{n=1}^{\infty} A_n \in \mathscr{F}$,

则称 $\mathscr{F}$ 为 Ω 上的一个事件域,$\mathscr{F}$ 中的元素称为事件.
可以证明,$\mathscr{F}$ 对事件的有限或可数的交、并、差运算都是封闭的.

定义 1.2 设 Ω 是一个样本空间,$\mathscr{F}$ 为 Ω 上的一个事件域,设 $P(A)$ 是定义在 $\mathscr{F}$ 上取值于 $[0,1]$ 上的实值函数,如果 $P(\cdot)$ 满足:

(1) 规范性 $P(\Omega)=1$;

(2) 非负性 对任意事件 $A, P(A) \geqslant 0$;

(3) 可列可加性 $A_1, A_2, \cdots$ 为两两不容事件,即 $A_i A_j = \varnothing, i \neq j, i, j = 1, 2, \cdots$,则

$$P\left(\sum_{n=1}^{\infty} A_n\right) = \sum_{n=1}^{\infty} P(A_n),$$

则称 $P(\cdot)$ 为 $\mathscr{F}$ 上的概率,而称 $(\Omega, \mathscr{F}, P)$ 为一个概率空间.

2. 概率的基本性质

设给定了概率空间 $(\Omega, \mathscr{F}, P)$,下面涉及的事件和概率均属于此给定的概率空间,从概率公理出发,可推导概率具有以下性质,这些性质是概率论中计算的重要基础.

性质 1.1 $P(\varnothing) = 0$.

性质 1.2 (有限可加性) 设 $A_1, A_2, \cdots, A_n$ 是两两互不相容的事件列,则有

$$P\left(\sum_{i=1}^{n} A_i\right) = \sum_{i=1}^{n} P(A_i).$$

性质 1.3 (概率的单调性) 若 $A \supset B$,则 $P(A) \geqslant P(B)$.

性质 1.4 (概率的可减性) 对任意事件 A, B 有

$$P(A \backslash B) = P(A) - P(AB).$$

特别地,当 $A \supset B$ 时,有

$$P(A - B) = P(A) - P(B).$$

由此易得

$$P(\overline{A}) = 1 - P(A).$$

性质 1.5 (广义加法公式) 设 A, B 为事件,则

$$P(A \cup B) = P(A) + P(B) - P(AB).$$

性质 1.5 可以推广到任意有限个的情形.下面给出三个事件的情形,更一般情形由读者自行讨论.

推论 $P(A \cup B \cup C) = P(A) + P(B) + P(C) - P(AB)$

$$-P(BC)-P(CA)+P(ABC).$$

性质 1.6(次可加性) 设 $A_1,\cdots,A_n$ 为事件，则
$$P(\bigcup_{i=1}^{n}A_i)\leqslant \sum_{i=1}^{n}P(A_i).$$

为加强对概率性质的理解，可把样本空间看做面积为 1 的矩形，$P(A)$ 理解为事件 A 的面积，如 $P(A\cup B)$ 是 $A\cup B$ 的面积，必然等于 A 的面积加上 B 的面积再减去 AB 的面积. 见图 1.5.

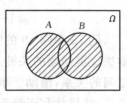

图 1.5

例 18 已知 $P(\overline{A})=0.5, P(\overline{A}B)=0.2, P(B)=0.4$，求
(1) $P(AB)$；(2) $P(A\backslash B)$；(3) $P(A\cup B)$；(4) $P(\overline{A}\,\overline{B})$.

解 (1) 因为 $B=AB+\overline{A}B$，所以
$$P(B)=P(AB)+P(\overline{A}B),$$
从而 $P(AB)=P(B)-P(\overline{A}B)=0.4-0.2=0.2$；

(2) $P(A)=1-P(\overline{A})=1-0.5=0.5$，故
$$P(A\backslash B)=P(A)-P(AB)=0.5-0.2=0.3;$$

(3) $P(A\cup B)=P(A)+P(B)-P(AB)$
$$=0.5+0.4-0.2=0.7;$$

(4) $P(\overline{A}\,\overline{B})=P(\overline{A\cup B})=1-P(A\cup B)=1-0.7=0.3$，
也可由减法公式来计算：
$$P(\overline{A}\,\overline{B})=P(\overline{A}\backslash B)=P(\overline{A})-P(\overline{A}B)=0.5-0.2=0.3.$$

例 19 已知 $P(A)=p, P(B)=q, P(A\cup B)=r$，求 $P(A\overline{B})$ 及 $P(\overline{A}\cup B)$.

解 因为 $A\overline{B}=(A\cup B)\backslash B$，所以
$$P(A\overline{B})=P(A\cup B)-P(B)=r-q,$$
由对偶公式知，$\overline{A}\cup \overline{B}=\overline{AB}$，故
$$P(\overline{A}\cup \overline{B})=P(\overline{AB})=1-P(AB)$$
$$=1-[P(A)+P(B)-P(A\cup B)]$$
$$=1-p-q+r.$$

例 20 对任何两个事件 A,B，试证布尔(Boole)不等式
$$P(AB)\geqslant 1-P(\overline{A})-P(\overline{B})$$
成立.

证 $P(AB) = 1 - P(\overline{AB})$
$= 1 - P(\overline{A} \cup \overline{B})$
$= 1 - [P(\overline{A}) + P(\overline{B}) - P(\overline{A}\,\overline{B})]$
$= 1 - P(\overline{A}) - P(\overline{B}) + P(\overline{A}\,\overline{B})$
$\geqslant 1 - P(\overline{A}) - P(\overline{B}).$

例 18 和例 19 的问题是已知一些事件的概率，求有关事件的概率，解决这类问题的关键是找出事件之间的关系。然后利用概率性质、事件之间的关系，借助于事件的图形表示，往往易于观察出事件之间的运算关系，这样就利于概率的计算。

§1.3 条件概率和乘法公式

条件概率是概率论的重要概念之一，在实际问题中，常常是已知随机试验的一部分信息，也就是已知某事件已发生。利用这一条件所求的概率叫做条件概率。

一、条件概率和乘法公式

给定概率空间 $(\Omega, \mathscr{F}, P)$，A 与 B 均为事件，$P(A)$ 称作事件 A 的无条件概率。现在假设事件 B 已发生，再来求 A 发生的概率，这就是所谓的条件概率，记作 $P(A|B)$。

为了用无条件概率来定义条件概率，我们先来看两个实例。

例 21 某班级有 N 个同学，色盲患者有 N_1 个，女同学有 N_2 个，女同学中有色盲 N_3 人，今有一教师随机点名，点到者恰为一女同学，求该女同学为色盲患者的概率。

解 以 A 表示事件"任选一人为色盲患者"，以 B 表示事件"任选一人为女同学"，则所求概率为 $P(A|B)$，显然有

$$P(A|B) = \frac{N_3}{N_2},$$

另一方面，我们易算得

$$P(AB) = N_3/N, \quad P(B) = N_2/N.$$

于是我们有

$$P(A|B) = \frac{N_3}{N_2} = \frac{N_3/N}{N_2/N} = \frac{P(AB)}{P(B)}.$$

例 22 在几何概型中(以平面为例).Ω 为有界区域,若已知 B 已经发生,试求 A 发生的概率(图 1.6).

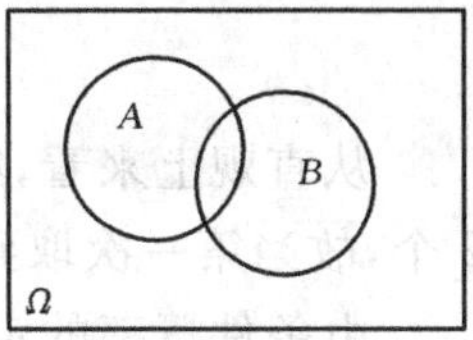

解 $P(A|B) = \dfrac{L(AB)}{L(B)} = \dfrac{L(AB)/L(\Omega)}{L(B)/L(\Omega)}$

$= \dfrac{P(AB)}{P(B)}.$

图 1.6

定义 1.3 设 $(\Omega, \mathscr{F}, P)$ 为一概率空间,A 与 B 均为事件,且 $P(B) > 0$,定义

$$P(A|B) = \dfrac{P(AB)}{P(B)},$$

称 $P(A|B)$ 为在事件 B 发生的条件下事件 A 的条件概率.

不难验证条件概率 $P(\cdot|B)$ 满足概率的三条公理:

(1) $P(\Omega|B) = 1$;

(2) 对任意事件 $A, P(A|B) \geqslant 0$;

(3) 对任意两两互斥事件 $A_1, A_2, \cdots$,有

$$P\left(\bigcup_{n=1}^{\infty} A_n \Big| B\right) = \sum_{n=1}^{\infty} P(A_n|B).$$

这样一来,我们就知道 $P(\cdot|B)$ 具有概率的一切性质,如 $P(\varnothing|B) = 0, P(\overline{A}|B) = 1 - P(A|B)$ 等等.

例 23 一批产品的次品率为 4%,正品中一等品占 75%,现从这批产品中任取一件,试求恰好取到一等品的概率.

解 以 A 表示事件"取到一等品",B 表示事件"取到正品",因为一等品必定是正品,所以 $A \subset B$,从而 $AB = A$,故

$$P(A) = P(AB) = P(B)P(A|B)$$

$= (1 - 0.04) \times 0.75 = 0.72.$

例 24 一袋中有 10 个球,其中 3 个黑球,7 个白球,先后从袋中不放回两次摸球.

(1) 求第一次取到黑球的概率;

(2) 已知第一次取到的是黑球,求第二次取到的球仍为黑球的概率.

解 以 A, B 分别表示(1),(2)中所述的事件,则由古典概型知

(1) $P(A) = 3/10,$

(2) $P(AB) = C_3^2 / C_{10}^2 = \dfrac{1}{15},$

从而
$$P(B|A) = \frac{P(AB)}{P(A)} = \frac{2}{9}.$$

从直观上来看,第一次取到一个黑球,那么还剩 9 个球,其中黑球 2 个,故当第一次取到黑球后,第二次取到黑球的概率等于 2/9.

由条件概率的定义容易得到乘法公式
$$P(AB) = P(B)P(A|B) \quad (P(B) > 0)$$
$$= P(A)P(B|A) \quad (P(A) > 0).$$

一般地,对 n 个事件 $A_1, \cdots, A_n$,如果知 $P(A_1 \cdots A_{n-1}) > 0$,则有
$$P(A_1 \cdots A_n) = P(A_1)P(A_2|A_1) \cdots P(A_n|A_1 \cdots A_{n-1}).$$

例 25 一批零件共 100 个,次品 10 个,每次取一个零件,取到的零件不放回,试求:

(1) 第三次才取到合格品的概率;

(2) 如果取到合格品,就不再继续取零件,求三次内取得合格品的概率.

解 以 A_i 表示"第 i 次取到合格品"事件,$i = 1, 2, 3$,依题意易知
$$P(\overline{A}_1) = \frac{10}{100}, \quad P(\overline{A}_2 | \overline{A}_1) = \frac{9}{99}, \quad P(\overline{A}_3 | \overline{A}_1 \overline{A}_2) = \frac{90}{98},$$

以 A, B 表示(1),(2)所述的事件,则

(1) $P(A) = P(\overline{A}_1 \overline{A}_2 A_3) = P(\overline{A}_1) P(\overline{A}_2 | \overline{A}_1) P(A_3 | \overline{A}_1 \overline{A}_2)$
$$= \frac{10}{100} \times \frac{9}{99} \times \frac{90}{98} \approx 0.0083;$$

(2) $P(B) = P(A_1 + \overline{A}_1 A_2 + \overline{A}_1 \overline{A}_2 A_3)$
$$= P(A_1) + P(\overline{A}_1 A_2) + P(\overline{A}_1 \overline{A}_2 A_3)$$
$$= P(A_1) + P(\overline{A}_1) P(A_2 | \overline{A}_1)$$
$$+ P(\overline{A}_1) P(\overline{A}_2 | \overline{A}_1) P(A_3 | \overline{A}_1 \overline{A}_2)$$
$$= \frac{90}{100} + \frac{10}{100} \times \frac{90}{99} + \frac{10}{100} \times \frac{9}{99} \times \frac{90}{98} \approx 0.993.$$

§1.4 全概率公式和贝叶斯(Bayes)公式

概率的加法公式将复杂事件的概率分解成一些互斥事件的概率来计算,概率的乘法公式将无条件概率化为更容易计算的条件概率来计算.下面介绍的全概率公式是加法公式和乘法公式的综合.

定理 1.2(全概率公式) 设 $\{A_i\}$ 是一列有限或可数个事件，它们是非零的完备事件组，即 $A_iA_j=\varnothing, i\neq j, \bigcup_i A_i=\Omega, P(A_i)>0$，则对任意事件 B，有

$$P(B)=\sum_i P(A_i)P(B|A_i).$$

证 因为 $\{A_i\}$ 两两互斥，所以 $\{A_iB\}$ 也两两互斥，从而

$$B=B\cap\Omega=\sum_i BA_i.$$

由概率的加法公式和乘法公式，有

$$P(B)=P\left(\sum_i BA_i\right)=\sum_i P(BA_i)$$
$$=\sum_i P(A_i)P(B|A_i).$$

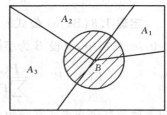

图 1.7

全概率公式的作用在于将事件 B 加以分解(见图 1.7)，然后在已知条件下来计算 $P(B|A_i)$.

从全概率公式还可以看出，选择一个恰当的完备事件组是很重要的. $\{A_i\}$ 选取的原则是要便于 $P(A_i)$ 及 $P(B|A_i)$ 的计算.

例 26 一袋中有 10 个球，其中 3 个黑球，7 个白球，现从袋中不放回地取 2 个球，求第二次取到的是黑球的概率.

解 记 A_i 为事件"第 i 次取到的是黑球"，$i=1,2$，则 $A_1, \overline{A}_1$ 构成一个完备事件组，从而由全概率公式得

$$P(A_2)=P(A_1)P(A_2|A_1)+P(\overline{A}_1)P(A_2|\overline{A}_1),$$

由题意易知

$$P(A_1)=\frac{3}{10}, \qquad P(\overline{A}_1)=\frac{7}{10},$$
$$P(A_2|A_1)=\frac{2}{9}, \qquad P(A_2|\overline{A}_1)=\frac{3}{9},$$

故

$$P(A_2)=\frac{3}{10}\times\frac{2}{9}+\frac{7}{10}\times\frac{3}{9}=\frac{3}{10}.$$

例 27 甲罐中有 2 个白球和 4 个红球，乙罐中有 1 个白球和 2 个红球，现在随机地从甲罐中取出一球放入乙罐，然后从乙罐中随机地取出一球，问从乙罐中取出的是白球的概率是多少？

解 以 A 表示事件"从甲罐中移入乙罐的是白球"，B 表示"从乙

罐中取出的是白球",则 $A, \overline{A}$ 构成完备事件组,从而由全概率公式得
$$P(B) = P(A)P(B|A) + P(\overline{A})P(B|\overline{A})$$
$$= \frac{2}{6} \times \frac{2}{4} + \frac{4}{6} \times \frac{1}{4} = \frac{1}{3}.$$

定理 1.3(Bayes 公式) 设 $A_1, A_2, \cdots$ 为完备事件组,且 $P(A_i) > 0, i = 1, 2, \cdots$,又设 B 为事件,且 $P(B) > 0$,则对每个 A_k,有
$$P(A_k | B) = \frac{P(A_k)P(B | A_k)}{\sum_i P(A_i)P(B | A_i)}, \quad k = 1, 2, \cdots$$

由全概率公式和乘法公式很容易证明贝叶斯公式.

需要指出的是,在全概率公式中,通常把事件 $A_i, i = 1, 2, \cdots$,设想为对事件 B 发生的各种可能性假设条件. 在试验之前对这些假设条件有一个初步的判断,即知道事件 A_i 发生的概率 $P(A_i), i = 1, 2, \cdots$, $P(A_i)$ 叫做试验前的假设概率. 如果试验之后,事件 B 发生了,这个信息应该引起人们对原来的判断,即对 A_i 发生的概率的重新认识,贝叶斯公式的作用在于告诉人们如何从数量上修改原来的认识,得到新的认识, $P(A_k | B)$ 叫做试验后的假设概率.

例 28 某批产品中,甲、乙、丙三人生产的产品分别占 $45\%, 35\%, 20\%$,各厂产品的次品率分别是 $4\%, 2\%, 5\%$,现从中任取一件,

(1) 求取到的是次品的概率;

(2) 若取到的是次品,求它是甲厂生产的概率.

解 以 A_1, A_2, A_3 分别表示产品是甲、乙、丙厂生产,B 表示事件"取出的产品是次品". 由题意知
$$P(A_1) = 0.45, \quad P(A_2) = 0.35, \quad P(A_3) = 0.20,$$
$$P(B|A_1) = 0.04, \quad P(B|A_2) = 0.02, \quad P(B|A_3) = 0.05,$$

(1) 由全概率公式得
$$P(B) = \sum_{i=1}^{3} P(A_i) P(B | A_i)$$
$$= 0.45 \times 0.04 + 0.35 \times 0.02 + 0.20 \times 0.05 = 0.035.$$

(2) 由贝叶斯公式得
$$P(A_1 | B) = \frac{P(A_1) P(B | A_1)}{\sum_{i=1}^{3} P(A_1) P(B | A_1)} = \frac{0.45 \times 0.04}{0.035} = 0.514.$$

§1.5 事件的独立性

由前面条件概率知道,同一个试验中的事件,有时一个事件的发生与否会影响另一个事件发生的概率;但有时,一个事件的发生与否并不影响另一个事件发生的概率.这就是所谓的独立性.独立性是概率论中特有的概念之一,它在本书以后各章占有重要地位.

一、两个事件的独立

定义 1.4 设 $(\Omega,\mathscr{F},P)$ 是一个概率空间,A,B 为两个事件,如果
$$P(AB)=P(A)P(B)$$
则称事件 A,B 相互独立,简称 A,B 独立.

直观上,事件 B 的发生与否对事件 A 发生的概率没有任何影响,可称事件 A 对事件 B 独立,用数学式子表述就是
$$P(A|B)=P(A) \quad (P(B)>0).$$
同样地可定义事件 B 对事件 A 独立.

命题 若 $P(B)>0$,则 A,B 独立充要条件 $P(A|B)=P(A)$.

证 必要性. 因为 A,B 独立,所以由定义 1.4 有 $P(AB)=P(A)P(B)$,又 $P(B)>0$,故
$$P(A)=\frac{P(AB)}{P(B)}=P(A|B).$$

充分性. 因为 $P(B)>0$,所以由条件概率定义知,$P(A|B)=\frac{P(AB)}{P(B)}$,又 $P(A|B)=P(A)$,故 $\frac{P(AB)}{P(B)}=P(A)$,也即 $P(AB)=P(A)P(B)$,从而 A,B 独立.

例 29 一个袋中装有 a 只黑球和 b 只白球.现从中按下列方式抽取两球.

(1) 有放回;(2) 不放回.

设 A 表示事件"第一次摸到黑球",B 表示"第二次摸到白球". 试判断 A 与 B 的独立性.

解 (1) 由古典概型立有
$$P(A)=\frac{a}{a+b}, \quad P(B)=\frac{b}{a+b},$$

而 $P(AB) = \dfrac{a \cdot b}{(a+b)^2} = P(A)P(B)$,

故事件 A,B 独立.

(2) 由古典定义有
$$P(A) = \frac{a}{a+b}, \quad P(B) = \frac{b}{a+b},$$

而 $P(AB) = \dfrac{a \cdot b}{(a+b)(a+b-1)} \neq P(A)P(B)$,

故事件 A,B 不独立.

直观上,当取球是有放回的,第一次取球放回后,袋中球的数目及颜色均不变化,所以第一次取球的结果不会影响第二次取球的结果,从而事件 A,B 独立;如果取球不放回,第一次取球后,袋中还剩 $a+b-1$ 个球,但袋中球的颜色要受第一次取球结果的影响,故事件 A,B 不独立.

在一般理论的讨论中,判断两个事件 A,B 是否独立,要验证 $P(AB) = P(A)P(B)$ 是否成立. 在一些具体场合,独立性常常是据具体场合的属性直观地作出判断的,如掷两颗骰子,第一颗骰子出几点与第二颗骰子出几点是独立的,因为两颗骰子之间没有什么联系.

例 30 掷一颗骰子,以 A 表示事件"点数小于 5", B 表示事件"点数小于 4", C 表示事件"点数是奇数",试判断 A 与 C, B 与 C 的独立性.

解 由古典定义有
$$P(A) = \frac{4}{6} = \frac{2}{3}, \quad P(B) = \frac{3}{6} = \frac{1}{2}, \quad P(C) = \frac{3}{6} = \frac{1}{2},$$
$$P(AC) = \frac{2}{6} = \frac{1}{3} = P(A)P(C),$$
$$P(BC) = \frac{2}{6} = \frac{1}{3} \neq P(B)P(C),$$

故 A 与 C 独立, B 与 C 不独立.

从上例可以看出,独立性有时直观上并不都是明显的.

由独立性的定义易知,若 $P(A) = 0$ 或 $P(B) = 0$,则 A 与 B 独立.

定理 1.4 如果事件 A,B 独立,则 A 与 $\bar{B}$, $\bar{A}$ 与 B, $\bar{A}$ 与 $\bar{B}$ 也独立.

证 因为 A,B 独立,所以

$$P(AB)=P(A)P(B),$$
从而
$$P(A\bar{B})=P(A)-P(AB)=P(A)-P(A)\cdot P(B)$$
$$=P(A)[1-P(B)]=P(A)P(\bar{B}),$$
故 A 与 $\bar{B}$ 独立.

由对称性立知 $\bar{A}$ 与 B 也独立,从而由已证结论又知 $\bar{A}$ 与 $\bar{B}$ 也独立.

二、多个事件的独立性

定义 1.5 A,B,C 为事件,如果
$$P(AB)=P(A)P(B), P(BC)=P(B)P(C), P(CA)=P(C)P(A),$$
则称 A,B,C 两两独立;如果 A,B,C 两两独立,且 $P(ABC)=P(A)P(B)P(C)$,则称 A,B,C 独立.

一般地有:

定义 1.6 如果 n 个事件 $A_1,\cdots,A_n$ 中任意两个事件均独立,即对任意 $1\leqslant i<j\leqslant n$,有
$$P(A_iA_j)=P(A_i)P(A_j),$$
则称 n 个事件 $A_1,\cdots,A_n$ 两两独立.

定义 1.7 如果 n 个事件 $A_1,\cdots,A_n$ 中任意 k 个事件 $(2\leqslant k\leqslant n)$:$A_{i_1},\cdots,A_{i_k}$ 均有
$$P(A_{i_1}A_{i_2}\cdots A_{i_k})=P(A_{i_1})P(A_{i_2})\cdots P(A_{i_k}),$$
则称 $A_1,\cdots,A_n$ 相互独立.

显然由定义知,相互独立一定两两独立.

由定义 1.7 还可看出,如果 n 个事件独立,则其中任意 k 个事件($2\leqslant k\leqslant n$)也相互独立. 从定义 1.7 还知,要证明 n 个事件相互独立,必须验证 $C_n^2+C_n^3+\cdots+C_n^n=2^n-n-1$ 个等式成立.

定理 1.5 设 $A_1,\cdots,A_n$ 独立,则 $\bar{A}_1,A_2,\cdots,A_n,\cdots,\bar{A}_1,\bar{A}_2,\cdots,A_n,\cdots,\bar{A}_1,\bar{A}_2,\cdots,\bar{A}_n$ 也独立. 也就是说将 $A_1,A_2,\cdots,A_n$ 中任意几个换成其对立事件,它们仍然独立.

证明思想同定理 1.4,略.

例 31 设一袋中装有四只球,其中红球,白球,黑球各一只,另一只球染有红、白、黑三色,从袋中任取一球,以 A,B,C 分别表示取到的球有红、白、黑色事件,试判断 A,B,C 的独立性.

解 由古典定义有
$$P(A)=P(B)=P(C)=2/4=1/2,$$
$$P(AB)=P(BC)=P(CA)=\frac{1}{4},$$
$$P(ABC)=\frac{1}{4},$$

从而
$$P(AB)=P(A)P(B),$$
$$P(BC)=P(B)P(C),$$
$$P(CA)=P(C)P(A),$$

但 $P(ABC)\neq P(A)P(B)P(C)$,可见 A,B,C 两两独立,但不相互独立.

三、独立事件的乘法公式和加法公式

定理 1.6 设 $A_1,\cdots,A_n$ 独立,则有

(1) $P(A_1 A_2 \cdots A_n)=P(A_1)P(A_2)\cdots P(A_n)$,

(2) $P(\bigcup_{i=1}^{n} A_i)=1-\prod_{i=1}^{n}[1-P(A_i)]$.

证 (1) 由独立性的定义立得,

(2) 由概率性质及定理 1.5 有
$$P(\bigcup_{i=1}^{n} A_i)=1-P(\overline{\bigcup_{i=1}^{n} A_i})=1-P(\overline{A}_1 \overline{A}_2 \cdots \overline{A}_n)$$
$$=1-\prod_{i=1}^{n}P(\overline{A}_i)=1-\prod_{i=1}^{n}[1-P(A_i)].$$

例 32 甲、乙、丙三人各射一次靶,他们中靶的概率分别是 0.5, $0.6,0.8$,求下列事件概率:

(1) 恰有一人中靶;

(2) 至少有一人中靶.

解 以 A,B,C 分别表示甲、乙、丙中靶这三个事件,显然 A,B,C 相互独立,从而

(1) 恰有一人中靶的概率:
$$P(A\overline{B}\overline{C}+\overline{A}B\overline{C}+\overline{A}\overline{B}C)$$
$$=P(A\overline{B}\overline{C})+P(\overline{A}B\overline{C})+P(\overline{A}\overline{B}C)$$
$$=P(A)P(\overline{B})P(\overline{C})+P(\overline{A})P(B)P(\overline{C})+P(\overline{A})P(\overline{B})P(C)$$
$$=0.5\times0.4\times0.2+0.5\times0.6\times0.2+0.5\times0.4\times0.8=0.26.$$

(2) 至少有一人中靶的概率：
$$P(A \cup B \cup C) = 1-(1-0.5)\times(1-0.6)\times(1-0.8) = 0.96.$$

例 33 设 A, B, C 独立，试证 $A \cup B$ 与 C 独立.

证 由加法公式以及独立性有
$$\begin{aligned}P((A \cup B)C) &= P(AC \cup BC) = P(AC)+P(BC)-P(ABC)\\ &= P(A)P(C)+P(B)P(C)-P(A)P(B)P(C)\\ &= [P(A)+P(B)-P(A)P(B)]P(C)\\ &= [P(A)+P(B)-P(AB)]P(C)\\ &= P(A \cup B)P(C),\end{aligned}$$
故 $A \cup B$ 与 C 独立.

四、贝努利(Bernoulli 概型)

定义 1.8 多个或可数个试验通常称作一个试验序列，如果试验序列中各试验的结果之间相互独立，则称该试验序列为一个独立试验序列.

我们在实际生活中经常碰到一类特殊的试验，它只有两种可能结果，这样的试验称为贝努利试验，如掷一枚硬币时观察其出现正面还是反面，抽取一件产品考察其是正品还是次品等. 有些试验结果不止两个，如果我们只对某事件 A 的发生与否感兴趣，那么可把 A 作为一个结果，$\overline{A}$ 作为另一结果，从而将试验归结为贝努利试验.

定义 1.9 由一个贝努利试验独立重复进行形成的试验序列称作贝努利试验序列，特别地，由一个贝努利试验独立重复 n 次形成的试验序列称为 n 重贝努利试验.

定理 1.7 在贝努利试验中，设事件 A 发生的概率为 p，以 B_k 表示事件"事件 A 在第 k 次试验中首次发生"，则 $P(B_k) = q^{k-1}p$.

证 B_k 等价于在前 k 次试验中，事件 A 在前 $k-1$ 次中均不发生而在第 k 次试验中事件 A 发生，由独立性立知
$$P(B_k) = q^{k-1}p.$$

定理 1.8(贝努利定理) 设在一次试验中 A 发生的概率为 p，则在 n 贝努利试验中，事件 A 恰好发生 k 次的概率为：
$$C_n^k p^k q^{n-k},$$
其中 $q = 1-p$，以后记 $C_n^k p^k q^{n-k}$ 为 $b(k; n, p)$.

证 以 A_i 表示"在第 i 次试验中事件 A 发生"，"事件 A 恰好发生

k 次"等价来说就是从 $A_1,\cdots,A_n$ 中选 k 个,剩下的均取其对立事件,如 $A_1A_2\cdots A_k\overline{A}_{k+1}\cdots\overline{A}_n,\cdots,\overline{A}_1\cdots\overline{A}_{n-k}A_{n-k+1}\cdots A_n$ 等这样的事件共有 C_n^k 个,且两两互斥,由独立性知,每个这样的事件的概率 $=p^kq^{n-k}$,从而由加法公式得

$$P(\text{事件 } A \text{ 恰好出现 } k \text{ 次}) = \overbrace{p^kq^{n-k}+\cdots+p^kq^{n-k}}^{C_n^k} = C_n^k p^k q^{n-k}.$$

例 34 一个工人负责维修 10 台同类型的机床,在一段时间内每台机床发生故障的概率为 0.3,求:

(1) 在这段时间内有 2 到 4 台机床发生故障的概率;

(2) 在这段时间内至少有 2 台机床发生故障的概率.

解 各台机床是否发生故障是相互独立的,已知 $n=10, p=0.3, q=0.7$,所以

(1) 所求概率 $= \sum_{k=2}^{4} C_{10}^k 0.3^k 0.7^{10-k} = 0.7004$;

(2) 所求概率 $= 1 - \sum_{k=0}^{1} C_{10}^k 0.3^k 0.7^{10-k} = 0.8507$.

例 35 已知每枚地对空导弹击中来犯敌机的概率为 0.96,问需要发射多少枚导弹才能保证击中敌机的概率大于 0.999?

解 设需发射 n 枚导弹,则按题意有

$$1-(1-0.96)^n > 0.999,$$

等价地

$$0.04^n < 0.001,$$

由此解得

$$n > \frac{\lg 0.001}{\lg 0.04} \approx 2.15,$$

所以 $n=3$,即需要发射 3 枚导弹.

习题 1

1. 写出下列各试验的样本空间:

(1) 掷两颗骰子,分别观察其出现的点数;

(2) 盒中有红球、白球和黑球各一只,从盒中不放回地连取两球;

(3) 一人射靶三次,观察中靶的次数;

(4) 某跳高员跳高,观察其跳的高度.

2. 任意掷一颗骰子,观察出现的点数.设 A 表示事件"出现偶数点",B 表示事

件"出现的点数能被3整除":
(1) 写出试验的样本空间;
(2) 把 A,B 表成样本点的集合;
(3) $\bar{A},\bar{B},A\cup B,AB,\overline{A\cup B}$ 分别表示什么事件? 并把它们用样本点表示出来.

3. 设 A,B,C 为事件,试将下列事件用 A,B,C 表示出来:
(1) 仅 A 发生;   (2) A,B,C 都发生;
(3) A,B,C 都不发生;   (4) A,B,C 不都发生;
(5) A 不发生,且 B,C 中至少有一事件发生;
(6) A,B,C 至少有一个发生; (7) A,B,C 恰有一个发生;
(8) A,B,C 中至少有两个事件发生; (9) A,B,C 中至多有一个发生.

4. 以 A 表示事件"甲射击命中",B 表示"乙射击命中",C 表示"丙射击命中",试用语言表述下列事件:
(1) $\bar{A}\cup B\cup C$; (2) $\overline{A\cup B}$; (3) $AB\bar{C}+\bar{A}BC$;
(4) $\overline{A\cup B\cup C}$; (5) $\overline{AB}$.

5. 说出下列事件之间的关系:
(1) "20 件产品全是合格品"与"20 件产品中恰有一件次品";
(2) "20 件产品全是合格品"与"20 件产品中至少有一件次品";
(3) "20 件产品全是合格品"与"20 件产品中至少有 6 件合格品".

6. 证明下列关系相互等价:
$$A\subset B,\quad \bar{A}\supset\bar{B},\quad A\cup B=B,\quad A\cap B=A,\quad A\bar{B}=\varnothing.$$

7. 指出下列各式成立的条件,并说明条件的意义:
(1) $ABC=A$;   (2) $A\cup B\cup C=A$;
(3) $A\cup B=AB$;   (4) $(A\cup B)\backslash B=A$.

8. 由概率的公理化定义证明性质 1.3 至性质 1.5 以及性质 1.5 的推论.

9. 已知 $P(A)=0.4,P(B)=0.25,P(A\backslash B)=0.25$,求 $P(AB),P(A\cup B),P(B\backslash A),P(\overline{AB})$.

10. 已知 $P(A)=0.5,P(B)=0.4$,试在下列条件下计算 $P(A\cup B),P(A\backslash B),P(AB)$:
(1) A,B 互斥;   (2) $A\supset B$;   (3) A,B 独立.

11. 一部四卷的文集,按任意次序放到书架上,问自左向右或自右向左的次序恰好为 1,2,3,4 的概率.

12. 一幢 10 层楼大楼的一部电梯,从底层载客 7 人,且在每一层离开电梯是等可能的.求没有两位乘客在同一层离开的概率.

13. 某班有 50 名同学,求至少有两位同学的生日在同一天的概率(一年按 365 天计算).

14. 两封信随机地投入四个邮筒,求前两个邮筒没有信的概率以及第一个邮筒恰有一封信的概率.

15. 一辆交通车载客 25 人,途经 9 个站,每位乘客在任一站随机下车,交通车

只在有乘客下车时才停车,求下列各事件的概率:

(1) 交通车在第 i 站停车;

(2) 交通车在第 i 站和第 j 站至少有一站停车;

(3) 交通车在第 i 站有 3 人下车.

16. 甲袋中有 3 只白球,7 只红球,15 只黑球;乙袋中有 10 只白球,6 只红球,9 只黑球,现在从两袋中各取一球,求两球颜色相同的概率.

17. 将 $2n$ 个球队按任意方式分成两组,每组 n 个队,求最强的两个队不在同一组的概率.

18. 一个袋中装有 5 个红球,3 个白球,2 个黑球,从中任取 3 个球,求其中恰有 1 个红球,1 个白球,1 个黑球的概率.

19. 将 6 名男生和 6 名女生随机地分成两组,每组 6 人,求每组各有 3 名男生的概率.

20. 在桥牌比赛中,把 52 张牌任意地分给东、南、西、北四家(每家 13 张牌),求北家的 13 张牌中:

(1) 恰有 5 张黑桃、4 张红心、3 张方块、1 张草花的概率;

(2) 恰有大牌 A,K,Q,J 各 1 张,其余为小牌的概率.

21. 在某港口处,有两船欲靠同一码头.设两船到达码头时间彼此无关,而各自到达时间在一昼夜间是等可能的,如果此两船在码头停留时间分别是 1 和 2 小时,试求一船要等待空出码头的概率.

22. 在正方形 $\{(p,q):|p|\leqslant 1,|q|\leqslant 1\}$ 中任取一点,求使方程
$$x^2+px+q=0$$

(1) 有实根的概率; (2) 有两正根的概率.

23. 一袋中装有 a 个黑球,b 个白球不放回取两球.

(1) 已知第一次取出的是黑球,求第二次取出的仍是黑球的概率;

(2) 已知取出的两个球中有一个黑球,求另一个球也是黑球的概率.

24. 已知 A 是 $(\Omega,\mathscr{F},P)$ 上事件,$P(A)>0$,证明:

(1) 如果 $B\supset A$,则 $P(B|A)=1$;

(2) 若 B_1,B_2 为事件,且 $B_1B_2=\varnothing$,则 $P(B_1\cup B_2|A)=P(B_1|A)+P(B_2|A)$.

25. 一个家庭中有两个小孩,(1) 已知其中有一个是女孩,求另一个也是女孩的概率;(2) 已知第一胎是女孩,求第二胎也是女孩的概率.

26. 10 个考签中有 4 个难签,3 人抽签,甲先抽,乙次之,丙最后,求下列事件的概率:

(1) 甲抽到难签;

(2) 甲未抽到难签而乙抽到难签;

(3) 甲、乙、丙均抽到难签.

27. 某射击小组共有 20 名射手,其中一级射手 4 人,二级射手 8 人,三级射手

7人,四级射手1人,一、二、三、四级射手能通过选拔进入比赛的概率分别是0.9,0.7,0.5,0.2.求任取一位射手,他能通过选拔进入比赛的概率.

28. 某商店收进甲、乙厂生产的同种商品分别为30箱、20箱,甲厂产品每箱装100个,次品率为0.06,乙厂产品每箱120个,次品率为0.05.

(1) 任取一箱,从中任取一个产品,求其为次品的概率;

(2) 所有产品混装,任取一个产品,求其为次品的概率.

29. 12个乒乓球中有9个新球,3个旧球.第一次比赛,取出3个球,用完放回,第二次比赛又取出3个球.

(1) 求第二次取出的3个球中有2个新球的概率;

(2) 若第二次取出的3个球中有2个新球,求第一次取到的球中恰有一个新球的概率.

30. 已知5%的男人和0.25%的女人是色盲,假设男人数与女人数相等,现随机取一人,发现是色盲,问此人是男人的概率是多少? 若居民中男人总数是女人总数的两倍,这个概率又是多少?

31. 设A,B为两个事件,已知$P(A)=p_1>0, P(B)=p_2>0$,且$p_1+p_2>1$,证明:
$$P(B|A) > 1 - \frac{1-p_2}{p_1}.$$

32. 设$P(A)=0$或1,证明A与任何事件B均独立.

33. $P(A)>0, P(B)>0$,且A,B互斥,试证A与B不独立.

34. 设$0<P(A)<1$,且$P(B|A)=P(B|\bar{A})$.证明A,B独立.

35. 一个工人看管3台车床,在一小时内车床不需要工人照管的概率分别是0.9,0.8,0.7.求在一小时内三台车床最多一台需要工人照管的概率.

36. 一个教室里有4名一年级男生,6名一年级女生,6名二年级男生.为使从该教室内随机地选一名学生时,其性别与年级是相互独立的,试问教室里还应有多少个二年级女生?

37. 对同一目标进行射击,甲、乙、丙命中的概率分别是0.4、0.5、0.7,试求:

(1) 这三个人中恰有一人命中目标的概率;

(2) 至少有一人命中目标的概率.

38. 10名射手的命中率都是1/5,现向同一目标彼此独立地各射击一次,试求:

(1) 10人都没有击中的概率;

(2) 恰有1人命中的概率;

(3) 至少有两人命中的概率.

39. 设在4次独立试验中事件A出现的概率相同,若已知事件A至少发生一次的概率等于65/81,求事件A在一次试验中出现的概率是多少?

40. 高射炮向敌机发三发炮弹,每发炮弹击中敌机的概率均为0.3,又知若敌

机中一弹,其坠落的概率为 0.2,若敌机中两弹,其坠落的概率为 0.6,若中三弹则必坠落,求

(1) 敌机被击落的概率;

(2) 若敌机被击落,它中两弹的概率.

41*. n 个人站成一行,其中有 A,B 两人,问夹在 A,B 之间恰有 r 个人的概率是多少? 若 n 个人围成一圈,求从 A 到 B 的顺时针方向,A 与 B 之间恰有 r 个人的概率.

42*. (巴拿赫问题) 某数学家有两盒火柴,每盒有 n 根,每次使用时,他随机取一盒中的一根,问他发现一盒空,而另一盒还剩 r 根的概率是多少?

43*. 从 n 双尺码的鞋子中任取 $2r(2r<n)$ 只,求下列事件的概率:

(1) 所取 $2r$ 只鞋子没有两只成对的;

(2) 所取 $2r$ 只鞋子中只有 2 只成对的;

(3) 所取 $2r$ 只鞋子恰成 r 对.

44*. 有 k 个坛子,每个坛子装有 n 个球,编号为 1 至 n,今从每个坛子任取一球,问 m 是所取球中最大编号的概率.

45*. 一根长为 l 的棍子从任意两点折断,试计算三段能围成三角形的概率.

46*. 设有来自三地区的 10 名、15 名、25 名考生的报名表,其中女生报名表分别为 3 份、7 份、5 份,随机地取一地区报名表,从中取两份.

(1) 求先抽到的是女生表的概率;

(2) 已知后抽到的是男生表,求先抽到的是女生表的概率.

47*. 一枚硬币出现正面的概率为 p,甲、乙两人轮流掷硬币,先掷得正面者为获胜者,甲先掷,求甲、乙为获胜者的概率各是多少? 如果有 k 个人轮流掷硬币,各人获胜的概率又是多少?

48*. 通讯中,传送字符 AAAA,BBBB,CCCC 三者之一,由于通讯中存在干扰,正确接收字母的概率为 0.6,接收其他两个字母的概率均为 0.2,若前后字母是否被歪曲互不影响.

(1) 求收到字符 ABCA 的概率;

(2) 若收到字符 ABCA,它本来是 AAAA 的概率又是多大?

第 2 章

随机变量及其数字特征

本章引入概率论中另一重要概念,这就是随机变量概念. 从第一章可以看出,许多随机试验的结果直接与数值发生关系,如在产品检验中抽出的次品数;在电讯中,某段时间的话务量;射击中击中点与目标的偏差等等. 有些随机试验,如摸球试验、掷硬币问题等初看起来似乎与数值无关,但稍加处理也可用数字来描写. 例如,在掷硬币问题中,每次结果为正面或反面,与数值无直接关系,但若出现正面时记为"1",出现反面时记为"0",则掷硬币的试验结果也与数值建立了关系. 用随机变量来描述随机现象,使得概率论从研究定性的事件和概率扩大为研究定量的随机变量及其分布,从而扩充了研究概率论的数学工具,特别是便于使用经典的分析工具,使概率论真正成为一门数学学科. 本章将介绍两类随机变量——离散型和连续型随机变量,并讨论其概率分布,最后讨论能反映随机变量统计规律中的某些重要特征,这就是所谓的随机变量数字特征. 在随机变量数字特征中着重介绍最常用的数字特征——数学期望和方差. 随机变量及其数字特征构成概率论的基本内容.

§2.1 随机变量及其分布

一、随机变量

由前面介绍知,一些随机试验的结果直接与数值有关,另一些随机试验的结果虽不直接与数值有关,但稍加处理后也与数值有关,统一地看,每一个试验结果都有唯一的一个实数与之对应,这种对应关系实际上定义了一个样本空间 Ω 上的函数. 我们可描述性地定义随机变量如下:

如果对样本空间中的每一个样本点 ω,变量 X 都有一个确定的实数值与之对应,则变量 X 是样本点 ω 的函数,记作 $X=X(\omega),\omega\in\Omega$,并称 X 为随机变量.

上面的定义是描述性的,随机变量的严格定义是:

定义 2.1 设 $(\Omega,\mathscr{F},P)$ 是一概率空间,$X=X(\omega),\omega\in\Omega$ 是定义在 Ω 上的实值函数,如果对任一实数 x,$\{\omega:X(\omega)\leqslant x\}\in\mathscr{F}$,也即 $\{\omega:X(\omega)\leqslant x\}$ 为事件,则称 X 为一随机变量.

对随机变量严格定义的分析要用到测度论的知识,已超出本书的范围,这里就不多讲述了.

在掷骰子试验中,出现的点数记为 X,则 X 就是一个随机变量;在掷硬币进行打赌时,出现正面赢 1 元钱,出现反面输 1 元钱,若记 X 为赢钱数,则 X 也是一个随机变量.

二、分布函数及其性质

定义 2.2 设 $(\Omega,\mathscr{F},P)$ 为一概率空间,X 为定义在其上的随机变量,称函数

$$F(x)=P(X\leqslant x),\quad -\infty<x<+\infty$$

为随机变量 X 的分布函数,记作 $X\sim F(x)$.

例 1 在掷硬币打赌试验中,规定出现正面赢 1 元,出现反面输 1 元,以 X 表示赢钱数(单位:元),试求 X 的分布函数.

解 对任一 $x\in(-\infty,+\infty)$,

$$\{X\leqslant x\}=\begin{cases}\varnothing, & x<-1;\\ \{出现反面\}, & -1\leqslant x<1;\\ \Omega, & x\geqslant 1,\end{cases}$$

所以,

$$F(x)=\begin{cases}0, & x<-1;\\ 1/2, & -1\leqslant x<1;\\ 1, & x\geqslant 1,\end{cases}$$

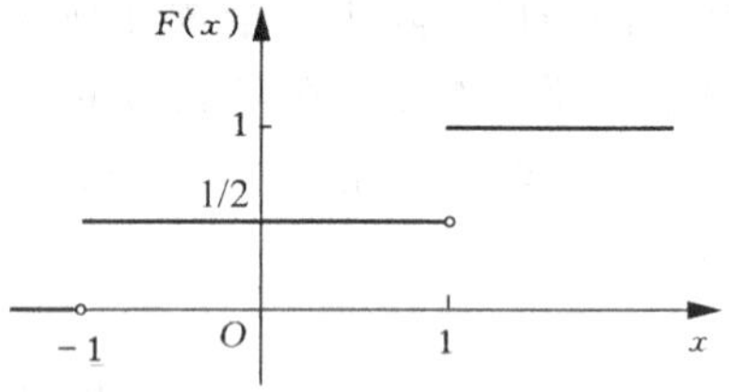

图 2.1

$F(x)$ 的图形见图 2.1.

例 2 等可能地向区间 $[a,b]$ 上投点,记 X 为落点的位置,求 X 的分布函数.

解 当 $x<a$ 时,$\{X\leqslant x\}$ 是不可能事件,故

$$F(x)=P(X\leqslant x)=0;$$

当 $a \leqslant x < b$ 时，$\{X \leqslant x\} = \{a \leqslant X < x\}$，故由几何概型知，$F(x) = P(a \leqslant X < x) = \dfrac{x-a}{b-a}$；

当 $x \geqslant b$ 时，$\{X \leqslant x\}$ 是必然事件，故
$$F(x) = P(X \leqslant x) = 1,$$
综上，X 的分布函数为
$$F(x) = \begin{cases} 0, & x < a; \\ \dfrac{x-a}{b-a}, & a \leqslant x < b; \\ 1, & x \geqslant b, \end{cases}$$

其图形见图 2.2.

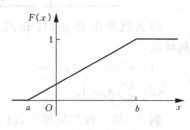

图 2.2

随机变量的分布函数具有下列性质.

定理 2.1　设 $F(x)$ 为随机变量 X 的分布函数，则

(1) 单调性：若 $x_1 < x_2$，则 $F(x_1) \leqslant F(x_2)$；

(2) 规范性：$F(-\infty) \triangleq \lim\limits_{x \to -\infty} F(x) = 0$，
$$F(+\infty) \triangleq \lim_{x \to +\infty} F(x) = 1;$$

(3) 右连续性：$F(x+) = F(x)$.

上述性质中，单调性容易证明，留作练习，其他性质的证明超出本书范围，略去.

另一方面，若一个函数 $F(x)$ 满足上述三条性质，则可以证明，它必为某一随机变量 X 的分布函数，所以这三条性质是分布函数的特征性质.

由分布函数可以计算出随机变量在任何区间内取值的概率，从而分布函数完全描述了随机变量的取值规律.

三、离散型随机变量

若随机变量 X 至多取可数个值，则称 X 为离散型随机变量.

定义 2.3　设 X 为离散型随机变量，其可能取值为 $x_1, x_2, \cdots$，则
$$p_i \triangleq P(X = x_i), \quad i = 1, 2, \cdots$$
完全地描述了随机变量 X 的取值规律，称它为 X 的概率分布（或分布列）. X 的可能取值及取这些值的概率写成如下形式：
$$\begin{bmatrix} x_1, & x_2, & \cdots \\ p_1, & p_2, & \cdots \end{bmatrix}$$

或

X	x_1	x_2	$\cdots$
P	p_1	p_2	$\cdots$

根据概率的性质,可知离散型随机变量的概率分布必具有下列性质：

(1) $p_i \geqslant 0, i=1,2,\cdots$

(2) $\sum_i p_i = 1$.

例 3 掷一枚均匀硬币,以 X 表示一次掷币中出现正面的次数,试求 X 的分布列.

解 X 的可能取值为 $0,1$,且

$$P(X=0)=P(出现反面)=\frac{1}{2},$$

$$P(X=1)=P(出现正面)=\frac{1}{2},$$

于是 X 的概率分布为

X	0	1
P	1/2	1/2

例 4 设离散随机变量 X 的分布列为

$$P(X=i)=a\left(\frac{2}{3}\right)^i, \quad i=1,2,\cdots$$

(1) 求 a 的值；

(2) 计算 $P(X=2), P(1 \leqslant X \leqslant 3), P(X \leqslant 2.5)$.

解 (1) 由分布列性质有

$$\begin{cases} a \cdot \left(\frac{2}{3}\right)^i \geqslant 0 \\ \sum_{i=1}^{\infty} a \cdot \left(\frac{2}{3}\right)^i = 1, \end{cases}$$

等价地

$$\begin{cases} a \geqslant 0 \\ 2a = 1, \end{cases}$$

故 $a=\frac{1}{2}$.

(2) $P(X=2) = \frac{1}{2} \cdot \left(\frac{2}{3}\right)^2 = \frac{2}{9}$,

$$P(1 \leqslant X \leqslant 3) = \frac{1}{2}\left[\frac{2}{3} + \left(\frac{2}{3}\right)^2 + \left(\frac{2}{3}\right)^3\right] = \frac{19}{27},$$

$$P(X \leqslant 2.5) = P(X=1) + P(X=2) = \frac{5}{9}.$$

有了离散型随机变量 X 的分布列,就可以求 X 的分布函数:

$$F(x) = P(X \leqslant x) = P(\bigcup_{i:x_i \leqslant x}\{X=x_i\})$$

$$= \sum_{i:X_i \leqslant x} P(X=x_i) = \sum_{i:x_i \leqslant x} p_i.$$

显然离散型随机变量的分布函数是一个跳跃函数,它在每个 x_i 处跳跃,其跳跃度为 p_i. 离散型随机变量的分布列完全确定了分布函数,反之,由分布函数也完全可以确定分布列. 这样,对离散型随机变量,分布函数与分布列相互唯一确定,用分布列来描述离散型随机变量更为方便.

例 5 设随机变量 X 的分布函数为

$$F(x) = \begin{cases} 0, & x < 1; \\ \frac{9}{19}, & 1 \leqslant x < 2; \\ \frac{15}{19}, & 2 \leqslant x < 3; \\ 1, & x \geqslant 3. \end{cases}$$

证明 X 是离散型随机变量,并求出其分布列.

解 由于 $F(x)$ 是跳跃函数,故它是离散型随机变量的分布函数;又 $F(x)$ 共有 3 个跳跃点 $1,2,3$ 且在 $1,2,3$ 处的跳跃度为:

$$\frac{9}{19}, \quad \frac{15}{19} - \frac{9}{19} = \frac{6}{19}, \quad 1 - \frac{15}{19} = \frac{4}{9},$$

故 X 的分布列为

$$\begin{bmatrix} 1 & 2 & 3 \\ \frac{9}{19} & \frac{6}{19} & \frac{4}{19} \end{bmatrix}.$$

例 6 掷一颗骰子,以 X 表示出现的函数,求 X 的分布列及分布函数 $F(x)$.

解 易知 X 的可能取值为 $1,2,3,4,5,6$,由古典定义有

$$P(X=1)=P(X=2)=\cdots=P(X=6)=\frac{1}{6},$$

故 X 的分布列为

$$\begin{pmatrix} 1 & 2 & \cdots & 6 \\ \frac{1}{6} & \frac{1}{6} & \cdots & \frac{1}{6} \end{pmatrix},$$

X 的分布函数为

$$F(x)=\begin{cases} 0, & x<1; \\ \frac{1}{6}, & 1\leqslant x<2; \\ \frac{1}{3}, & 2\leqslant x<3; \\ \frac{1}{2}, & 3\leqslant x<4; \\ \frac{2}{3}, & 4\leqslant x<5; \\ \frac{5}{6}, & 5\leqslant x<6; \\ 1, & x\geqslant 6. \end{cases}$$

四、连续型随机变量

离散型随机变量只取有限个值或可数多个值,它的分布函数是跳跃函数.在实际生活中,还有许多随机变量的取值可能充满某个区间或整个实数轴.其分布函数在 **R** 上连续.例如,向区间 $[a,b]$ 内等可能投点,点的位置充满区间 $[a,b]$;射击的弹着点与目标的前后偏差 X 可以充满 **R** 等等.这些随机变量都是非离散随机变量.在非离散随机变量中,一类重要的随机变量是连续型随机变量.

定义 2.4 若随机变量 X 的分布函数 $F(x)$ 可以表示成某一非负可积函数 $p(x)$ 的积分:

$$F(x)=\int_{-\infty}^{x} p(t)\mathrm{d}t, \quad x\in\mathbf{R},$$

则称 X 为连续型随机变量,$p(x)$ 称为 X 的分布密度函数(或概率密度函数),简称密度函数.

由分布函数性质以及密度函数的定义易知密度函数 $p(x)$ 具有以下性质:

(1) $p(x) \geqslant 0, x \in (-\infty, +\infty)$;

(2) $\int_{-\infty}^{\infty} p(x) \mathrm{d}x = 1$.

反之,可以证明,一个函数满足上述两条性质,则必为某一连续型随机变量的密度函数,故上述两条性质是密度函数的特征性质.

由连续型随机变量的定义知,连续型随机变量的分布函数 $F(x)$ 必连续.从而对任意 x,有
$$P(X=x) = 0.$$
这与离散型随机变量有本质区别,另外有
$$P(a \leqslant X \leqslant b) = P(a < X < b) = P(a \leqslant X < b) = P(a < X \leqslant b)$$
$$= F(b) - F(a) = \int_a^b p(x) \mathrm{d}x.$$

更一般地,对一般的区间 B,有
$$P(X \in B) = \int_B p(x) \mathrm{d}x.$$

此外,若已知连续型随机变量 X 的分布函数为 $F(x)$,则在 $p(x)$ 的连续点处有
$$p(x) = F'(x).$$
故对连续型随机变量,分布函数和密度函数相互唯一确定.这样,密度函数也完全描述了连续型随机变量的分布规律.

例7 设连续型随机变量 X 的分布函数为
$$F(x) = \begin{cases} 0, & x < 0; \\ Ax^2, & 0 \leqslant x < 1; \\ 1, & x \geqslant 1. \end{cases}$$
求常数 A 及密度函数.

解 由 $F(x)$ 的连续性知,$F(1-) = F(1)$,故 $A = 1$;又除了 $x = 0, 1$ 两处外,$F(x)$ 可导,故
$$p(x) = F'(x) = \begin{cases} 2x, & 0 < x < 1, \\ 0, & \text{其他}. \end{cases}$$

例8 设随机变量 X 具有密度函数 $p(x) = \dfrac{B}{1+x^2}$,试求:

(1) 常数 B 的值; (2) X 的分布函数; (3) $P(0 \leqslant X \leqslant 1)$.

解 (1) 由密度函数的性质,有
$$1 = \int_{-\infty}^{\infty} \frac{B}{1+x^2} \mathrm{d}x = B \arctan x \Big|_{-\infty}^{+\infty} = B \cdot \pi, \text{所以},B = \frac{1}{\pi};$$

(2) $F(x) = \int_{-\infty}^{x} p(t)dt = \int_{-\infty}^{x} \frac{1}{\pi} \cdot \frac{1}{1+t^2}dt$

$= \frac{1}{\pi}\arctan t \Big|_{-\infty}^{x} = \frac{1}{2} + \frac{1}{\pi}\arctan x;$

(3) $P(0 \leqslant X \leqslant 1) = \int_{0}^{1} \frac{1}{\pi} \cdot \frac{1}{1+x^2}dx = \frac{1}{4}.$

由密度函数 $p(x) = \dfrac{1}{\pi(1+x^2)}$ 所定义的分布称为柯西(Cauchy)分布.

§2.2 随机变量的数字特征

随机变量的分布函数完全描述了随机变量的概率性质.然而它往往不能明显而集中地表现随机变量的某些特点.此外,在实际问题中,有时不需要或根本不知道随机变量的分布函数,只要知道它的某些特征就够了,如考察某一地区的教学质量,人们并不关心每位学生的成绩,而是对该地区的平均成绩以及偏离平均成绩的程度感兴趣.在概率论中,把描述随机变量的某种特征的量称为随机变量的数字特征.

一、随机变量的数学期望

1. 离散型随机变量的数学期望

从一个例子来看离散型随机变量的数学期望.

例 9 甲、乙两射手打靶,他们命中的环数 X,Y 的分布列分别为:

$$X \sim \begin{pmatrix} 8 & 9 & 10 \\ 0.3 & 0.6 & 0.1 \end{pmatrix}, \quad Y \sim \begin{pmatrix} 8 & 9 & 10 \\ 0.2 & 0.5 & 0.3 \end{pmatrix},$$

试问哪个射手的技术较好?

从分布列来看,甲命中 8 环的概率比乙大,而命中 9 环的概率比乙小,甲似乎不如乙;但甲命中 10 环的概率比乙大,甲似乎比乙好.这样比较难以得出合理的结论.现在让甲、乙各射击 n 次,甲中 8,9,10 环的次数记作 n_1, n_2, n_3,乙中 8,9,10 环的次数记作 m_1, m_2, m_3($n_1+n_2+n_3 = m_1+m_2+m_3 = n$),则甲平均每次射击命中的环数为:

$$\frac{8n_1+9n_2+10n_3}{n} = 8 \times \frac{n_1}{n} + 9 \times \frac{n_2}{n} + 10 \times \frac{n_3}{n},$$

乙平均每次射击命中的环数为:

$$\frac{8m_1+9m_2+10m_3}{n}=8\times\frac{m_1}{n}+9\times\frac{m_2}{n}+10\times\frac{m_3}{n},$$

由概率的频率解释,当 n 很大时,$\frac{n_1}{n},\frac{n_2}{n},\frac{n_3}{n},\frac{m_1}{n},\frac{m_2}{n},\frac{m_3}{n}$ 分别稳定于 0.3,0.1,0.6,0.2,0.5,0.3. 从而甲每次射击平均中环数稳定于:
$$8\times0.3+9\times0.1+10\times0.6=9.3;$$
乙每次射击平均中环数稳定于:
$$8\times0.2+9\times0.5+10\times0.3=9.1,$$
从平均每次命中环数来看,甲射手优于乙射手.

定义 2.5 设 X 是离散型随机变量,其分布列为:
$$\begin{bmatrix} x_1 & x_2 & \cdots \\ p_1 & p_2 & \cdots \end{bmatrix},$$
若 $\sum_i |x_i|p_i < +\infty$,则称 X 的数学期望存在,并称 $\sum_i x_i p_i$ 为 X 的数学期望,记作 EX,也即 $EX \triangleq \sum_i x_i p_i$. 若 $\sum_i |x_i|p_i = +\infty$,则称 X 的数学期望不存在.

例 10 设盒子中有 5 个球,其中 2 个白球,3 个黑球,从中随意抽取 3 个球,记 X 为抽取到的白球数,求 EX.

解 显然 X 的可能取值只有 0,1,2 这三个实数,由古典定义有
$$P(X=0)=C_3^2/C_5^3=\frac{1}{10},$$
$$P(X=1)=C_3^2 C_2^1/C_5^3=\frac{3}{5},$$
$$P(X=2)=C_3^1 C_2^2/C_5^3=\frac{3}{10}.$$
于是,由数学期望定义得
$$EX=0\times\frac{1}{10}+1\times\frac{3}{5}+2\times\frac{3}{10}=1.2.$$

2. 连续型随机变量的数学期望

按照离散型随机变量的分布列和连续型随机变量的分布密度函数的对应关系,用密度函数 $p(x)$ 代替分布列 p_i,以积分代替求和,则可以得到连续型随机变量的数学期望定义.

定义 2.6 设 X 是一个连续型随机变量,其密度函数为 $p(x)$,如果 $\int_{-\infty}^{\infty}|x|p(x)\mathrm{d}x<\infty$,则称 X 的数学期望存在,并称 $\int_{-\infty}^{\infty}xp(x)\mathrm{d}x$ 为

X 的数学期望,记作 EX,也即

$$EX \triangleq \int_{-\infty}^{\infty} xp(x)\mathrm{d}x;$$

如果 $\int_{-\infty}^{+\infty} |x|p(x)\mathrm{d}x = +\infty$,则称 X 的数学期望不存在.

例 11 设随机变量 X 的密度函数为

$$p(x) = \begin{cases} x, & 0 \leqslant x < 1; \\ 2-x, & 1 \leqslant x < 2; \\ 0, & \text{其他}, \end{cases}$$

求 EX.

解 EX 显然存在,且

$$EX = \int_{-\infty}^{+\infty} xp(x)\mathrm{d}x = \int_0^1 x^2 \mathrm{d}x + \int_1^2 (2x - x^2) \mathrm{d}x$$
$$= \frac{1}{3} + \frac{2}{3} = 1.$$

二、随机变量函数的分布及数学期望

1. 随机变量函数的分布

在实际问题中,有时需要研究随机变量的函数的分布. 设 $f(x)$ 是一恰当的实函数,X 是一个随机变量,则 $Y = f(X)$ 仍为一个随机变量. 下面讨论已知随机量 X 的分布,如何求其函数 $Y = f(X)$ 的分布.

如果 X 是一离散型随机变量,其分布列为:

$$\begin{pmatrix} x_1 & x_2 & \cdots \\ p_1 & p_2 & \cdots \end{pmatrix},$$

则 $Y = f(X)$ 仍为离散型随机变量,其分布列为:

$$\begin{pmatrix} f(x_1) & f(x_2) & \cdots \\ p_1 & p_2 & \cdots \end{pmatrix}.$$

要注意的是上表中可能有些 $f(x_i)$ 是相等的,此时,应当将它们对应的概率相加而合并成一项.

例 12 设随机变量 X 的分布列为

$$\begin{pmatrix} -1 & 0 & 1 \\ 0.25 & 0.50 & 0.25 \end{pmatrix},$$

试求:

(1) 随机变量 $Y_1 = -2X$ 的概率分布;

(2) 随机变量 $Y_2 = X^2$ 的概率分布.

解 (1) 因为 $X \sim \begin{pmatrix} -1 & 0 & 1 \\ 0.25 & 0.50 & 0.25 \end{pmatrix}$,所以,

$$Y_1 = -2X \sim \begin{pmatrix} 2 & 0 & -2 \\ 0.25 & 0.50 & 0.25 \end{pmatrix},$$

按习惯从小到大顺序,整理得 Y_1 的分布列为:

$$\begin{pmatrix} -2 & 0 & 2 \\ 0.25 & 0.50 & 0.25 \end{pmatrix};$$

(2) 因为 $X \sim \begin{pmatrix} -1 & 0 & 1 \\ 0.25 & 0.50 & 0.25 \end{pmatrix}$,所以

$$Y_2 = X^2 \sim \begin{pmatrix} 1 & 0 & 1 \\ 0.25 & 0.50 & 0.25 \end{pmatrix},$$

上表中有两项重复,故需合并,整理得 Y_2 的分布列为

$$\begin{pmatrix} 0 & 1 \\ 0.50 & 0.25+0.25 \end{pmatrix} = \begin{pmatrix} 0 & 1 \\ 0.50 & 0.50 \end{pmatrix}.$$

如果 X 是一连续型随机变量,那么求 $Y=f(X)$ 的概率分布要复杂一些,一般地,$f(X)$ 未必是连续型的,只对某些特殊情形,才有肯定的结论.

定理 2.2 设 X 是连续型随机变量,其密度函数为 $p(x)$,若 $f(x)$ 是严格单调函数,其值域为 (α, β),且 $y = f(x)$ 的反函数 $x = f^{-1}(y)$ 有连续的导数,则 $Y = f(X)$ 仍为连续型随机变量,且它的密度函数为:

$$\varphi(y) = \begin{cases} p(f^{-1}(y)) | [f^{-1}(y)]' |, & y \in (\alpha, \beta); \\ 0, & y \notin (\alpha, \beta). \end{cases}$$

证 略.

例 13 设 X 的密度函数为 $p(x) = \begin{cases} 1, & 0 < x < 1; \\ 0, & \text{其他}, \end{cases}$ 求 $Y = -2\log X$ 的分布密度函数.

解 $y = f(x) = -2\log x$ 在区间 $(0,1)$ 上严格单调降,值域为 $(0, +\infty)$,反函数为 $x = f^{-1}(y) = e^{-y/2}$,$[f^{-1}(y)]' = -\frac{1}{2}e^{-y}$,故由定理 2.2 知,$Y = -2\log X$ 的密度函数为

$$\varphi(y) = \begin{cases} \frac{1}{2}e^{-y/2}, & y > 0; \\ 0, & y \leqslant 0. \end{cases}$$

要注意的是,不满足定理 2.2 条件的连续型随机变量的函数仍可以是连续型的. 一般地,对具体问题,往往是先求出分布函数,若分布函数是连续型的,进而对它求导得到其密度函数.

例 14 设 X 的密度函数为 $p(x) = \begin{cases} 1/2, & -1 < x < 1; \\ 0, & \text{其他}, \end{cases}$ 试求 $Y = X^2$ 的密度函数.

解 $y = x^2$ 在 $(-1, 1)$ 内不是单调函数,它不满足定理 2.2 的条件,我们先来计算 X^2 的分布函数:
$$F_Y(y) = P(Y \leq y) = P(X^2 \leq y),$$
显然,当 $y < 0$ 时,$\{X^2 \leq y\}$ 是不可能事件,此时
$$F_Y(y) = P(X^2 \leq y) = 0,$$
当 $0 \leq y < 1$ 时,$\{X^2 \leq y\} = \{-\sqrt{y} \leq X \leq \sqrt{y}\}$,故
$$F_Y(y) = \int_{-\sqrt{y}}^{\sqrt{y}} p(x) dx = \int_{-\sqrt{y}}^{\sqrt{y}} \frac{1}{2} dx = \sqrt{y};$$
当 $y \geq 1$ 时,$\{X^2 \leq y\} = \{-\sqrt{y} \leq X \leq \sqrt{y}\}$,从而
$$F_Y(y) = \int_{-\sqrt{y}}^{\sqrt{y}} p(x) dx = \int_{-\sqrt{y}}^{-1} 0 dx + \int_{-1}^{1} \frac{1}{2} dx + \int_{1}^{\sqrt{y}} 0 dx = 1.$$
综合之,我们得 Y 的分布函数为:
$$F_Y(y) = \begin{cases} 0, & y < 0; \\ \sqrt{y}, & 0 \leq y < 1; \\ 1, & y \geq 1. \end{cases}$$
由此易知 $F_Y(y)$ 是连续型随机变量的分布函数,从而对 $F_Y(y)$ 求导得 Y 的密度函数为:
$$\varphi_Y(y) = \begin{cases} \dfrac{1}{2\sqrt{y}}, & 0 < y < 1; \\ 0, & \text{其他}. \end{cases}$$

2. 随机变量是函数的数学期望

设 X 是一随机变量,$f(x)$ 是一实值函数,要求随机变量 $Y = f(X)$ 的数学期望 $EY = Ef(X)$,按照定义应先求出 Y 的分布,然后再计算出其数学期望.然而下面的结论表明,我们不必求出 Y 的分布,而可以根据 X 的分布直接求 $Y = f(X)$ 的数学期望,这无疑为计算随机变量函数的数学期望提供了极大的方便.下面的定理的证明超出了本书的范围,所以我们只述而不证.

定理 2.3 设 X 是一个随机变量，$f(x)$ 是一个恰当的实值函数.

(1) 若 X 是离散型随机变量，分布列为：

$$\begin{pmatrix} x_1 & x_2 & \cdots \\ p_1 & p_2 & \cdots \end{pmatrix}$$

且 $\sum_i |f(x_i)| p_i < \infty$，则

$$Ef(X) = \sum_i f(x_i) p_i.$$

(2) 若 X 是连续型随机变量，密度函数为 $p(x)$，且

$$\int_{-\infty}^{+\infty} |f(x)| p(x) \mathrm{d}x < \infty,$$

则

$$Ef(X) = \int_{-\infty}^{+\infty} f(x) p(x) \mathrm{d}x.$$

例 15 设 X 的分布列为 $\begin{pmatrix} -1 & 0 & 1 \\ 0.25 & 0.50 & 0.25 \end{pmatrix}$，求 $Y = X^2$ 的数学期望.

解 由定理 2.3 得

$$EY = (-1)^2 \times 0.25 + 0^2 \times 0.25 + 1^2 \times 0.25 = 0.50.$$

容易看出，这与先求出 $Y = X^2$ 的概率分布（见例 12），然后再按数学期望定义来计算得到的结果是相同的.

例 16 设 X 的密度函数为 $p(x) = \begin{cases} \dfrac{1}{2}, & -1 < x < 1; \\ 0, & \text{其他}, \end{cases}$ 求 $Y = X^2$ 的数学期望.

解 由定理 2.3 得

$$EY = EX^2 = \int_{-\infty}^{+\infty} x^2 p(x) \mathrm{d}x = \frac{1}{2} \int_{-1}^{1} x^2 \mathrm{d}x$$

$$= \int_0^1 x^2 \mathrm{d}x = \frac{1}{3}.$$

当然我们也可以先求出 Y 的密度函数（见例 14）

$$\varphi_Y(y) = \begin{cases} \dfrac{1}{2\sqrt{y}}, & 0 < y < 1; \\ 0, & \text{其他}, \end{cases}$$

再由连续型随机变量数学期望的定义来求 EY，

$$EY = \int_{-\infty}^{+\infty} y\varphi_Y(y)\mathrm{d}y = \int_0^1 y \cdot \frac{1}{2\sqrt{y}}\mathrm{d}y = \frac{1}{3}.$$

结果一样,但利用定理 2.3 求解要简便得多.

三、数学期望的性质

由定理 2.3,我们很容易得到随机变量的数学期望具有以下性质.

性质 2.1 对任意常数 C,有 $EC=C$.

性质 2.2 若 $X \geqslant 0$,EX 存在,则 $EX \geqslant 0$.

性质 2.3* 对任意两个随机变量 X,Y,如果数学期望均存在,则 $E(X+Y)$ 存在,且 $E(X+Y)=EX+EY$(可用定理 3.8 证明).

推论 若 $X \leqslant Y$,且 EX,EY 存在,则 $EX \leqslant EY$,特别地,若 $a \leqslant X \leqslant b$,则 EX 存在,且 $a \leqslant EX \leqslant b$.

证 由 $X \leqslant Y$ 知,$Y-X \geqslant 0$,于是 $E(Y-X) \geqslant 0$,又 $E(Y-X)=E(Y+(-1) \times X)=EY-EX$,所以 $EX \leqslant EY$.

四、随机变量的方差和基本性质

随机变量的数学期望是对随机变量平均取值的综合评价,在许多问题中,人们还需要了解随机变量的其他特征.例如,在评价一个学生的学习成绩时,不仅要考察他的平均成绩,还要考察他学习成绩的波动程度,对此有许多衡量的方法,但最简单、直观的方法就是用方差来度量.一个随机变量的方差,粗略地讲,反映随机变量偏离数学期望的平均偏离程度.

定义 2.7 设随机变量 X 的数学期望为 EX,则称 $X-EX$ 为 X 的离差,如果 $E(X-EX)^2$ 存在,则称它为 X 的方差,记作 DX 或 $\mathrm{Var}X$,并称 $\sqrt{DX}$ 为 X 的标准差或均方差.

由于 X 是一个随机变量,其离差 $X-EX$ 也是一个随机变量,由数学期望的性质易知 $E(X-EX)=0$,这是由于 X 的正、负离差相互抵消,所以要考虑 X 对 EX 的偏离程度,就必须消除符号的影响.人们曾用 $(X-EX)^2$ 来衡量 X 对 EX 的偏差,从而方差 $DX=E(X-EX)^2$ 即为 X 对 EX 的平均偏差.当然为消除离差中的符号,我们也可用 $|X-EX|$,$(X-EX)^4$ 等来衡量 X 对 EX 的偏差,考虑到计算方便,人们习惯用方差来作为随机变量偏离其期望的程度的度量.

由数学期望的性质容易得到方差的一个简便计算公式:

$$DX = EX^2 - (EX)^2.$$

事实上,
$$\begin{aligned} DX &= E(X-EX)^2 = E[X^2 - 2X \cdot EX + (EX)^2] \\ &= EX^2 + E[(-2EX) \cdot X] + (EX)^2 \\ &= EX^2 - 2EX \cdot EX + (EX)^2 \\ &= EX^2 - (EX)^2. \end{aligned}$$

由数学期望的性质,可得方差的下列性质.

性质 2.4 常数的方差为零,即 $DC = 0$.

性质 2.5 设 a, b 为常数,DX 存在,则
$$D(aX+b) = a^2 DX.$$

性质 2.6(方差最小性) X 为随机变量,方差存在,则对任意不等于 EX 的常数 C,都有
$$DX = E(X-EX)^2 < E(X-C)^2.$$

证 由数学期望性质,有
$$\begin{aligned} E(X-C)^2 &= E[(X-EX)+(EX-C)]^2 \\ &= E[(X-EX)^2 + 2(EX-C)(X-EX) + (EX-C)^2] \\ &= E(X-EX)^2 + E(EX-C)^2 + 2(EX-C)E(X-EX) \\ &= DX + E(EX-C)^2 = DX + (EX-C)^2, \end{aligned}$$
由于 $C \neq EX$,所以 $(EX-C)^2 > 0$,故 $DX < E(X-C)^2$.

例 17 设 X 的分布列为
$$\begin{pmatrix} -2 & -1 & 0 & 1 & 2 \\ \dfrac{1}{8} & \dfrac{1}{8} & \dfrac{1}{2} & \dfrac{1}{8} & \dfrac{1}{8} \end{pmatrix},$$

计算 DX.

解 $EX = (-2) \times \dfrac{1}{8} + (-1) \times \dfrac{1}{8} + 0 \times \dfrac{1}{2} + 1 \times \dfrac{1}{8} + 2 \times \dfrac{1}{8} = 0$,

$EX^2 = (-2)^2 \times \dfrac{1}{8} + (-1)^2 \times \dfrac{1}{8} + 0^2 \times \dfrac{1}{2} + 1^2 \times \dfrac{1}{8} + 2^2 \times \dfrac{1}{8} = \dfrac{5}{4}$,

故 $DX = EX^2 - (EX)^2 = \dfrac{5}{4}$.

例 18 设 X 具有密度函数 $p(x) = \begin{cases} x, & 0 \leqslant x < 1; \\ 2-x, & 1 \leqslant x < 2; \\ 0, & \text{其他}, \end{cases}$

计算 DX.

解 由例 11 知 $EX=1$,又

$$EX^2 = \int_{-\infty}^{+\infty} x^2 p(x) \mathrm{d}x = \int_0^1 x^3 \mathrm{d}x + \int_1^2 x^2(2-x) \mathrm{d}x$$

$$= \frac{x^4}{4}\bigg|_0^1 + \left(\frac{2}{3}x^3 - \frac{x^4}{4}\right)\bigg|_1^2 = \frac{7}{6},$$

从而

$$DX = EX^2 - (EX)^2 = \frac{7}{6} - 1 = \frac{1}{6}.$$

五、随机变量的矩和切比雪夫不等式

数学期望和方差概念的自然扩充是随机变量的原点矩和中心矩.

定义 2.8 设 X 为随机变量,k 为自然数,如果 EX^k 存在,则称 EX^k 为 X 的 k 阶原点矩,称 $E|X|^k$ 为 X 的 k 阶绝对矩.

由定义知,一阶原点矩就是数学期望.

定义 2.9 设 X 为随机变量,k 为自然数,如果 $E(X-EX)^k$ 存在,则称 $E(X-EX)^k$ 为 X 的 k 阶中心矩,称 $E|X-EX|^k$ 为 X 的 k 阶绝对中心矩.

由定义知,X 的二阶中心矩就是 X 的方差.

接下来,我们介绍一类矩的不等式.

定理 2.4(马尔可夫不等式) 设 X 的 k 阶矩存在,即 $E|X|^k < +\infty$,则对任意 $\varepsilon > 0$,有

$$P(|X| \geqslant \varepsilon) \leqslant \frac{E|X|^k}{\varepsilon^k}.$$

证 这里仅对连续型随机变量证之,离散型类似可证. 一般情形下马尔可夫不等式的证明超出本书范围,略去. 设 X 是连续型随机变量,其密度函数为 $p(x)$,则

$$P(|X| \geqslant \varepsilon) = \int_{\{|x| \geqslant \varepsilon\}} p(x) \mathrm{d}x \leqslant \int_{\{|x| \geqslant \varepsilon\}} \frac{|x|^k}{\varepsilon^k} p(x) \mathrm{d}x$$

$$\leqslant \frac{1}{\varepsilon^k} \int_{-\infty}^{+\infty} |x|^k p(x) \mathrm{d}x$$

$$= \frac{1}{\varepsilon^k} E|X|^k.$$

定理 2.5(切比雪夫不等式) 设 X 的方差存在,则对任意 $\varepsilon > 0$,有

$$P(|X-EX|\geqslant\varepsilon)\leqslant\frac{DX}{\varepsilon^2},$$

证 令 $Y=X-EX$,利用马尔可夫不等式得

$$P(|X-EX|\geqslant\varepsilon)=P(|Y|\geqslant\varepsilon)\leqslant\frac{E|Y|^2}{\varepsilon^2}$$

$$=\frac{E(X-EX)^2}{\varepsilon^2}=\frac{DX}{\varepsilon^2}.$$

切比雪夫不等式在数量上进一步阐明方差的意义. 随机变量 X 的方差越小,则其取值与数学期望的偏差超过一定界限的概率就越小. 特别地,我们有

推论 $DX=0$ 的充要条件是存在一个常数 a,使得 $P(X=a)=1$.

证 充分性. $P(X=a)=1$,也就是 $X\sim\begin{pmatrix}a\\1\end{pmatrix}$,从而 $EX=a\times 1=a$,$EX^2=a^2\times 1=a^2$,故

$$DX=EX^2-(EX)^2=a^2-a^2=0.$$

必要性. $P(X\neq EX)=P(|X-EX|>0)$

$$=P\left(\bigcup_{n=1}^{\infty}\left\{|X-EX|\geqslant\frac{1}{n}\right\}\right)$$

$$\leqslant\sum_{n=1}^{\infty}P\left(|X-EX|\geqslant\frac{1}{n}\right),$$

由切比雪夫不等式,有

$$P\left(|X-EX|\geqslant\frac{1}{n}\right)\leqslant\frac{DX}{\left(\frac{1}{n}\right)^2}=0,$$

故 $P(X\neq EX)=0$,从而

$$P(X=EX)=1.$$

§2.3 常用的概率分布

一、离散型随机变量

1. 退化分布

在所有分布中,最简单的分布是退化分布,一个随机变量是 X 以概率 1 取某一常数 a,即 $X\sim\begin{pmatrix}a\\1\end{pmatrix}$,则称 X 服从 a 处的<u>退化分布</u>.

2. 两点分布

另一个简单分布是两点分布.一个随机变量 X 只取两个值 a,b,也即 X 的分布列为：

$$\begin{pmatrix} a & b \\ p & 1-p \end{pmatrix} \quad (0<p<1),$$

则称 X 服从 a,b 处参数为 p 的<u>两点分布</u>,易求得 X 的期望和方差如下：

$$EX=ap+b(1-p), \quad DX=p(1-p)(a-b)^2.$$

特别地,当 $a=1,b=0$ 时,两点分布又称作服从参数为 p 的 0-1 分布,也称 X 是参数为 p 的<u>贝努利随机变量</u>.此时

$$EX=p, \quad DX=p(1-p).$$

若事件 A 发生的概率为 p,以 X 表示在一次试验中 A 发生的次数,则 X 服从参数为 p 的贝努利分布.

3. 二项分布

在 n 重贝努利试验中,每次试验中事件 A 发生的概率为 $p\,(0<p<1)$,记 X 为 n 次试验中事件 A 发生的次数,则 X 的可能取值为 $0,1\cdots,n$.且对每一个 $k\,(0\leqslant k\leqslant n)$,$\{X=k\}$ 也就是"在 n 次试验中事件 A 恰好发生 k 次",从而根据贝努利概型,有

$$P(X=k)=C_n^k p^k(1-p)^{n-k}, \quad k=0,1,\cdots,n.$$

其中 n,p 为参数,以后我们称 X 服从参数为 n,p 的二项分布,并记作 $X\sim B(n,p)$.因为 $C_n^k p^k(1-p)^{n-k}$ 是 $[p+(1-p)]^n$ 中展开式的通项,故称该分布为<u>二项分布</u>.

下面来求二项分布的数学期望和方差.

$$\begin{aligned}
EX &= \sum_{k=0}^{n} k C_n^k p^k q^{n-k} = \sum_{k=1}^{n} k C_n^k p^k q^{n-k} \\
&= n\sum_{k=1}^{n} C_{n-1}^{k-1} p^k q^{n-k} = n\sum_{i=0}^{n-1} C_{n-1}^{i} p^{i+1} q^{n-1-i} \\
&= np\sum_{i=0}^{n-1} C_{n-1}^{i} p^i q^{n-1-i} = np(p+q)^{n-1}=np;
\end{aligned}$$

$$\begin{aligned}
EX^2 &= \sum_{k=0}^{n} k^2 C_n^k p^k q^{n-k} = \sum_{k=1}^{n} k^2 C_n^k p^k q^{n-k} \\
&= \sum_{k=1}^{n} [k(k-1)+k]\frac{n!}{k!(n-k)!} p^k q^{n-k}
\end{aligned}$$

$$= \sum_{k=2}^{n} k(k-1)\frac{n!}{k!(n-k)!}p^k q^{n-k}$$
$$+ \sum_{k=1}^{n} k\frac{n!}{k!(n-k)!}p^k q^{n-k}$$
$$= n(n-1)\sum_{k=2}^{n} C_{n-2}^{k-2} p^k q^{n-k} + n\sum_{k=1}^{n} C_{n-1}^{k-1} p^k q^{n-k}$$
$$= n(n-1)p^2 \sum_{k=2}^{n} C_{n-2}^{k-2} p^{k-2} q^{n-2-(k-2)}$$
$$+ np\sum_{k=1}^{n} C_{n-1}^{k-1} p^{k-1} q^{n-1-(k-1)}$$
$$= n(n-1)p^2(p+q)^{n-2} + np(p+q)^{n-1}$$
$$= n(n-1)p^2 + np.$$

于是
$$DX = EX^2 - (EX)^2 = n(n-1)p^2 + np - n^2 p^2 = npq.$$

4. 几何分布

在贝努里试验中,事件 A 发生的概率为 p,试验一直进行到 A 发生为止,以 X 表示到 A 发生时所进行的试验的次数,显然 X 的取值范围是全体正整数,由独立性立得

$$P(X=k) = q^{k-1} p, \quad k=1,2,\cdots$$

由于 $q^{k-1} p$ 是一个几何数列,所以称具有概率分布 $P(X=k) = q^{k-1} p, k=1,2,\cdots$ 的随机变量 X 服从参数为 p 的几何分布,简记 $X \sim G(p)$.

下面来计算几何分布的数学期望和方差.

$$EX = \sum_{n=1}^{\infty} npq^{n-1} = p\sum_{n=1}^{\infty} [(n-1)+1]q^{n-1}$$
$$= \sum_{n=1}^{\infty} (n-1)pq^{n-1} + p\sum_{n=1}^{\infty} q^{n-1}$$
$$= \sum_{n=2}^{\infty} (n-1)pq^{n-1} + \frac{p}{1-q}$$
$$= \sum_{k=1}^{\infty} kpq^k + 1$$
$$= q\sum_{k=1}^{\infty} kpq^{k-1} + 1 = qEX + 1,$$

所以,

$$EX = \frac{1}{1-q} = \frac{1}{p}.$$

类似地，可计算出 $EX^2 = \frac{2q}{p^2} + \frac{1}{p}$，从而

$$DX = EX^2 - (EX)^2 = q/p^2.$$

例 19 设 $X \sim G(p)$，证明对任意正整数 m, n 有
$$P(X > m+n \mid X > m) = P(X > n).$$

证 $P(X > m) = \sum_{k=m+1}^{\infty} q^{k-1} p = \frac{q^m p}{1-q} = q^m$，从而由条件概率的定义有

$$P(X > m+n \mid X > m) = \frac{P(\{X > m+n\} \cap \{X > m\})}{P(X > m)}$$

$$= \frac{P(X > m+n)}{P(X > m)} = \frac{q^{m+n}}{q^m} = q^n = P(X > n).$$

例 19 的结论通常称作几何分布的<u>无记忆性</u>.

5. 超几何分布

一个袋子装有 N 个白球，M 个黑球，现从中不放回地抽取 n 个球，以 X 表示取到的白球的数目，由古典定义，易算得

$$P(X = k) = \frac{C_N^k C_M^{n-k}}{C_{N+M}^n}, \quad 0 \le k \le \min(n, N),$$

称具有上述概率分布的随机变量 X 服从<u>超几何分布</u>.

在超几何分布的实际背景中，取球是不放回的，如果取球放回，仍以 X 表示取到的白球的数目，则这是一个 n 重贝努利试验，从而

$$P(X = k) = C_n^k \left(\frac{N}{N+M}\right)^k \left(\frac{M}{N+M}\right)^{n-k}, \quad 0 \le k \le n.$$

在实际问题中，当 N, M 都很大，n 相对较小，通常将不放回近似地当作放回来处理，从而可用二项分布来近似代替超几何分布，也即

$$\frac{C_N^k C_M^{n-k}}{C_{N+M}^n} \approx C_n^k \left(\frac{N}{N+M}\right)^k \left(\frac{M}{N+M}\right)^{n-k}.$$

严格的数学表述是：当 $N \to \infty, M \to \infty$ 时，$\frac{N}{N+M} \to p$，则对任意 n 和 k，有

$$\frac{C_N^k C_M^{n-k}}{C_{N+M}^n} \to C_n^k p^k q^{n-k}, \quad (q = 1-p).$$

最后，我们直接给出超几何分布的数学期望和方差，而略去计

算过程.

$$EX = n \cdot \frac{N}{N+M}, \quad DX = n \cdot \frac{N}{N+M} \cdot \frac{M}{N+M} \cdot \frac{N+M-n}{N+M-1}.$$

6. 泊松(Poisson)分布

如果一个随机变量 X 的概率分布为:

$$P(X=k) = \frac{\lambda^k}{k!} e^{-\lambda}, \quad k=0,1,\cdots$$

其中 $\lambda > 0$ 为参数,则称 X 服从参数为 λ 的<u>泊松分布</u>,记作 $X \sim P(\lambda)$.

易知,

$$\frac{\lambda^k}{k!} e^{-\lambda} > 0, \quad \sum_{k=0}^{\infty} \frac{\lambda^k}{k!} e^{-\lambda} = e^{\lambda} \cdot e^{-\lambda} = 1,$$

故 $\left\{ \frac{\lambda^k}{k!} e^{-\lambda}, k=0,1,\cdots \right\}$ 确实是一个概率分布.

容易算得:

$$EX = \sum_{k=0}^{\infty} k \frac{\lambda^k}{k!} e^{-\lambda} = \sum_{k=1}^{\infty} k \cdot \frac{\lambda^k}{k!} e^{-\lambda} = \sum_{k=1}^{\infty} \frac{\lambda^k}{(k-1)!} e^{-\lambda}$$

$$= \lambda \sum_{k=0}^{\infty} \frac{\lambda^k}{k!} e^{-\lambda} = \lambda,$$

类似可算得, $EX^2 = \lambda^2 + \lambda$,从而

$$DX = EX^2 - (EX)^2 = \lambda.$$

泊松分布是实际中经常遇到的一类分布,例如,电话交换台在一给定时间内收到的呼叫次数;售票口到达的顾客人数;候车室候车的人数;一个城市一年内发生的火灾次数等等,均可近似地用泊松分布来描述.

例 20 一商店的某种商品月销售量 X 服从参数为 $\lambda = 10$ 的泊松分布.

(1) 求该商品每月销售 20 件以上的概率;

(2) 要以 95% 以上的把握保证不脱销,商店上月底应进货多少件该商品?

解 (1) $P(X \geqslant 20) = \sum_{k=20}^{\infty} \frac{10^k}{k!} e^{-10}$

$$= 1 - \sum_{k=0}^{19} \frac{10^k}{k!} e^{-10} \approx 0.003454.$$

(2) 查附录的泊松分布表知

$$\sum_{k=0}^{14} \frac{10^k}{k!} e^{-10} \approx 0.9166 < 0.95,$$

$$\sum_{k=0}^{15} \frac{10^k}{k!} e^{-10} \approx 0.9513 > 0.95,$$

故这家商店只要月底至少进货 15 件才能以 95% 以上的概率保证不脱销.

下面的定理给出了二项分布与泊松分布的近似关系.

定理 2.6(泊松定理) 在 n 重贝努利试验中,事件 A 在每次试验中发生的概率为 p_n,以 X 表示试验中 A 发生的次数,即 $X \sim B(n, p_n)$,如果 $\lim\limits_{n \to \infty} n p_n = \lambda > 0$,则有

$$\lim_{n \to \infty} C_n^k p_n^k (1-p_n)^{n-k} = \frac{\lambda^k}{k!} e^{-\lambda}, \quad k=0,1,2,\cdots,$$

该定理的证明略去. 由泊松定理知,当 n 很大而 p 很小且 np 适中($0.1 \leqslant np \leqslant 10$ 时较好),有

$$C_n^k p^k q^{n-k} \approx \frac{(np)^k}{k!} e^{-np}, \quad k=0,1,\cdots,n.$$

这就是二项分布的近似计算公式. 对称地,若 n 很大而 q 很小且 nq 适中时,有

$$C_n^k p^k q^{n-k} = C_n^{n-k} q^{n-k} p^{n-(n-k)} \approx \frac{(nq)^{n-k}}{(n-k)!} e^{-nq}, \quad k=0,1,\cdots,n.$$

在应用泊松分布近似计算二项分布时,一定要注意上述条件.

例 21 设一支步枪射击低空敌机,命中的概率为 0.001,现有 5 000 支步枪同时向低空敌机射击,求命中敌机 5 次的概率.

解 以 X 表示击中敌机的次数,则 $X \sim B(5\,000, 0.001)$,从而, $P(X=5) = C_{5\,000}^5 0.001^5 \times 0.999^{4995}$,注意到 $n=5\,000$ 很大,$p=0.001$ 很小,$np=5$ 适中,故由泊松定理,我们近似地有

$$P(X=5) \approx \frac{5^5}{5!} e^{-5} \approx 0.17547.$$

例 22 一批产品的次品率为 0.01,问在一箱中至少应装多少个商品,才能使其中正品不少于 100 个的概率在 95% 以上?

解 设每箱应装 $n=100+s$ 件商品,s 是一个小整数,从而 $np=(100+s) \times 0.01 \approx 1$,由题条件知次品数 $X \sim B(100+s, 0.01)$,据题意应有

$$0.95 \leqslant P(X \leqslant s) \approx \sum_{k=0}^{s} \frac{1}{k!} e^{-1},$$

查泊松表知
$$\sum_{k=0}^{3}\frac{1}{k!}e^{-1}\approx 0.9810, \quad \sum_{k=0}^{2}\frac{1}{k!}e^{-1}\approx 0.9197.$$
故 s 取 3 符合题意,也就是说每箱应至少装 103 个商品才能保证以 95% 以上的概率正品有 100 个.

二、连续型随机变量

1. 均匀分布

均匀分布是连续型分布中最简单的一种分布,它是描述一个随机变量在一个区间上等可能取值的分布,具体地来说:

如果一个随机变量,它的密度函数为
$$p(x)=\begin{cases}\dfrac{1}{b-a}, & a<x<b;\\ 0, & 其他,\end{cases}$$
则称 X 服从 $[a,b]$ 上的均匀分布,记作 $X\sim U(a,b)$.

若 $X\sim U(a,b)$,很容易求出它的分布函数为
$$F(x)=\begin{cases}0, & x<a;\\ \dfrac{x-a}{b-a}, & a\leqslant x\leqslant b;\\ 1, & x>b,\end{cases}$$
利用连续型分布期望和方差的定义可算得
$$EX=\frac{a+b}{2}, \quad DX=\frac{(b-a)^2}{12}.$$

2. 指数分布

一个随机变量 X,如果它的密度函数为
$$p(x)=\begin{cases}\lambda e^{-\lambda x}, & x>0;\\ 0, & x\leqslant 0,\end{cases}$$
其中 $\lambda>0$ 为参数,则称 X 服从参数为 λ 的指数分布,记作 $X\sim E(\lambda)$.

指数分布是一种应用广泛的重要的连续型分布.它通常描述对某一事件的等待时间,例如,乘客在公共汽车站的候车时间;灯泡的使用寿命等等.下面用一个实际问题说明之.

考虑一件玻璃制品的耐用时间 T,规定玻璃制品受到 1 次或更多次强击,它就损坏;若不受到强击则不会损坏.又知在时间 $[0,t)$ 内玻璃制品受到的强击次数 X_t 服从参数为 λt 的泊松分布.从而 $P(X_t=0)$

$= e^{-\lambda t}$,所以
$$P(T \leqslant t) = P(X_t \geqslant 1) = 1 - P(X_t = 0) = 1 - e^{-\lambda t}.$$
显见,当 $t \leqslant 0$ 时,$P(T \leqslant t) = 0$,从而 T 的分布函数为
$$F(t) = \begin{cases} 1 - e^{-\lambda t}, & t > 0; \\ 0, & t \leqslant 0, \end{cases}$$
它具有密度函数
$$p(t) = \begin{cases} \lambda e^{-\lambda t}, & t > 0; \\ 0, & t \leqslant 0. \end{cases}$$
而这正是参数为 λ 的指数分布.

容易算得指数分布的数学期望和方差为:
$$EX = \frac{1}{\lambda}, \quad DX = \frac{1}{\lambda^2}.$$

例 23 设打一次电话所用时间(单位:分钟)$X \sim E\left(\frac{1}{10}\right)$,若排队打电话,求后一个人等待的时间在 10 分钟到 20 分钟之间的概率是多少?

解 所求概率 $= P(10 \leqslant X \leqslant 20)$
$$= \int_{10}^{20} \frac{1}{10} e^{-\frac{x}{10}} dx = -e^{-\frac{x}{10}} \Big|_{10}^{20}$$
$$= e^{-1} - e^{-2} \approx 0.233.$$

例 24 设某元件寿命 X 服从指数分布,已知平均寿命为 1 000 小时,求 3 个这件的元件使用 1 000 小时,至少有一个损坏的概率.

解 由题设知,$EX = 1\,000$,又 $X \sim E(\lambda)$,故 $1\,000 = \frac{1}{\lambda}$,即 $\lambda = \frac{1}{1\,000}$.
$$P(X \leqslant 1\,000) = \int_0^{1\,000} \frac{1}{1\,000} e^{-\frac{x}{1\,000}} dx = 1 - e^{-1}.$$
即使用 1 000 小时后元件不损坏的概率 $= 1 - (1 - e^{-1}) = e^{-1}$,由独立性知,三个元件使用 1 000 小时后都不损坏的概率 $= e^{-1} \cdot e^{-1} \cdot e^{-1} = e^{-3}$,从而使用 1 000 小时后,至少有一个损坏的概率为 $1 - e^{-3}$.

例 25(指数分布的无记忆性) 设 $X \sim E(\lambda)$,则 X 具有无记忆性,也即对任意正实数 r, s 有
$$P(X > r + s \mid X > s) = P(X > r).$$

证 由指数分布的定义易知,对任意 $s > 0$,有

$$P(X>s) = \int_s^{+\infty} \lambda e^{-\lambda x} dx = e^{-\lambda s};$$

从而对任意 $r>0, s>0$ 有

$$P(X>r+s \mid X>s) = \frac{P(\{X>r+s\} \cap \{X>s\})}{P(X>s)}$$

$$= \frac{P(X>r+s)}{P(X>s)} = \frac{e^{-\lambda(r+s)}}{e^{-\lambda s}} = e^{-\lambda r} = P(X>r).$$

3. 正态分布

如果随机变量 X 的密度函数为

$$\varphi(x) = \frac{1}{\sqrt{2\pi}\sigma} e^{-\frac{(x-\mu)^2}{2\sigma^2}}, \quad x \in (-\infty, +\infty),$$

其中 μ, σ 为常数,且 $\sigma>0$,则称 X 服从参数为 μ 和 σ^2 的正态分布,记作 $X \sim N(\mu, \sigma^2)$.

特别地,当 $\mu=0, \sigma^2=1$ 时,称正态分布 $N(0,1)$ 为标准正态分布.

正态分布的分布函数为

$$F(x) = \frac{1}{\sqrt{2\pi}\sigma} \int_{-\infty}^{x} e^{-\frac{(t-\mu)^2}{2\sigma^2}} dt, \quad x \in (-\infty, +\infty).$$

标准正态分布的密度函数和分布函数分别记作 $\varphi_0(x)$ 和 $\Phi(x)$.

正态分布 $N(\mu, \sigma^2)$ 的密度函数和分布函数的图象见图 2.3.

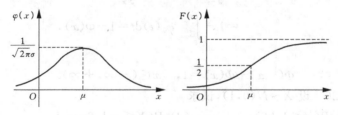

图 2.3

可以验算 $\int_{-\infty}^{\infty} \frac{1}{\sqrt{2\pi}\sigma} e^{-\frac{(x-\mu)^2}{2\sigma^2}} dx = 1$,故 $\varphi(x)$ 确实是一个密度函数,由 $\varphi(x)$ 的定义,可知 $\varphi(x)$ 具有下列性质:

(1) $\varphi(x)$ 关于直线 $x=\mu$ 对称;

(2) $\varphi(x)$ 在 $(-\infty, \mu)$ 内单调上升,在 $(\mu, +\infty)$ 内单调下降,在 $x=\mu$ 处达到最大值 $\frac{1}{\sqrt{2\pi}\sigma}$;

(3) 当 $x \to \pm\infty$ 时,$\varphi(x) \to 0$,也即曲线 $y=\varphi(x)$ 以 x 轴为渐近线.

根据密度函数的概率意义知,正态分布在 μ 点左右取值机会相等;它在 μ 点附近取值的可能性最大;它在距 μ 点越远的地方取值的可能性越小,这也就是所谓"中间大,两头小"的特性.曲线 $y=\varphi(x)$ 的最高点 $\left(\mu, \dfrac{1}{\sqrt{2\pi}\sigma}\right)$ 随着 σ 增大而下降,随 σ 减小而上升.故 σ 愈大,则曲线 $y=\varphi(x)$ 愈低平,相应地 X 的取值愈分散;σ 愈小,$y=\varphi(x)$ 愈陡峭,相应地 X 的取值愈集中.

由于 $\varphi_0(x)=\dfrac{1}{\sqrt{2\pi}}e^{-\frac{x^2}{2}}$ 的原函数没有初等表达式,因而其分布函数 $\Phi(x)$ 不能表示为初等函数,为此对给定的 x,我们需要利用数值计算方法来求 $\Phi(x)$ 的近似值.在附录中列出了标准正态分布的密度函数值表和分布函数值表,但表中只列出当 $x\geqslant 0$ 时,$\varphi_0(x)$ 和 $\Phi(x)$ 的值,由正态分布的对称性,可以导出 $\varphi_0(x)$ 和 $\Phi(x)$ 在 $x<0$ 处的值.

对于 $\varphi_0(x)$ 而言,直接由对称性有
$$\varphi_0(x)=\varphi_0(-x),$$
因而,当 $x<0$ 时,在附录中查 $\varphi_0(-x)$ 即得 $\varphi_0(x)$.

因为 $\varphi_0(x)$ 是偶函数,从而有
$$\Phi(-x)=\int_{-\infty}^{-x}\varphi_0(t)\mathrm{d}t=\int_{x}^{+\infty}\varphi_0(t)\mathrm{d}t$$
$$=1-\int_{-\infty}^{x}\varphi_0(t)\mathrm{d}t=1-\Phi(x),$$
或写成
$$\Phi(-x)+\Phi(x)=1,\quad x\in(-\infty,+\infty).$$

例 26 设 $X\sim N(0,1)$,试求

(1) $P(X\leqslant 1.96)$;　　　(2) $P(X\leqslant -1.96)$;

(3) $P(|X|\leqslant 1.96)$;　　　(4) $P(-1\leqslant X\leqslant 2)$.

解 (1) 直接查表可得
$$P(X\leqslant 1.96)=\Phi(1.96)=0.975;$$
(2) $P(X\leqslant -1.96)=\Phi(-1.96)=1-\Phi(1.96)=0.025;$
(3) $P(|X|\leqslant 1.96)=\Phi(1.96)-\Phi(-1.96)$
$$=2\Phi(1.96)-1=2\times 0.975-1=0.95;$$
(4) $P(-1\leqslant X\leqslant 2)=\Phi(2)-\Phi(-1)=\Phi(2)+\Phi(1)-1$
$$=0.97725+0.8413-1=0.81855.$$

例 27 设 $X\sim N(0,1)$,求 x 使 $P(|X|>x)=0.10$.

解 $P(|X|>x)=1-P(|X|\leqslant x)$
$=1-(\Phi(x)-\Phi(-x))=2(1-\Phi(x))$

要使 $P(|X|>x)=0.10$，等价于 $\Phi(x)=0.95$，查表可得 $x\approx 1.65$.

对一般正态分布而言，我们有如下定理.

定理 2.7 如果 $X\sim N(\mu,\sigma^2)$，则 $Y=\dfrac{X-\mu}{\sigma}$ 服从标准正态分布. Y 通常称作 X 的标准化.

证 设 Y 的分布函数为 $F_Y(x)$，则有

$$F_Y(x)=P(Y\leqslant x)=P\left(\dfrac{X-\mu}{\sigma}\leqslant x\right)$$

$$=P(X\leqslant \mu+\sigma x)=\dfrac{1}{\sqrt{2\pi}\sigma}\int_{-\infty}^{\mu+\sigma x}e^{-\frac{(t-\mu)^2}{2\sigma^2}}dt$$

$$=\dfrac{1}{\sqrt{2\pi}\sigma}\int_{-\infty}^{x}e^{-\frac{s^2}{2}}\sigma ds$$

$$=\dfrac{1}{\sqrt{2\pi}}\int_{-\infty}^{x}e^{-\frac{s^2}{2}}ds=\Phi(x),$$

因而 $Y\sim N(0,1)$.

推论 设 $X\sim N(\mu,\sigma^2)$，$F(x),\varphi(x)$ 分别为它的分布函数和密度函数，$\Phi(x),\varphi_0(x)$ 为标准正态分布的分布函数和分布密度函数，则有

$$F(x)=\Phi\left(\dfrac{x-\mu}{\sigma}\right),\quad \varphi(x)=\dfrac{1}{\sigma}\varphi_0\left(\dfrac{x-\mu}{\sigma}\right).$$

有了定理 2.7，我们可以把一般正态分布的概率计算转化到标准正态分布来解决.

例 28 测量一条道路长度的误差 X（单位：米）服从正态分布 $N(-5,20^2)$，试求：

(1) 误差的绝对值不超过 30 米的概率；

(2) 测得的长度小于道路真实长度的概率.

解 (1) 由定理 2.7 的推论得

$$P(|X|\leqslant 30)=P(-30\leqslant X\leqslant 30)$$

$$=\Phi\left(\dfrac{30-(-5)}{20}\right)-\Phi\left(\dfrac{-30-(-5)}{20}\right)$$

$$=\Phi(1.75)-\Phi(-1.25)$$

$$=\Phi(1.75)+\Phi(1.25)-1$$

$$=0.95994+0.8944-1=0.85434.$$

(2) 测量值＝真值＋误差,故所求概率为
$$P(X<0)=\Phi\left(\frac{0-(-5)}{20}\right)=\Phi(0.25)=0.5987.$$

设 $X\sim N(\mu,\sigma^2)$,由标准正态分布的分布函数值表,可得
$$P(|X-\mu|<\sigma)=2\Phi(1)-1\approx 0.6827,$$
$$P(|X-\mu|<2\sigma)=2\Phi(2)-1\approx 0.9545,$$
$$P(|X-\mu|<3\sigma)=2\Phi(3)-1\approx 0.9973.$$

这表明,X 几乎总在 $(\mu-3\sigma,\mu+3\sigma)$ 内取值,这就是所谓的 3σ 规则.

利用积分 $\int_{-\infty}^{+\infty}e^{-x^2}dx=\sqrt{\pi}$,可计算正态分布 $N(\mu,\sigma^2)$ 的数学期望和方差如下：
$$EX=\mu,\quad DX=\sigma^2,$$
可见,正态分布的两个参数实际上分别为其数学期望和方差.

4. 其他常见的连续型分布

(1) Γ-分布.

如果一个随机变量 X 具有密度函数
$$p(x)=\begin{cases}\dfrac{\lambda^r}{\Gamma(r)}x^{r-1}e^{-\lambda x}, & x>0;\\ 0, & \text{其他},\end{cases}$$

这是 $r>0,\lambda>0$ 为参数,$\Gamma(r)=\int_0^{+\infty}x^{r-1}e^{-x}dx$ 为 Γ-函数,则称 X 服从参数为 r,λ 的 Γ-分布,记作 $X\sim\Gamma(r,\lambda)$. 特别地,当 $r=1$ 时,$\Gamma(1,\lambda)$ 就是参数为 λ 的指数分布 $E(\lambda)$.

(2) χ^2-分布.

如果随机变量 X 的密度函数为
$$p(x)=\begin{cases}\dfrac{1}{2^{\frac{n}{2}}\Gamma\left(\dfrac{n}{2}\right)}x^{\frac{n}{2}-1}e^{-\frac{1}{2}x}, & x>0,\\ 0, & \text{其他},\end{cases}$$

这是 n 为参数,则称 X 服从参数为 n 的 χ^2-分布,并记 $X\sim\chi^2(n)$.

(3) 对数正态分布.

如果随机变量 X 的密度函数为
$$p(x)=\begin{cases}\dfrac{1}{\sqrt{2\pi}\sigma x}e^{-\frac{(\ln x-\mu)^2}{2\sigma^2}}, & x>0;\\ 0, & \text{其他},\end{cases}$$

则称 X 服从参数为 μ 和 σ^2 的<u>对数正态分布</u>.

在实际问题中,常用对数分布来描述价格的分布,特别是在金融市场的理论研究,以及许多实际研究中都用对数正态分布来描述金融资产的价格.

习题 2

1. 甲、乙两人分别拥有赌资 30 元和 20 元,他们掷一枚硬币进行赌博,约定出现正面,甲赢 10 元,出现反面乙赢 10 元.试用随机变量表示掷一枚硬币后甲、乙两人的赌本,并求其概率分布和分布函数,再画出分布函数的图形.

2. 下面的 $F(x)$ 是否是分布函数?

   (1) $F(x)=\dfrac{1}{1+x^2}$, $x\in(-\infty,+\infty)$;

   (2) $F(x)=\begin{cases}0, & x<0;\\ x, & 0\leqslant x<1;\\ 1, & x\geqslant 1.\end{cases}$

3. C 取何值时,$F(x)=\displaystyle\int_{-\infty}^{x}Ce^{-|t|}dt$, $x\in(-\infty,+\infty)$,是分布函数?

4. 设随机变量 X 的分布函数为

$$F(x)=\begin{cases}0, & x<-5;\\ \dfrac{1}{5}, & -5\leqslant x<-2;\\ \dfrac{3}{10}, & -2\leqslant x<0;\\ \dfrac{1}{2}, & 0\leqslant x<2;\\ 1, & x\geqslant 2.\end{cases}$$

求 X 的概率分布.

5. 袋中有 4 个黑球和 4 个白球,不放回地随机取球直至取到 3 个白球为止,求取出总球数的概率分布.

6. 证明超几何分布概率分布总和等于 1.

7. 设随机变量 X 的分布列为 $P(X=k)=C\left(\dfrac{2}{3}\right)^k$, $k=0,1,2,3$.试求:

   (1) C 的值; (2) $P(1\leqslant X\leqslant 2)$, $P(0<X<2.5)$.

8. 设随机变量 X 的分布函数为

$$F(x)=a+b\arctan x, \quad x\in(-\infty,+\infty),$$

求常数 a 与 b 的值以及 $F(x)$ 的密度函数.

9. 设随机变量 X 具有对称的密度函数 $p(x)$,即 $p(x)=p(-x)$,其分布函数

为 $F(x)$. 证明对任意 $a>0$, 有

(1) $F(-a)=1-F(a)=\dfrac{1}{2}-\int_0^a p(x)\mathrm{d}x$；

(2) $P(|X|\leqslant a)=2F(a)-1$；

(3) $P(|X|>a)=2[1-F(a)]$.

10. 设 X 的分布列为 $\begin{pmatrix} -1 & 0 & 2 & 3 \\ \dfrac{1}{8} & \dfrac{1}{4} & \dfrac{3}{8} & \dfrac{1}{4} \end{pmatrix}$. 求 $EX, EX^2, E(-2X+1)$.

11. 已知投资某一项目的收益率 R 是一个随机变量，其分布列为

$$\begin{pmatrix} 1\% & 2\% & 3\% & 4\% & 5\% & 6\% \\ 0.1 & 0.1 & 0.2 & 0.3 & 0.2 & 0.1 \end{pmatrix}.$$

一位投资者在该项目上投资 10 万元，求他预期获得多少收入？收入的方差是多大？

12. 一张贴现债券承诺到期还本付息 1 100 元，据分析，市场上同类债券的收益率为一随机变量，记作 $K\%$，设 K 的密度函数为

$$p(x)=\begin{cases} \dfrac{1}{5}, & 0<x<5; \\ 0, & \text{其他}, \end{cases}$$

求这张债券现在平均值多少钱？

13. 从 $1,3,5,7,9$ 这五个数字中无放回地任取三个，以 X 表示其中最小的数字，试求 EX. 若取球是有放回的，每次取一个数字，这时 EX 又为何值？

14. 设 $X \sim \begin{pmatrix} x_1 & x_2 & \cdots & x_n \\ \dfrac{1}{n} & \dfrac{1}{n} & \cdots & \dfrac{1}{n} \end{pmatrix}$, 求 EX, DX.

15. 设 $X \sim E(\lambda)$, 令 $Y=\alpha X+\beta$ $(\alpha>0)$, 求 Y 的分布函数和密度函数，并求 EY 和 DY.

16. 已知 $X \sim E(2)$, 求 $Y=1-e^{-2X}$ 的分布函数和密度函数.

17. 设 X 为非负随机变量，密度函数为 $p(x)$, 证明 $Y=\sqrt{X}$ 仍为连续型随机变量，它的密度函数为

$$p_Y(y)=\begin{cases} 2yp(y^2), & y>0; \\ 0, & y\leqslant 0. \end{cases}$$

18. 设 X 的密度函数为 $p(x)$, 令 $Y=aX+b$ $(a\neq 0)$, 证明 Y 的密度函数为

$$p_Y(y)=\dfrac{1}{|a|}p\left(\dfrac{y-b}{a}\right).$$

19. 测一圆的半径 R, 其概率分布为

$$\begin{pmatrix} 10 & 11 & 12 & 13 \\ 0.1 & 0.4 & 0.3 & 0.2 \end{pmatrix},$$

求圆的面积 S 的概率分布，并求 ES.

20. 对球直径作测量,测量值 $X \sim U(a,b)$,试求球的体积 V 的数学期望.

21. 某零件的次品率为 0.1,有放回地取 100 件产品,求

(1) 恰有 3 件次品的概率;

(2) 至少有 3 件次品的概率.

22. 已知 $X \sim P(\lambda)$,且 $P(X=1)=2P(X=2)$,求 $EX, DX, P(X=3)$.

23. 设一支步枪打中俯冲敌机要害部分的概率为 0.005,试计算 1 000 支步枪同时开火时,

(1) 敌机要害部位被打中的概率;

(2) 敌机要害部位恰中 1 弹的概率.

24. 自动生产线在调整后出现废品的概率为 p,当生产过程中出现次品时,立即重新进行调整,求两次调整之间生产的正品数 X 的分布列,并计算 EX.

25. 某保险公司对某险种保单有效期为一年,有效理赔一次,已知每个保单收费 500 元,理赔额为 20 000 元. 据统计每个保单索赔的概率为 0.05,已知公司其卖出保单 800 份,求该公司在该险种上一年内获得的平均利润.

26. 3 个电子元件并联成一个系统,只有当 3 个元件损件两个以上时,系统便报废,已知电子元件寿命服从 $E\left(\dfrac{1}{1\,000}\right)$(单位:小时),求系统的寿命超过 1 000 小时的概率.

27. 设 $X \sim N(5,4)$,查表求下列概率:

(1) $P(5 \leqslant X < 7)$;(2) $P(3 \leqslant X \leqslant 5)$;(3) $P(1 < X \leqslant 9)$;(4) $P(2 < X < 8)$.

28. 设 $X \sim U(0,5)$,求方程 $4x^2+4Xx+X+2=0$ 有实根的概率.

29. 设 X 的密度函数为

$$p(x)=\frac{1}{2}e^{-|x|}, \quad x \in (-\infty,+\infty),$$

试求 DX, EX^n.

30. 设随机变量 X 的概率密度为

$$p(x)=\begin{cases} \dfrac{1}{\pi\sqrt{1-x^2}}, & \text{当 }|x|<1\text{ 时}; \\ 0, & \text{其他}, \end{cases}$$

求数学期望 EX 及方差 DX.

31. 气体分子的速度 X 服从马克斯威尔分布,其概率密度为

$$p(x)=\begin{cases} Ax^2 e^{-\frac{x^2}{4}}, & \text{当 }x>0\text{ 时}; \\ 0, & \text{当 }x\leqslant 0\text{ 时}, \end{cases}$$

试求:(1) A 的值; (2) EX, DX.

32. 设随机变量 X 的概率密度为

$$p(x)=\begin{cases}ax^2+bx+c, & 0<x<1;\\ 0, & \text{其他}\end{cases}$$

已知 $EX=0.5, DX=0.15$,求系数 a,b,c.

33. 设随机变量 X 的密度函数为

$$p(x)=\begin{cases}\dfrac{x^m}{m!}e^{-x}, & x>0;\\ 0, & x\leqslant 0;\end{cases} \quad (m \text{ 为正整数}),$$

求 EX 和 DX.

34. 设随机变量 X 的密度函数为

$$p(x)=\begin{cases}\cos x, & 0<x<\dfrac{\pi}{2};\\ 0, & \text{其他},\end{cases}$$

求 DX^2.

35. 设 $X \sim U(2,5)$,现对 X 进行三次独立观测,试求至少有两次观测值大于 3 的概率.

36. 某人给 n 个朋友写信,又写了 n 个信封,将写好的信随机地装入 n 个信封中,每个信封中只装入一封信,试求信与信封恰好相配的数目 X 的数学期望.

37. 设 $X \sim B(3,0.4)$,求下列随机变量的数学期望:

(1) $X_1=X^2$; (2) $X_2=X(X-2)$; (3) $X=\dfrac{X(3-X)}{2}$.

38*. 设 $F(x)$ 是一个连续型随机变量的分布函数,$a>0$,证明:

$$\int_{-\infty}^{+\infty}[F(x+a)-F(x)]dx=a.$$

39*. 设 $f(x)$ 在 $(0,\infty)$ 上单调上升函数,且 $f(x)>0$,X 为随机变量,若 $Ef(|X|)<\infty$,则对任意 $\varepsilon>0$,有 $P(|X|>\varepsilon)\leqslant\dfrac{Ef(|X|)}{f(\varepsilon)}$.

40*. 利用概率论的思想证明:$\left[\int_a^b f(x)dx\right]^2 \leqslant (b-a)\int_a^b f^2(x)dx$,其中 $f(x)$ 在 $[a,b]$ 上连续.

41*. 袋中装有 m 只颜色各不相同的球,现有放回地摸球 n 次,X 表示摸到的球的颜色的种数,试证:$EX=m\left[1-\left(1-\dfrac{1}{m}\right)^n\right]$.

42*. 设一只昆虫所生的虫卵数 $X \sim P(\lambda)$,而每个虫卵发育为幼虫的概率为 p,且每个虫卵能否发育成幼虫是相互独立的. 以 Y 表示一只昆虫所生幼虫的数目,求 Y 的概率分布.

43*. 在长为 l 的线段上任意选两点,以 X 表示这两点间的距离. 试求 X 的概率密度,并求 X 的数学期望 EX 和方差 DX.

44*. 设 $X \sim P(\lambda)$,也即 $P(X=k)=\dfrac{\lambda^k}{k!}e^{-\lambda}$,$k=0,1,\cdots$,问 k 取何值时,

$P(X=k)$ 为最大?

45*. 设 X 是一个随机变量,其分布函数 $F(x)$ 严格单调递增,证明 $F(X) \sim U(0,1)$.

46*. 某人用 n 把钥匙去开门,其中只有一把能打开门上的锁,今逐个任取一把试开,以 X 表示打开此门所需开门的次数,在下列条件下,求 EX 和 DX.

(1) 打不开门的钥题不放回;

(2) 打不开门的钥匙仍放回.

第 3 章

随机向量的分布及数字特征

第 2 章讨论了随机变量及其概率分布. 在实际生活中, 有许多随机现象须用多个随机变量才能描述清楚. 例如, 炮弹的弹着点要用前后偏差与左右偏差两个随机变量来确定; 在三维空间中作随机运动的一个气体分子的坐标要用三个随机变量确定; 一个地区的气象情况需要用气温、气压、湿度等多个随机变量来描述, 等等. 多维随机变量(或随机向量)的概念正是在这些实际背景下提出的. 本章重点讨论二维随机向量, 主要内容包括随机向量的分布、独立性, 以及数字特征.

§3.1 随机向量的分布

一、随机向量及其分布函数

定义 3.1 设 $X_1, X_2, \cdots, X_n$ 是定义在概率空间 $(\Omega, \mathscr{F}, P)$ 上的 n 个随机变量, 则称 $(X_1, X_2, \cdots, X_n)$ 是 $(\Omega, \mathscr{F}, P)$ 上的一个 n 维随机向量(或 n 维随机变量).

定义 3.2 设 $(X_1, X_2, \cdots, X_n)$ 是一个 n 维随机向量, 则称 n 元函数
$$F(x_1, x_2, \cdots, x_n) \triangleq P(X_1 \leqslant x_1, X_2 \leqslant x_2, \cdots, X_n \leqslant x_n),$$
$(x_1, x_2, \cdots, x_n) \in \mathbf{R}^n$, 为 $(X_1, X_2, \cdots, X_n)$ 的联合分布函数, 简称为 $(X_1, X_2, \cdots, X_n)$ 的分布函数.

为简单起见, 我们主要讨论二维情形. 设 (X, Y) 是一个二维随机向量. $F(x, y) = P(X \leqslant x, Y \leqslant y)$ 实际上是 (X, Y) 取值于平面区域 $\{(s, t): s \leqslant x, t \leqslant y\}$ (见图 3.1) 的概率. 由概率的加法法则易知 (X, Y) 在矩形 $\{(s, t): a < s \leqslant b, c < t \leqslant d\}$ 上取值的概率为:
$$P(a < X \leqslant b, c < Y \leqslant d)$$

$$= P(X \leqslant b, Y \leqslant d) - P(X \leqslant a, Y \leqslant d)$$
$$- P(X \leqslant b, Y \leqslant c) + P(X \leqslant a, Y \leqslant c)$$
$$= F(b,d) - F(a,d) - F(b,c) + F(a,c).$$

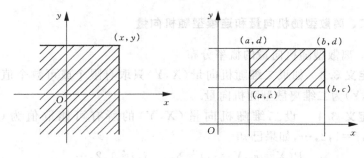

图 3.1　　　　　　　图 3.2

由随机向量分布函数的定义知，(X,Y) 的分布函数具有如下性质：

(1) 单调性：$F(x,y)$ 关于每个变量是非降的；

(2) 右连续性：$F(x,y)$ 关于每个变量是右连续的；

(3) 规范性：$0 \leqslant F(x,y) \leqslant 1$，$F(-\infty,y) = F(x,-\infty) = F(-\infty,-\infty) = 0$，$F(+\infty,+\infty) = 1$. 这里

$$F(-\infty, y) \triangleq \lim_{x \to -\infty} F(x,y),$$
$$F(-\infty, -\infty) \triangleq \lim_{\substack{x \to -\infty \\ y \to -\infty}} F(x,y),$$
$$F(x, -\infty) \triangleq \lim_{y \to -\infty} F(x,y),$$
$$F(+\infty, +\infty) \triangleq \lim_{\substack{x \to +\infty \\ y \to +\infty}} F(x,y);$$

(4) 对任意 $a < b, c < d$，有
$$F(b,d) - F(a,d) - F(b,c) + F(a,c) \geqslant 0.$$

对上述性质的证明从略. 另一方面也可以证明若一个二元函数 $F(x,y)$ 满足上述 4 条性质，则它一定是某一个二维随机向量的分布函数.

此外，若 (X,Y) 的分布函数已知，则由 $F(x,y)$ 可导出 X 和 Y 各自的分布函数 $F_X(x)$ 和 $F_Y(y)$：

$$F_X(x) = P(X \leqslant x) = P(X \leqslant x, Y < +\infty) = F(x, +\infty);$$
$$F_Y(y) = P(Y \leqslant y) = P(X < +\infty, Y \leqslant y) = F(+\infty, y).$$

通常称 $F_X(x)$ 和 $F_Y(y)$ 为分布函数 $F(x,y)$ 的边缘分布函数.

更一般地，n 维随机向量 $(X_1, \cdots, X_n)$ 的分布函数为 $F(x_1, \cdots, x_n)$，

则称
$$F_i(x_i) = F(+\infty, \cdots, +\infty, x_i, +\infty, \cdots, +\infty), i = 1, \cdots, n$$
为 $F(x_1, \cdots, x_n)$ 的边缘分布函数.

二、离散型随机向量和连续型随机向量

1. 离散型随机向量的概率分布

定义 3.3 如果二维随机向量 (X,Y) 只取有限个或可数个值, 则称 (X,Y) 为二维离散型随机向量.

定义 3.4 设二维随机向量 (X,Y) 的所有可能取值为 $(x_i, y_j), i, j = 1, 2, \cdots$, 如果已知
$$P(X = x_i, Y = y_j) = p_{ij}, \quad i, j = 1, 2, \cdots$$
则称 $\{p_{ij} : i, j = 1, 2, \cdots\}$ 为随机向量 (X,Y) 的概率分布(或分布列), 或 X 与 Y 的联合概率分布(或联合分布列).

显然 $\{p_{ij} : i, j = 1, 2, \cdots\}$ 满足性质:

(1) $p_{ij} \geqslant 0, \quad i, j = 1, 2, \cdots$;

(2) $\sum_i \sum_j p_{ij} = 1$.

为了直观, 有时也将联合分布列以表格形式来表示, 并称之为联合概率分布表.

表 3.1 联合概率分布表

	y_1	y_2	$\cdots$	y_j	$\cdots$
x_1	p_{11}	p_{12}	$\cdots$	p_{1j}	$\cdots$
x_2	p_{21}	p_{22}	$\cdots$	p_{2j}	$\cdots$
$\vdots$	$\vdots$	$\vdots$		$\vdots$	
x_i	p_{i1}	p_{i2}	$\cdots$	p_{ij}	$\cdots$
$\vdots$	$\vdots$	$\vdots$		$\vdots$	

由联合分布列, 可求出 X, Y 各自的概率分布列:
$$p_{i\cdot} \triangleq P(X = x_i) = P(\{X = x_i\} \cap \bigcup_{j=1}^{\infty} \{Y = y_j\})$$
$$= P(\bigcup_j \{X = x_i, Y = y_j\}) = \sum_j P(X = x_i, Y = y_j)$$
$$= \sum_j p_{ij}, \quad i = 1, 2, \cdots$$
$$p_{\cdot j} \triangleq P(Y = y_j) = P(\{Y = y_j\} \cap \bigcup_{i=1}^{\infty} \{X = x_i\})$$

$$= P(\bigcup_i \{X=x_i, Y=y_j\}) = \sum_i P(X=x_i, Y=y_j)$$
$$= \sum_i p_{ij}, \quad j=1,2,\cdots$$

通常称 $\{p_i. : i=1,2,\cdots\}$ 以及 $\{p_{\cdot j} : j=1,2,\cdots\}$ 为联合分布列 $\{p_{ij} : i,j=1,2,\cdots\}$ 的边缘概率分布列. 由上面的说明知, 边缘分布列分别等于联合分布列的行和或列和.

例 1 将两封信随意地投入 3 个邮筒中, 设 X, Y 分别表示投入第 1, 第 2 个邮筒中信的数目, 求 X 与 Y 的联合分布列以及边缘分布列.

解 X, Y 的可能取值显然都是 0, 1, 2, 显然 $\{X=1, Y=2\}$, $\{X=2, Y=1\}, \{X=2, Y=2\}$ 均是不可能事件, 从而
$$P(X=1,Y=2)=P(X=2,Y=1)=P(X=2,Y=2)=0,$$
由古典定义易得
$$P(X=0,Y=0) = \frac{1}{3^2} = \frac{1}{9},$$
$$P(X=0,Y=1) = \frac{2}{3^2} = \frac{2}{9},$$
$$P(X=0,y=2) = \frac{1}{3^2} = \frac{1}{9},$$
$$P(X=1,Y=1) = \frac{2}{3^2} = \frac{2}{9},$$

对称地, 有 $P(X=1,Y=0) = \frac{2}{9}$, $P(X=2,Y=0) = \frac{1}{9}$, 故 (X,Y) 的联合分布列和边缘分布列为:

	0	1	2	$p_i.$
0	$\frac{1}{9}$	$\frac{2}{9}$	$\frac{1}{9}$	$\frac{4}{9}$
1	$\frac{2}{9}$	$\frac{2}{9}$	0	$\frac{4}{9}$
2	$\frac{1}{9}$	0		$\frac{1}{9}$
$p._j$	$\frac{4}{9}$	$\frac{4}{9}$	$\frac{1}{9}$	

例 2 一批产品共 N 件, 其中一等品 N_1 件、二等品 N_2 件, 次品 $N-N_1-N_2$ 件. 从中取 n 件, 以 X, Y 分别表示取到的一等品、二等品的件数, 试求 (X,Y) 的分布列 $(n \leqslant N_1, n \leqslant N_2, n \leqslant N-N_1-N_2)$.

解 X, Y 的可能取值为 $0, 1, \cdots, n$, 且 $X+Y \leqslant n$. 由古典定义得

$$P(X=m, Y=k) = \frac{C_{N_1}^m C_{N_2}^k C_{N-N_1-N_2}^{n-m-k}}{C_N^n},$$

$$m,k=0,1,\cdots,n, \text{且 } m+k \leqslant n.$$

上述概率分布称做二维超几何分布.

例 3 (X,Y) 的分布列由下表给出，求 $P(X\leqslant 0, Y\leqslant 0), P(XY=0), P(|X|=|Y|)$.

	−1	0	2
0	0.1	0.2	0
1	0.3	0.05	0.1
2	0.15	0	0.1

解 $P(X\leqslant 0, Y\leqslant 0) = P(X=0, Y=-1) + P(X=0, Y=0)$
$= 0.1 + 0.2 = 0.3,$

$P(XY=0) = P(X=0, Y=-1) + P(X=0, Y=0)$
$\quad + P(X=0, Y=2) + P(X=1, Y=0)$
$\quad + P(X=2, Y=0)$
$= 0.1 + 0.2 + 0 + 0.05 + 0 = 0.35,$

$P(|X|=|Y|) = P(X=0, Y=0) + P(X=1, Y=-1)$
$\quad + P(X=2, Y=2)$
$= 0.2 + 0.3 + 0.1 = 0.6.$

2. 连续型随机向量的概率密度函数

定义 3.5 若二维随机向量 (X,Y) 的分布函数 $F(x,y)$ 可表示为非负可积函数 $p(x,y)$ 的积分

$$F(x,y) = \int_{-\infty}^{x} \int_{-\infty}^{y} p(s,t) \mathrm{d}s \mathrm{d}t,$$

则称 (X,Y) 为二维连续型随机向量，并称 $p(x,y)$ 为 (X,Y) 的概率密度函数(简称密度函数)，或 X 与 Y 的联合密度函数.

由定义易知 $p(x,y)$ 具有下列性质：

(1) $p(x,y) \geqslant 0$;

(2) $\int_{-\infty}^{+\infty} \int_{-\infty}^{+\infty} p(x,y) \mathrm{d}x \mathrm{d}y = 1.$

反过来，满足上述两条性质的函数 $p(x,y)$ 必是一个二元随机向量的密度函数. 已知密度函数 $p(x,y)$，由定义知，可求分布函数 $F(x,y)$;

另外一方面,若已知连续型随机向量(X,Y)的分布函数$F(x,y)$,如果 $\frac{\partial^2}{\partial x \partial y}F(x,y)$连续,则

$$p(x,y)=\frac{\partial^2}{\partial x \partial y}F(x,y).$$

此外,通过密度函数,可求随机向量在任何区域D上的概率:

$$P((X,Y)\in D)=\iint_D p(x,y)\mathrm{d}x\mathrm{d}y$$

特别地,取$D=\{(s,t):s\leqslant x,t<+\infty\}$,则有

$$F_X(x)=P(X\leqslant x)=P(X\leqslant x,Y<+\infty)=\int_{-\infty}^{x}\int_{-\infty}^{+\infty}p(s,t)\mathrm{d}s\mathrm{d}t$$

$$=\int_{-\infty}^{x}\left[\int_{-\infty}^{+\infty}p(s,t)\mathrm{d}t\right]\mathrm{d}s,$$

故X仍为连续随机变量,且其密度函数为

$$p_X(x)=\int_{-\infty}^{+\infty}p(x,t)\mathrm{d}t=\int_{-\infty}^{+\infty}p(x,y)\mathrm{d}y,$$

类似地,Y亦为连续型随机变量,其密度函数为

$$p_Y(y)=\int_{-\infty}^{+\infty}p(x,y)\mathrm{d}x.$$

通常称$p_X(x)$和$p_Y(y)$为$p(x,y)$的边缘密度函数.

例4(均匀分布) 设G为平面上一有界区域,其面积为S,向G内随机投点,(X,Y)表示投点的坐标,由几何概型知,对任意$B\subset R^2$,有

$$P((X,Y)\in B)=\frac{(B\cap G)\text{的面积}}{S}.$$

若令

$$p(x,y)=\begin{cases}\frac{1}{S}, & (x,y)\in G,\\ 0, & (x,y)\notin G,\end{cases}$$

则

$$P((X,Y)\in B)=\iint_B p(x,y)\mathrm{d}x\mathrm{d}y.$$

可见$p(x,y)$为密度函数,称由该密度函数定义的分布为均匀分布.特别地,当$G=\{(x,y):a<x<b,c<y<d\}$.

$$p(x,y)=\begin{cases}\dfrac{1}{(b-a)(d-c)}, & (x,y)\in G;\\ 0, & \text{反之}.\end{cases}$$

例5 设(X,Y)的密度函数为

$$p(x,y) = \begin{cases} axy, & 0 \leqslant x \leqslant 1, \ 0 \leqslant y \leqslant 1; \\ 0, & \text{其他} \end{cases}$$

求 a 的值以及边缘密度函数.

解 由密度函数的性质,有

$$1 = \int_{-\infty}^{+\infty}\int_{-\infty}^{+\infty} p(x,y)\mathrm{d}x\mathrm{d}y = \int_0^1\int_0^1 axy\mathrm{d}x\mathrm{d}y = \frac{1}{4}a,$$

从而,$a=4$,故

$$p(x,y) = \begin{cases} 4xy, & 0 \leqslant x \leqslant 1, 0 \leqslant y \leqslant 1; \\ 0, & \text{其他}, \end{cases}$$

$$p_X(x) = \int_{-\infty}^{+\infty} p(x,y)\mathrm{d}y = \int_0^1 p(x,y)\mathrm{d}y$$

$$= \begin{cases} \int_0^1 4xy\mathrm{d}y, & 0 \leqslant x \leqslant 1; \\ \int_0^1 0\mathrm{d}y, & x<0 \text{ 或 } x>1; \end{cases}$$

$$= \begin{cases} 2x, & 0 \leqslant x \leqslant 1; \\ 0, & \text{其他}, \end{cases}$$

对称地,我们可求得

$$p_Y(y) = \begin{cases} 2y, & 0 \leqslant y \leqslant 1; \\ 0, & \text{其他}. \end{cases}$$

在讨论一元随机变量时,我们曾指出,一元正态分布是实际应用中最常见的分布之一. 对二维随机向量,二元正态分布也是常用到的重要连续型随机向量.

例 6(二元正态分布) 由密度函数

$$p(x,y) = \frac{1}{2\pi\sigma_1\sigma_2\sqrt{1-\rho^2}} e^{-\frac{1}{2(1-\rho^2)}\left[\frac{(x-\mu_1)^2}{\sigma_1^2} - 2\rho\frac{(x-\mu_1)(y-\mu_2)}{\sigma_1\sigma_2} + \frac{(y-\mu_2)^2}{\sigma_2^2}\right]},$$

$(x,y) \in \mathbf{R}^2$,所定义的分布称为**二元正态分布**. 其中 $\mu_1, \mu_2, \sigma_1^2, \sigma_2^2, \rho$ 均为参数,且 $\sigma_1 > 0, \sigma_2 > 0, |\rho| < 1$,记作 $N(\mu_1, \mu_2; \sigma_1^2, \sigma_2^2; \rho)$.

二元正态分布的密度函数如图 3.3 所示. 从图中可以看出,二元正态分布以 (μ_1, μ_2) 为中心,在中心附近具有较高的密度,离中心越远,密度越小,这与许多实际问题相吻合.

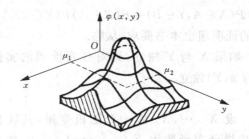

图 3.3 二元正态分布的密度函数

例 7 设 $(X,Y) \sim N(\mu_1,\mu_2;\sigma_1^2,\sigma_2^2;\rho)$，求边缘密度函数 $\varphi_X(x)$ 和 $\varphi_Y(y)$.

解 $\varphi_X(x) = \int_{-\infty}^{+\infty} p(x,y) \mathrm{d}y$. 令 $s = \dfrac{x-\mu_1}{\sigma_1}, t = \dfrac{y-\mu_2}{\sigma_2}$，得

$$\varphi_X(x) = \int_{-\infty}^{+\infty} \frac{1}{2\pi\sigma_1\sqrt{1-\rho^2}} e^{-\frac{1}{2(1-\rho^2)}(s^2-2\rho s t+t^2)} \mathrm{d}t$$

$$= \frac{1}{\sqrt{2\pi}\sigma_1} e^{-\frac{(x-\mu_1)^2}{2\sigma_1^2}} \int_{-\infty}^{+\infty} \frac{1}{\sqrt{2\pi}\sqrt{1-\rho^2}} e^{-\frac{(t-\rho s)^2}{2(1-\rho^2)}} \mathrm{d}t = \frac{1}{\sqrt{2\pi}\sigma_1} e^{-\frac{(x-\mu_1)^2}{2\sigma_1^2}},$$

也即 $X \sim N(\mu_1,\sigma_1^2)$，对称地，可知 $Y \sim N(\mu_2,\sigma_2^2)$.

由上例我们知道，对二元正态分布：

(1) 当且仅当 $\rho=0$ 时，$p(x,y)=\varphi_X(x)\varphi_Y(y)$；

(2) 二元正态分布的边缘分布是一元正态分布，且与参数 ρ 无关，而对应另外 4 个参数. 由此可见，不同的二元正态分布，可以有相同的边缘分布. 值得指出的是：两个边缘分布都是正态分布的二维随机向量未必是二元正态分布.

§3.2 随机变量的独立性

一、独立性的一般概念

定义 3.6 设随机变量 X 与 Y 的联合分布函数为 $F(x,y)$，边缘分布函数分别为 $F_X(x), F_Y(y)$，如果对任意实数 x 和 y，恒有

$$F(x,y) = F_X(x) F_Y(y),$$

则称随机变量 X 和 Y 相互独立.

定理 3.1 随机变量 X 与 Y 独立的充要条件是对一切使得 $\{X \in A\}, \{Y \in B\}$ 有意义的实数集 A 和 B，有

$$P(X\in A, Y\in B) = P(X\in A)P(Y\in B).$$

定理 3.1 的证明超出本书要求，从略.

定理 3.2 如果 X 与 Y 独立，则对任意恰当的实值函数 $f(x)$，$g(x)$ 有 $f(X)$ 与 $g(Y)$ 独立.

证 略.

定义 3.7 设 $X_1, \cdots, X_n$ 为 n 个随机变量，其联合分布函数为 $F(x_1, \cdots, x_n)$，边缘分布函数为 $F_i(x_i), i=1, \cdots, n$，如果对一切实数 $x_1, \cdots, x_n$ 有

$$F(x_1, \cdots, x_n) = F_1(x_1) \cdots F_n(x_n),$$

则称 $X_1, \cdots, X_n$ <u>相互独立</u>.

二、离散型随机变量的条件概率分布与独立性

设 (X,Y) 为二维离散型随机向量，其概率分布为

$$P(X=x_i, Y=y_j) = p_{ij}, \quad i,j=1,2,\cdots,$$

则由条件概率公式，当 $P(Y=y_j) > 0$ 时，有

$$P(X=x_i | Y=y_j) = \frac{P(X=x_i, Y=y_j)}{P(Y=y_j)} = \frac{p_{ij}}{p_{\cdot j}},$$

通常记 $P(X=x_i | Y=y_j)$ 为 $p_{i|j}$，读作"在 $Y=y_j$ 条件下，事件 $X=x_i$ 发生的条件概率".

对固定的 j，不难验证 $\{p_{i|j} : i=1,2,\cdots\}$ 满足：

(1) $p_{i|j} \geq 0$;　　(2) $\sum_i p_{i|j} = 1$,

因而我们称 $\{p_{i|j} : i=1,2,\cdots\}$ 为已知 $Y=y_j$ 的条件下，X 的<u>条件概率分布</u>.

对称地，可定义，已知 $X=x_i$ 的条件下，Y 的条件概率分布为 $\{p_{j|i} : j=1,2,\cdots\}$.

例 8 设 (X,Y) 的分布列为

	0	1	2
0	$\frac{1}{9}$	$\frac{2}{9}$	$\frac{1}{9}$
1	$\frac{2}{9}$	$\frac{2}{9}$	0
2	$\frac{1}{9}$	0	0

试求在 $X=0$ 条件下 Y 的条件分布列.

解 $P(X=0) = \frac{1}{9} + \frac{2}{9} + \frac{1}{9} = \frac{4}{9}$,

$$P(Y=0|X=0) = \frac{1}{9} \Big/ \frac{4}{9} = \frac{1}{4},$$

$$P(Y=1|X=0) = \frac{2}{9} \Big/ \frac{4}{9} = \frac{1}{2},$$

$$P(Y=2|X=0) = \frac{1}{9} \Big/ \frac{4}{9} = \frac{1}{4}.$$

下面考虑离散型随机变量的独立性.

定理 3.3 X 与 Y 是离散型随机变量,其联合概率分布为 $P(X=x_i, Y=y_j) = p_{ij}$, $i, j = 1, 2, \cdots$,边缘分布分别为 $p_i.$ 和 $p._j$, $i, j = 1, 2, \cdots$,则 X 与 Y 相互独立的充要条件是

$$p_{ij} = p_i. \cdot p._j, \quad i, j = 1, 2, \cdots$$

证 略.

例 9 袋中有 4 个球,2 个白球,2 个黑球,现随机抽取 2 个球,以 X, Y 分别表示第一次、第二次取到的白球数目. 在下列条件下,求 (X, Y) 的联合分布,并判断 X 与 Y 的独立性:

(1) 取球是有放回的;

(2) 取球不放回.

解 (1) 显见 X, Y 的可能取值都是 0, 1,且

$$P(X=0, Y=0) = \frac{C_2^1 C_2^1}{4^2} = \frac{1}{4},$$

$$P(X=0, Y=1) = \frac{C_2^1 C_2^1}{4^2} = \frac{1}{4},$$

$$P(X=1, Y=0) = P(X=1, Y=1) = \frac{1}{4}.$$

也即,(X, Y) 的联合分布列为:

	0	1	$p_i.$
0	$\frac{1}{4}$	$\frac{1}{4}$	$\frac{1}{2}$
1	$\frac{1}{4}$	$\frac{1}{4}$	$\frac{1}{2}$
$p._j$	$\frac{1}{2}$	$\frac{1}{2}$	

容易验证,对一切 $i = 0, 1$, $j = 0, 1$,有

$$P(X=i,Y=j)=P(X=i)P(Y=j).$$

所以,X 与 Y 独立.

(2) X,Y 的可能取值仍是 $0,1$,且

$$P(X=0,Y=0)=P(X=0)P(Y=0|X=0)=\frac{2}{4}\times\frac{1}{3}=\frac{1}{6},$$

$$P(X=0,Y=1)=P(X=0)P(Y=1|X=0)=\frac{2}{4}\times\frac{2}{3}=\frac{1}{3},$$

类似地,有 $P(X=1,Y=0)=\frac{1}{3}$,$P(X=1,Y=1)=\frac{1}{6}$,从而 (X,Y) 的联合分布为:

	0	1	$p_i.$
0	$\frac{1}{6}$	$\frac{1}{3}$	$\frac{1}{2}$
1	$\frac{1}{3}$	$\frac{1}{6}$	$\frac{1}{2}$
$p._j$	$\frac{1}{2}$	$\frac{1}{2}$	

因为,$P(X=0,Y=0)=\frac{1}{6}\neq\frac{1}{4}=P(X=0)P(Y=0)$,所以,$X$ 与 Y 不独立.

例 10 设离散型随机向量 (X,Y) 分别列为

	1	2	3
1	$\frac{1}{6}$	$\frac{1}{9}$	$\frac{1}{18}$
2	$\frac{1}{3}$	α	β

问 α,β 取何值时,X 与 Y 独立?

解 先求 X,Y 的边缘分布,得

$$X\sim\begin{pmatrix}1 & 2\\ \frac{1}{3} & \frac{1}{3}+\alpha+\beta\end{pmatrix},\quad Y\sim\begin{pmatrix}1 & 2 & 3\\ \frac{1}{2} & \frac{1}{9}+\alpha & \frac{1}{18}+\beta\end{pmatrix},$$

因为,X 与 Y 独立,所以,必定有:

$$\begin{cases}\frac{1}{6}+\frac{1}{9}+\frac{1}{18}+\frac{1}{3}+\alpha+\beta=1;\\ \frac{1}{3}\left(\frac{1}{9}+\alpha\right)=\frac{1}{9},\end{cases}$$

解得
$$\alpha=\frac{2}{9}, \beta=\frac{1}{9}.$$
可以验证,此时对一切 $i=1,2$,一切 $j=1,2,3$,有 $p_{ij}=p_i. \, p_{.j}$,也即 X 与 Y 独立.

三、连续型随机变量的条件密度函数与独立性

设 (X,Y) 为连续型随机向量,其分布函数与密度函数分别为 $F(x,y)$ 和 $p(x,y)$,我们希望考虑在 $Y=y$ 的条件下 X 的条件分布,但 $P(Y=y)=0$,所以不能直接利用条件概率公式来定义条件分布函数. 不过当 $\Delta y>0$ 时,
$$P(X\leqslant x|y-\Delta y<Y\leqslant y)=\frac{P(X\leqslant x,y-\Delta y<Y\leqslant y)}{P(y-\Delta y<Y\leqslant y)}$$
可以有意义,因此,一个自然的想法是,如果极限
$$\lim_{\Delta y\to 0^+} P(X\leqslant x|y-\Delta y<Y\leqslant y)$$
存在,则称其为在 $\{Y=y\}$ 条件下 X 的条件分布函数. 记作 $F_{X|Y}(x|y)$. 可惜的是,一般来说,上述极限不存在. 但对常见的连续型分布可以得到预期的结果.

定理 3.4 (X,Y) 为连续型随机变量,其密度函数 $p(x,y)$ 连续,若 $p_Y(y)>0$,则
$$F_{X|Y}(x|y)=\int_{-\infty}^{x}\frac{p(s,y)}{p_Y(y)}\mathrm{d}s,$$
从而 $F_{X|Y}(x|y)$ 是连续型随机变量的分布函数,其密度函数为 $p(x,y)/p_Y(y)$,称它为在 $Y=y$ 条件下,X 的<u>条件密度函数</u>,记作 $p_{X|Y}(x|y)$.

证 略

例 11 设 (X,Y) 在 $D=\{(x,y):x^2+y^2<1\}$ 上服从均匀分布,求 $p_{X|Y}(x|y)$.

解 由于 (X,Y) 的密度函数为
$$p(x,y)=\begin{cases}\dfrac{1}{\pi}, & x^2+y^2<1;\\ 0, & 其他,\end{cases}$$
于是可得其边缘密度函数 $p_Y(y)$ 为

$$p_Y(y) = \int_{-\infty}^{+\infty} p(x,y)\,dx = \begin{cases} \int_{-\sqrt{1-y^2}}^{\sqrt{1-y^2}} \dfrac{1}{\pi}\,dx, & |y|<1; \\ 0, & |y|\geqslant 1, \end{cases}$$

$$= \begin{cases} \dfrac{2\sqrt{1-y^2}}{\pi}, & |y|<1; \\ 0, & |y|\geqslant 1, \end{cases}$$

从而,由条件密度函数定义得,当$|y|<1$时,有

$$p_{X|Y}(x|y) = \frac{p(x,y)}{p_Y(y)} = \begin{cases} \dfrac{\dfrac{1}{\pi}}{\dfrac{1}{\pi}\cdot 2\sqrt{1-y^2}}, & |x|<\sqrt{1-y^2}; \\ 0, & 其他, \end{cases}$$

$$= \begin{cases} \dfrac{1}{2\sqrt{1-y^2}}, & |x|<\sqrt{1-y^2}; \\ 0, & 其他. \end{cases}$$

例 12 设 $(X,Y) \sim N(\mu_1,\mu_2;\sigma_1^2,\sigma_2^2;\rho)$,求 $p_{X|Y}(x|y)$ 和 $p_{Y|X}(y|x)$.

解 因为 $(X,Y) \sim N(\mu_1,\mu_2;\sigma_1^2,\sigma_2^2;\rho)$,所以 $X \sim N(\mu_1,\sigma_1^2)$,$Y \sim N(\mu_2,\sigma_2^2)$,从而

$$p_{X|Y}(x|y) = \frac{p(x,y)}{p_Y(y)} = \frac{\dfrac{1}{2\pi\sigma_1\sigma_2\sqrt{1-\rho^2}} e^{-\dfrac{1}{2(1-\rho^2)}\left[\dfrac{(x-\mu_1)^2}{\sigma_1^2} - 2\rho\dfrac{(x-\mu_1)(y-\mu_2)}{\sigma_1\sigma_2} + \dfrac{(y-\mu_2)^2}{\sigma_2^2}\right]}}{\dfrac{1}{\sqrt{2\pi}\sigma_2} e^{-\dfrac{(y-\mu_2)^2}{2\sigma_2^2}}}$$

$$= \frac{1}{\sqrt{2\pi}\sigma_1\sqrt{1-\rho^2}} e^{-\dfrac{1}{2(1-\rho^2)}\left(\dfrac{x-\mu_1}{\sigma_1} - \rho\dfrac{y-\mu_2}{\sigma_2}\right)^2}$$

$$= \frac{1}{\sqrt{2\pi}\sigma_1\sqrt{1-\rho^2}} e^{-\dfrac{\left[x-\mu_1-\dfrac{\sigma_1}{\sigma_2}\rho(y-\mu_2)\right]^2}{2\sigma_1^2(1-\rho^2)}},$$

故,在 $Y=y$ 条件下,$X \sim N\left(\mu_1 + \dfrac{\sigma_1}{\sigma_2}\rho(y-\mu_2),\sigma_1^2(1-\rho^2)\right)$.

对称地,在 $X=x$ 的条件下,我们可求得

$$Y \sim N\left(\mu_2 + \dfrac{\sigma_2}{\sigma_1}\rho(x-\mu_1),\sigma_2^2(1-\rho^2)\right).$$

下面考虑连续型随机变量的独立性,如同离散型随机变量用分布

列来刻画一样,对连续型随机变量我们用密度函数来刻画.

定理 3.5 设连续型随机向量 (X,Y) 的密度函数为 $p(x,y)$,边缘密度函数分别为 $p_X(x)$ 和 $p_Y(y)$,则 X 与 Y 独立的充要条件是,对 $p(x,y)$ 的一切连续点 (x,y),有

$$p(x,y) = p_X(x) p_Y(y).$$

证 充分性. 因为改变密度函数在个别点上的值不会改变分布函数,不妨设对一切 (x,y),$p(x,y) = p_X(x) p_Y(y)$,从而

$$\begin{aligned}
F(x,y) &= \int_{-\infty}^{x} \int_{-\infty}^{y} p(s,t) \mathrm{d}s \mathrm{d}t \\
&= \int_{-\infty}^{x} \int_{-\infty}^{y} p_X(s) p_Y(t) \mathrm{d}s \mathrm{d}t \\
&= \int_{-\infty}^{x} p_X(s) \mathrm{d}s \cdot \int_{-\infty}^{y} p_Y(t) \mathrm{d}t \\
&= F_X(x) F_Y(y).
\end{aligned}$$

必要性. 设 $F(x,y) = F_X(x) F_Y(y)$,则

$$\int_{-\infty}^{x} \int_{-\infty}^{y} p(s,t) \mathrm{d}s \mathrm{d}t = \int_{-\infty}^{x} \int_{-\infty}^{y} p_X(s) p_Y(t) \mathrm{d}s \mathrm{d}t$$

在 $p(x,y)$,$p_X(x)$ 和 $p_Y(y)$ 的连续点处,上式两边关于 x,y 求导得 $p(x,y) = p_X(x) p_Y(y)$.

例 13 设 (X,Y) 的密度函数为

$$p(x,y) = \begin{cases} 8xy, & 0 \leqslant x \leqslant y, 0 \leqslant y \leqslant 1; \\ 0, & \text{其他}, \end{cases}$$

问 X 与 Y 是否相互独立?

解 先求 X 与 Y 的边际密度函数.

$$p_X(x) = \int_{-\infty}^{+\infty} p(x,y) \mathrm{d}y = \int_{0}^{1} p(x,y) \mathrm{d}y$$

$$= \begin{cases} \int_{x}^{1} 8xy \mathrm{d}y, & 0 \leqslant x \leqslant 1; \\ 0, & \text{其他}, \end{cases}$$

$$= \begin{cases} 4x - 4x^3, & 0 \leqslant x \leqslant 1; \\ 0, & \text{其他}, \end{cases}$$

$$p_Y(y) = \int_{-\infty}^{+\infty} p(x,y) \mathrm{d}x = \int_{0}^{1} p(x,y) \mathrm{d}x$$

$$= \begin{cases} \int_{0}^{y} 8xy \mathrm{d}x, & 0 \leqslant y \leqslant 1; \\ 0, & \text{其他}, \end{cases}$$

$$= \begin{cases} 4y^3 & 0 \leqslant y \leqslant 1; \\ 0, & 其他. \end{cases}$$

由此可见,$p(x,y) \neq p_X(x)p_Y(y)$. 从而由定理 3.5 知,X 与 Y 不独立.

例 14 设 $(X,Y) \sim N(\mu_1, \mu_2; \sigma_1^2, \sigma_2^2; \rho)$,证明 X 与 Y 独立的充要条件是 $\rho = 0$.

证 因为 $(X,Y) \sim N(\mu_1, \mu_2; \sigma_1^2, \sigma_2^2; \rho)$,所以,$X \sim N(\mu_1, \sigma_1^2)$,$Y \sim N(\mu_2, \sigma_2^2)$,由正态分布密度函数的表达式易知,当且仅当 $\rho = 0$ 时,$\varphi(x,y) = \varphi_X(x)\varphi_Y(y)$,也即二元正态分布 (X,Y) 中的 X 与 Y 独立的充要条件是 $\rho = 0$.

§3.3 随机向量函数的分布与数学期望

设 (X,Y) 是一个二维随机向量,$f(x,y)$ 是一个恰当的二元实函数,则 $f(X,Y)$ 是一个随机变量,它是随机向量的函数.

一、离散型随机向量函数的分布

设 (X,Y) 是一个二维离散型随机向量,其概率分布为

$$P(X = x_i, Y = y_j) = p_{ij}, \quad i,j = 1,2,\cdots,$$

设 $Z = f(X,Y)$ 的所有可能取值为 $z_k, k = 1,2,\cdots$,于是 $Z = f(X,Y)$ 的概率分布为:

$$P(Z = z_k) = P(f(X,Y) = z_k)$$
$$= \sum_{i,j:f(x_i,y_j) = z_k} P(X = x_i, Y = y_j) = \sum_{i,j:f(x_i,y_j) = z_k} p_{ij}.$$

例 15 设 (X,Y) 的分布列为

	0	1
0	$\frac{1}{6}$	$\frac{1}{3}$
1	$\frac{1}{3}$	$\frac{1}{6}$

试求 $Z_1 = X + Y$ 和 $Z_2 = XY$ 的概率分布.

解 $X + Y$ 的可能取值为 $0, 1, 2$,且

$$P(X + Y = 0) = P(X = 0, Y = 0) = \frac{1}{6},$$
$$P(X + Y = 1) = P(X = 0, Y = 1) + P(X = 1, Y = 0)$$

$$= \frac{1}{3} + \frac{1}{3} = \frac{2}{3},$$

$$P(X+Y=2) = P(X=1, Y=1) = \frac{1}{6},$$

从而
$$X+Y \sim \begin{pmatrix} 0 & 1 & 2 \\ \frac{1}{6} & \frac{2}{3} & \frac{1}{6} \end{pmatrix}.$$

XY 的可能取值为 $0, 1$,且有

$$P(XY=0) = P(X=0, Y=0) + P(X=0, Y=1) + P(X=1, Y=0)$$
$$= \frac{1}{6} + \frac{1}{3} + \frac{1}{3} = \frac{5}{6},$$

$$P(XY=1) = P(X=1, Y=1) = \frac{1}{6},$$

从而
$$XY \sim \begin{pmatrix} 0 & 1 \\ \frac{5}{6} & \frac{1}{6} \end{pmatrix}.$$

取非负整数值随机变量和的分布、设 (X, Y) 为二维离散随机向量,X, Y 的可能取值为非负整数 $0, 1, \cdots$,其分布列为

$$p_{ij} = P(X=i, Y=j), \quad i, j = 0, 1, 2, \cdots$$

令 $Z = X + Y$,则 Z 的可能取值显然也是非负整数 $0, 1, \cdots$,且 Z 的分布列为

$$q_k = P(Z=k) = \sum_{i=0}^{k} P(X=i, Y=k-i)$$
$$= \sum_{i=0}^{k} p_{i,k-i}.$$

例 16 设 X 与 Y 独立,且 $X \sim P(\lambda_1), Y \sim P(\lambda_2)$,求 $Z = X + Y$ 的分布列.

解
$$P(Z=k) = \sum_{i=0}^{k} P(X=i, Y=k-i)$$
$$= \sum_{i=0}^{k} P(X=i) P(Y=k-i)$$
$$= \sum_{i=0}^{k} \frac{\lambda_1^i}{i!} e^{-\lambda_1} \cdot \frac{\lambda_2^{k-i}}{(k-i)!} e^{-\lambda_2}$$
$$= \frac{e^{-(\lambda_1+\lambda_2)}}{k!} \sum_{i=0}^{k} \frac{k!}{i!(k-i)!} \lambda_1^i \lambda_2^{k-i}$$

$$= \frac{e^{-(\lambda_1+\lambda_2)}}{k!}(\lambda_1+\lambda_2)^k = \frac{(\lambda_1+\lambda_2)^k}{k!}e^{-(\lambda_1+\lambda_2)},$$

故 Z 仍为泊松分布,其参数为 $\lambda_1+\lambda_2$.这个性质也叫做泊松分布的可加性.一般地,若 $X_1,\cdots,X_n$ 独立,且 $X_i\sim P(\lambda_i),1\leqslant i\leqslant n$,则 $\sum_{i=1}^{n}X_i$ 仍服从泊松分布,其参数为 $\sum_{i=1}^{n}\lambda_i$.

二、连续型随机向量函数的分布

设 (X,Y) 为二维随机向量,且具有密度函数 $p(x,y),Z=f(x,y)$ 是一个二元函数,令 $Z=f(X,Y)$,则 Z 的分布函数为

$$F_Z(z) = \iint_{f(x,y)\leqslant z} p(x,y)\mathrm{d}x\mathrm{d}y.$$

下面对几个简单而又重要的情形给出 Z 的密度函数的计算公式.

(1) 和的分布.

定理 3.6 设 (X,Y) 为二维随机向量,其密度函数为 $p(x,y)$,令 $Z=X+Y$,则 Z 的密度函数为

$$p_Z(z) = \int_{-\infty}^{+\infty} p(x,z-x)\mathrm{d}x = \int_{-\infty}^{+\infty} p(z-y,y)\mathrm{d}y.$$

证 $F_Z(z) = P(Z\leqslant z) = P(X+Y\leqslant z)$

$$= \iint_{x+y\leqslant z} p(x,y)\mathrm{d}x\mathrm{d}y = \int_{-\infty}^{+\infty}\left[\int_{-\infty}^{z-x} p(x,y)\mathrm{d}y\right]\mathrm{d}x,$$

作变量替换 $y=t-x$,然后交换积分次序,得

$$F_Z(z) = \int_{-\infty}^{+\infty}\int_{-\infty}^{z} p(x,t-x)\mathrm{d}t\mathrm{d}x$$

$$= \int_{-\infty}^{z}\left[\int_{-\infty}^{+\infty} p(x,t-x)\mathrm{d}x\right]\mathrm{d}t.$$

由此可知,$Z=X+Y$ 也是连续型的,其分布密度函数为

$$p_Z(z) = \int_{-\infty}^{+\infty} p(x,z-x)\mathrm{d}x,$$

对称地,$p_Z(z)$ 也可表成

$$p_Z(z) = \int_{-\infty}^{+\infty} p(z-y,y)\mathrm{d}y.$$

当 X 与 Y 独立时,$p(x,y)=p_X(x)p_Y(y)$,此时

$$p_Z(z) = \int_{-\infty}^{+\infty} p_X(x)p_Y(z-x)\mathrm{d}x$$

$$= \int_{-\infty}^{+\infty} p_X(z-y) p_Y(y) \mathrm{d}y.$$

通常把求独立随机变量之和的分布的运算叫做**卷积**，$\int_{-\infty}^{+\infty} p_X(x) p_Y(z-x) \mathrm{d}x$ 记作 $p_X * p_Y(z)$，并把它称为**卷积公式**.

例 17 设 $X \sim N(\mu_1, \sigma_1^2), Y \sim N(\mu_2, \sigma_2^2)$，且 X 与 Y 独立，证明 $X+Y \sim N(\mu_1+\mu_2, \sigma_1^2+\sigma_2^2)$.

证 $p_{X+Y}(z) = \int_{-\infty}^{+\infty} p_X(x) p_Y(z-x) \mathrm{d}x$

$$= \int_{-\infty}^{+\infty} \frac{1}{\sqrt{2\pi}\sigma_1} \frac{1}{\sqrt{2\pi}\sigma_2} e^{-\frac{(x-\mu_1)^2}{2\sigma_1^2}} \cdot e^{-\frac{(z-x-\mu_2)^2}{2\sigma_2^2}} \mathrm{d}x$$

$$= \int_{-\infty}^{+\infty} \frac{1}{2\pi\sigma_1\sigma_2} e^{-\frac{1}{2}\left[\frac{(x-\mu_1)^2}{\sigma_1^2} + \frac{(z-x-\mu_2)^2}{\sigma_2^2}\right]} \mathrm{d}x$$

$$= \int_{-\infty}^{+\infty} \frac{1}{2\pi\sigma_1\sigma_2} e^{-\frac{\sigma_1^2+\sigma_2^2}{2\sigma_1^2\sigma_2^2}\left(x - \mu_1 - \frac{\sigma_1^2(z-\mu_1-\mu_2)}{\sigma_1^2+\sigma_2^2}\right)^2 - \frac{(z-\mu_1-\mu_2)^2}{2(\sigma_1^2+\sigma_2^2)}} \mathrm{d}x$$

$$= \frac{1}{\sqrt{2\pi}\sqrt{\sigma_1^2+\sigma_2^2}} e^{-\frac{(z-\mu_1-\mu_2)^2}{2(\sigma_1^2+\sigma_2^2)}} \int_{-\infty}^{+\infty} \frac{1}{\sqrt{2\pi} \cdot \frac{\sigma_1\sigma_2}{\sqrt{\sigma_1^2+\sigma_2^2}}} e^{-\frac{\left(x-\mu_1-\frac{\sigma_1^2(z-\mu_1-\mu_2)}{\sigma_1^2+\sigma_2^2}\right)^2}{2\left(\frac{\sigma_1\sigma_2}{\sqrt{\sigma_1^2+\sigma_2^2}}\right)^2}} \mathrm{d}x$$

$$= \frac{1}{\sqrt{2\pi}\sqrt{\sigma_1^2+\sigma_2^2}} e^{-\frac{(z-\mu_1-\mu_2)^2}{2(\sigma_1^2+\sigma_2^2)}},$$

于是得证，$X+Y \sim N(\mu_1+\mu_2, \sigma_1^2+\sigma_2^2)$.

更一般地，若 $(X,Y) \sim N(\mu_1, \mu_2; \sigma_1^2, \sigma_2^2; \rho)$，

则 $X+Y \sim N(\mu_1+\mu_2, \sigma_1^2 + 2\rho\sigma_1\sigma_2 + \sigma_2^2)$.

这个结论不难证明，不过计算过程稍嫌复杂.

(2) 商的分布.

定理 3.7 设 (X,Y) 的密度函数为 $p(x,y)$，则商 $Z=X/Y$ 的分布密度函数为

$$p_Z(z) = \int_{-\infty}^{+\infty} p(yz, y) |y| \mathrm{d}y.$$

特别地，若 X 与 Y 独立，则 $Z=X/Y$ 的密度函数为

$$p_Z(z) = \int_{-\infty}^{+\infty} p_X(yz) p_Y(y) |y| \mathrm{d}y.$$

证 Z 的分布函数为

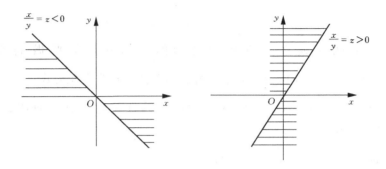

图 3.4

$$F_Z(z) = \iint_{\frac{x}{y} \leq z} p(x,y) \mathrm{d}x \mathrm{d}y,$$

区域 $\left\{(x,y): \dfrac{x}{y} \leq z\right\}$ 如图 3.4 所示阴影部分, 故

$$F_Z(z) = \int_0^{+\infty} \int_{-\infty}^{yz} p(x,y) \mathrm{d}x \mathrm{d}y + \int_{-\infty}^0 \int_{yz}^{+\infty} p(x,y) \mathrm{d}x \mathrm{d}y,$$

作变量替换 $x = ys$, 并交换积分次序, 得

$$F_Z(z) = \int_0^{+\infty} \mathrm{d}y \int_{-\infty}^z y p(ys, y) \mathrm{d}s + \int_{-\infty}^0 \mathrm{d}y \int_{-\infty}^z p(ys, y)(-y) \mathrm{d}s$$

$$= \int_{-\infty}^z \left[\int_{-\infty}^{+\infty} p(ys, y) \,|\,y\,|\, \mathrm{d}y \right] \mathrm{d}s.$$

故 $Z = \dfrac{X}{Y}$ 的密度函数为

$$p_Z(z) = \int_{-\infty}^{+\infty} p(yz, y) \,|\,y\,|\, \mathrm{d}y.$$

例 18 设 X 与 Y 独立, 且都服从 $N(0,1)$ 分布, 试求 $Z = X/Y$ 的分布密度函数.

解 由定理 3.7 得

$$p_Z(z) = \int_{-\infty}^{\infty} \frac{1}{\sqrt{2\pi}} e^{-\frac{y^2 z^2}{2}} \cdot \frac{1}{\sqrt{2\pi}} e^{-\frac{y^2}{2}} \,|\,y\,|\, \mathrm{d}y = \frac{2}{2\pi} \int_0^{\infty} y e^{-\frac{y^2}{2}(z^2+1)} \mathrm{d}y$$

$$= \frac{1}{\pi} \int_0^{\infty} e^{-\frac{y^2}{2}(z^2+1)} \frac{1}{1+z^2} \mathrm{d}\left(\frac{y^2}{2}(z^2+1)\right)$$

$$= \frac{1}{\pi(1+z^2)} \int_0^{\infty} e^{-t} \mathrm{d}t = \frac{1}{\pi(1+z^2)}.$$

这正是柯西分布的密度函数. 也就是说, 两个独立的 $N(0,1)$ 正态变量之商是柯西分布.

(3) 极值分布.

设 $X_1,\cdots,X_n$ 是独立同分布的随机变量,它们共同的分布函数是 $F(x)$,密度函数是 $p(x)$,试求 $X^* = \max(X_1,\cdots,X_n)$ 和 $X_* = \min(X_1,\cdots,X_n)$ 的分布函数和密度函数.

解
$$\begin{aligned}F_{X^*}(x) &= P(X^* \leqslant x) = P(\max(X_1,\cdots,X_n) \leqslant x) \\ &= P(X_1 \leqslant x,\cdots,X_n \leqslant x) \\ &= P(X_1 \leqslant x)\cdots P(X_n \leqslant x) = [F(x)]^n,\end{aligned}$$

从而
$$p_{X^*}(x) = F'_{X^*}(x) = n[F(x)]^{n-1} p(x)$$
$$\begin{aligned}F_{X_*}(x) &= P(X_* \leqslant x) = P(\min(X_1,\cdots,X_n) \leqslant x) \\ &= 1 - P(\min(X_1,\cdots,X_n) > x) \\ &= 1 - P(X_1 > x_1,\cdots,X_n > x) \\ &= 1 - \prod_{i=1}^{n}[1 - P(X_i \leqslant x)] \\ &= 1 - [1 - F(x)]^n,\end{aligned}$$

从而
$$p_{X_*}(x) = F'_{X_*}(x) = n[1 - F(x)]^{n-1} p(x).$$

§3.4 随机向量的数字特征

一、随机向量函数的数学期望

设随机向量 (X,Y) 的函数 $Z = f(X,Y)$ 的数学期望存在,为求 EZ,与一元情形一样,并不需要先求出 Z 的分布.

定理 3.8 (X,Y) 为二维随机向量,$Z = f(x,y)$ 为二元实函数,$Z = f(X,Y)$ 的数学期望存在,则

(1) (X,Y) 为离散型随机变量,分布列为 $\{p_{ij}:i,j=1,2,\cdots\}$,则
$$EZ = Ef(X,Y) = \sum_{i,j} f(x_i,y_j) p_{ij};$$

(2) (X,Y) 为连续型随机变量,密度函数为 $p(x,y)$,则
$$EZ = Ef(X,Y) = \int_{-\infty}^{\infty}\int_{-\infty}^{\infty} f(x,y) p(x,y) \mathrm{d}x\mathrm{d}y.$$

例 19 设 (X,Y) 的密度函数为

$$p(x,y)=\begin{cases} 8xy, & 0\leq x\leq y\leq 1;\\ 0, & \text{其他}, \end{cases}$$

求 EXY.

解 $EXY = \int_{-\infty}^{\infty}\int_{-\infty}^{\infty} xy p(x,y)\mathrm{d}x\mathrm{d}y = \int_0^1 \mathrm{d}y \int_0^y (xy \cdot 8xy)\mathrm{d}x$
$= \int_0^1 \frac{8}{3} y^5 \mathrm{d}y = \frac{4}{9}.$

对离散型或连续型情形,利用定理 3.8 我们容易得出:

(1) 对任意两个随机变量 X,Y,如果数学期望均存在,则 $E(X+Y)$ 存在,且

$$E(X+Y)=EX+EY.$$

数学期望的这个性质很有用,在计算 X 的数学期望中,若能将 X 表示成若干个简单随机变量的和: $X = \sum_{i=1}^{n} X_i$,而每个 X_i 的数学期望容易求出,则利用数学期望的这个性质就很容易求出 EX.

例 20 设一台机器由三个部件组成,这三个部件在一年内被损坏的概率分别是 $0.2, 0.3, 0.4$,若以 X 表示在一年内被损坏的部件的数目,并假定三个部件是否被损坏相互独立,求 EX.

解 显见 X 是一离散型随机变量,可能取值为 $0,1,2,3$,由题设条件,有

$P(X=0)=(1-0.2)\times(1-0.3)\times(1-0.4)=0.336,$
$P(X=1)=0.2\times(1-0.3)\times(1-0.4)+(1-0.2)\times0.3\times(1-0.4)$
$\qquad +(1-0.2)\times(1-0.3)\times0.4=0.452,$
$P(X=2)=0.2\times0.3\times(1-0.4)+0.2\times(1-0.3)\times0.4$
$\qquad +(1-062)\times0.3\times0.4$
$\qquad =0.188,$
$P(X=3)=0.2\times0.3\times0.4=0.024,$

也即,X 的分布列为

$$\begin{pmatrix} 0 & 1 & 2 & 3 \\ 0.336 & 0.452 & 0.188 & 0.024 \end{pmatrix},$$

从而,$EX=0\times0.336+1\times0.452+2\times0.188+3\times0.024=0.9.$

如果我们把 X 表示成一些简单随机变量之和,则求 EX 就容易得多,事实上若令 X_i 为第 i 个部件在一年内被损坏的件数,$i=1,2,3$,则

$$X=\sum_{i=1}^{3}X_i,$$

且易知

$$X_1\sim\begin{pmatrix}0 & 1\\ 0.8 & 0.2\end{pmatrix},\ X_2\sim\begin{pmatrix}0 & 1\\ 0.7 & 0.3\end{pmatrix},\ X_3\sim\begin{pmatrix}0 & 1\\ 0.6 & 0.4\end{pmatrix},$$

从而,$EX_1=0.2$,$EX_2=0.3$,$EX_3=0.4$,故

$$EX=\sum_{i=1}^{3}EX_i=0.2+0.3+0.4=0.9.$$

(2) 设 X,Y 为任意两个相互独立的随机变量,数学期望存在,则 EXY 存在,且

$$EXY=EX\cdot EY.$$

事实上,上述两个性质对一般的随机变量也成立,但其证明已超出本书范围.

数学期望和方差等反映的是单个随机变量的数字特征,反映随机变量之间的关系的数字特征,就要用"协方差"等来表述.

二、协方差

定义 3.7 设 (X,Y) 为二维随机向量,EX,EY 存在,如果 $E(X-EX)(Y-EY)$ 存在,则称其为随机变量 X 与 Y 的<u>协方差</u>,记作 $\mathrm{Cov}(X,Y)$,即

$$\mathrm{Cov}(X,Y)=E(X-EX)(Y-EY).$$

由数学期望的性质易得

$$\mathrm{Cov}(X,Y)=EXY-EXEY$$

定理 3.9(协方差的性质)

(1) $\mathrm{Cov}(X,X)=DX$;

(2) $\mathrm{Cov}(X,Y)=\mathrm{Cov}(Y,X)$;

(3) $\mathrm{Cov}(aX,bY)=ab\mathrm{Cov}(X,Y)$,$a,b$ 为常数;

(4) $\mathrm{Cov}(X+Y,Z)=\mathrm{Cov}(X,Z)+\mathrm{Cov}(Y,Z)$;

(5) 如果 X 与 Y 独立,DX,DY 存在,则 $\mathrm{Cov}(X,Y)=0$.

推论 若随机变量 X,Y 的方差都存在,则 $X+Y$ 的方差也存在,且

$$D(X+Y)=DX+DY+2\mathrm{Cov}(X,Y),$$

特别地,若 X 与 Y 独立,则

$$D(X+Y)=DX+DY.$$

例 21 设 (X,Y) 的分布列为

	0	1
0	$\frac{1}{6}$	$\frac{1}{3}$
1	$\frac{1}{3}$	$\frac{1}{6}$

试求 $\mathrm{Cov}(X,Y)$.

解 易算得 $EX=EY=\frac{1}{2}$,由定理 3.8 得

$$EXY=0\times0\times\frac{1}{6}+0\times1\times\frac{1}{3}+1\times0\times\frac{1}{3}+1\times1\times\frac{1}{6}=\frac{1}{6},$$

从而,$\mathrm{Cov}(X,Y)=EXY-EX\cdot EY=\frac{1}{6}-\frac{1}{2}\times\frac{1}{2}=-\frac{1}{12}.$

三、相关系数

协方差是对两个随机变量协同变化的度量,然而协方差的值还受各随机变量自身取值水平的影响,如:X 与 Y 同时扩大 a 倍,其协方差 $\mathrm{Cov}(aX,aY)=a^2\mathrm{Cov}(X,Y)$ 扩大了 a^2 倍,事实上,aX 与 aY 之间的统计关系和 X 与 Y 之间的统计关系应该一样,为了避免这种影响,我们引入相关系数的概念.

定义 3.8 设 (X,Y) 是一个二维随机向量,X 和 Y 的方差均存在,则称

$$\rho_{X,Y}=\frac{\mathrm{Cov}(X,Y)}{\sqrt{DX}\sqrt{DY}}$$

为 X 和 Y 之间的相关系数.

定理 3.10(柯西-许瓦兹(Cauchy-Schwarz)不等式) 设 (X,Y) 为随机向量,DX,DY 均存在,则 $E(XY)$ 存在,且
$$[E(XY)]^2 \leqslant EX^2\cdot EY^2.$$

证 略.

由定理 3.10 易得,若 DX,DY 存在,则有
$$|\rho_{X,Y}|\leqslant 1.$$

定理 3.11 设 (X,Y) 是一个二维随机向量,DX,DY 存在,则 $|\rho_{X,Y}|=1$ 的充要条件是,存在常数 $a\neq 0$ 及常数 b,使得

$$P(Y=aX+b)=1,$$

而且,当 $a>0$ 时,$\rho_{X,Y}=1$;当 $a<0$ 时,$\rho_{X,Y}=-1$. 证明从略.

一般地,当 $\rho=0$ 时,称 X 与 Y 不相关;当 $-1\leqslant\rho<0$ 时,称 X,Y 负相关;当 $0<\rho\leqslant 1$ 时,称 X,Y 正相关. 由协方差的性质知,若 X 与 Y 独立,且 DX,DY 存在,则 X 与 Y 不相关. 直观上来看,X 与 Y 独立,意味着 X 与 Y 无任何关系,当然也无线性关系. 但反之,若 X 与 Y 不相关,也即 X 与 Y 无线性关系,但并不意味着它们没有其他关系,故由不相关得不出独立结论.

例 22 $\theta\sim U(-\pi,\pi),X=\sin\theta,Y=\cos\theta$,求 $\rho_{X,Y}$.

解 $EX=\dfrac{1}{2\pi}\displaystyle\int_{-\pi}^{\pi}\sin x\mathrm{d}x=0,$

$EY=\dfrac{1}{2\pi}\displaystyle\int_{-\pi}^{\pi}\cos x\mathrm{d}x=0,$

$EX^2=\dfrac{1}{2\pi}\displaystyle\int_{-\pi}^{\pi}\sin^2 x\mathrm{d}x=\dfrac{1}{2},$

$EY^2=\dfrac{1}{2\pi}\displaystyle\int_{-\pi}^{\pi}\cos^2 x\mathrm{d}x=\dfrac{1}{2}$

$EXY=\dfrac{1}{2\pi}\displaystyle\int_{-\pi}^{\pi}\sin x\cos x\mathrm{d}x=0,$

从而 $\rho_{X,Y}=\dfrac{\mathrm{Cov}(X,Y)}{\sqrt{DX}\sqrt{DY}}=\dfrac{EXY-EXEY}{\sqrt{DX}\sqrt{DY}}=0,$

所以 X 与 Y 不相关,但显然有 $X^2+Y^2=1$,故 X 与 Y 不独立.

易见,若 DX,DY 存在,则下列表述等价:

(1) $\mathrm{Cov}(X,Y)=0$;   (2) $EXY=EXEY$;

(3) $D(X+Y)=DX+DY$;   (4) X 与 Y 不相关.

例 23 已知 $DX=DY=1$,且 X 与 Y 不相关,令 $X_1=\alpha X+\beta Y$,$X_2=\alpha X-\beta Y(\alpha^2+\beta^2>0)$,求 ρ_{X_1,X_2}.

解 因为 X 与 Y 不相关,所以 αX 与 βY 也不相关,从而

$D(\alpha X+\beta Y)=D(\alpha X)+D(\beta Y)=\alpha^2+\beta^2,$

$D(\alpha X-\beta Y)=D(\alpha X)+D(-\beta Y)=\alpha^2+\beta^2,$

$\mathrm{Cov}(\alpha X+\beta Y,\alpha X-\beta Y)$

$=\alpha^2\mathrm{Cov}(X,X)-\alpha\beta\mathrm{Cov}(X,Y)+\alpha\beta\mathrm{Cov}(Y,X)-\beta^2\mathrm{Cov}(Y,Y)$

$=\alpha^2-\beta^2,$

故

$$\rho_{X_1,X_2} = \frac{\text{Cov}(X_1,X_2)}{\sqrt{DX_1}\sqrt{DX_2}} = \frac{\alpha^2-\beta^2}{\alpha^2+\beta^2}.$$

习题 3

1. 从 10 件一等品、7 件二等品和 5 件三等品中随机取 4 件,以 X 与 Y 分别表示其中一等品和二等品的件数,试写出 (X,Y) 的概率分布.

2. 设二维随机向量 (X,Y) 的密度函数为
$$p(x,y) = \begin{cases} k\mathrm{e}^{-3x-4y}, & x>0, y>0; \\ 0, & \text{其他} \end{cases}$$
求:(1) 常数 k;(2) 分布函数;(3) $P(0<X<1, 0<Y<2)$.

3. 已知 X 与 Y 的分布函数分别为
$$F_X(x) = \begin{cases} 0, & x<0; \\ \dfrac{x}{2}, & 0 \leqslant x < 2; \\ 1, & x \geqslant 2, \end{cases} \quad F_Y(y) = \begin{cases} 0, & y<1; \\ y-1, & 1 \leqslant y < 2; \\ 1, & y \geqslant 2. \end{cases}$$
且 X 与 Y 独立,试求:

(1) (X,Y) 的分布函数 $F(x,y)$;

(2) (X^2, Y^2) 的分布函数 $G(x,y)$;

(3) $P(x<1, y>3/2)$.

4. 设 (X,Y) 的密度函数为
$$p(x,y) = \begin{cases} \dfrac{1}{2}, & 0 \leqslant x \leqslant 1, 0 \leqslant y \leqslant 2; \\ 0, & \text{其他}, \end{cases}$$
求 X 与 Y 至少有一个小于 $\dfrac{1}{2}$ 的概率.

5. 设 (X,Y) 的密度函数为
$$p(x,y) = \frac{1}{2\pi} \mathrm{e}^{-\frac{1}{2}(x^2+y^2)}(1+\sin x \sin y), \quad (x,y) \in \mathbf{R}^2,$$
试求 X, Y 的边缘分布密度函数.

6. 设 X 与 Y 独立同分布,$X \sim E(\lambda)$,求 $X+Y$ 的分布.

7. 设 X 与 Y 独立,且 $X \sim B(n,p), Y \sim B(m,p)$,证明:
$$X+Y \sim B(n+m, p).$$

8. 已知 (X,Y) 服从 $G = \{(x,y): 0 < x \leqslant 2, 0 < y \leqslant 1\}$ 上均匀分布,求 $Z = X/Y$ 的分布密度函数.

9. 已知 X 与 Y 的分布列为
$$X \sim \begin{pmatrix} -1 & 0 & 1 \\ \dfrac{1}{4} & \dfrac{1}{2} & \dfrac{1}{4} \end{pmatrix}, \quad Y \sim \begin{pmatrix} 0 & 1 \\ \dfrac{1}{2} & \dfrac{1}{2} \end{pmatrix},$$

且 $P(XY=0)=1$,

(1) 求 (X,Y) 的分布列； (2) 判断 X 与 Y 是否独立.

10. 甲、乙、丙三人同时向野猪射击一弹,命中的概率分别是 p,q,r,以 X,Y 分别表示甲打中的弹数和野猪中的弹数,试求：

(1) (X,Y) 的联合分布列；

(2) X 的分布列；

(3) Y 的分布列；

(4) X 对 Y 的条件分布列；

(5) Y 对 X 的条件分布列.

11. 设 (X,Y) 的密度函数为

$$p(x,y)=\begin{cases} x^2+\dfrac{1}{3}xy, & 0\leqslant x\leqslant 1, 0\leqslant y\leqslant 2;\\ 0, & 其他, \end{cases}$$

试求：(1) (X,Y) 的边缘密度函数；

(2) (X,Y) 的条件密度函数；

(3) $P(X+Y>1), P(Y>X)$；

(4) $P\left(Y<\dfrac{1}{2}\,\bigg|\,X<\dfrac{1}{2}\right)$.

12. 设二维随机向量 (X,Y) 在矩形 $G=\{(x,y); 0\leqslant x\leqslant 2, 0\leqslant y\leqslant 1\}$ 上服从均匀分布,试求以 X 和 Y 为边长的矩形面积 S 的密度函数.

13. 设 (X,Y) 的密度函数为

$$p(x,y)=\begin{cases} e^{-y}, & 0<x<y;\\ 0, & 其他, \end{cases}$$

试求：(1) X,Y 的边缘密度函数,并判别其独立性；

(2) X 和 Y 的条件密度函数.

14. $X\sim\begin{pmatrix}1 & 3\\ 0.3 & 0.7\end{pmatrix}$, $Y\sim\begin{pmatrix}2 & 4\\ 0.6 & 0.4\end{pmatrix}$,

且 X 与 Y 独立,求 $Z=X+Y$ 的分布列.

15. 设 $X\sim U(0,1), Y\sim E(1)$,且 X 与 Y 独立,求 $Z=X+Y$ 的分布密度函数.

16. 设 (X,Y) 的密度函数为

$$p(x,y)=\begin{cases} e^{-(x+y)}, & x>0, y>0;\\ 0, & 其他, \end{cases}$$

求 $Z=\dfrac{1}{2}(X+Y)$ 的密度函数.

17. 设 X 与 Y 独立,且都服从几何分布 $G(p)$,求 $Z=\max(X,Y)$ 的分布列.

18. 设 (X,Y) 的密度函数为

$$p(x,y)=\begin{cases} xe^{-x(1+y)}, & x>0, y>0; \\ 0, & 其他, \end{cases}$$

求 $Z=XY$ 的密度函数.

19. 已知 (X,Y) 的分布列为

	0	1	2
0	0.1	0.25	0.15
1	0.15	0.20	0.15

试求：(1) $X+Y$ 的分布列；

(2) 令 $Z=\sin\dfrac{\pi(X+Y)}{2}$，计算 EZ.

20. 设 (X,Y) 的分布列为

	-1	0	1
0	$\dfrac{1}{6}$	$\dfrac{1}{3}$	$\dfrac{1}{6}$
1	$\dfrac{1}{6}$	0	$\dfrac{1}{6}$

试求：(1) $\text{Cov}(X,Y)$；　(2) $\rho_{X,Y}$.

21. 设 (X,Y) 的密度函数为

$$p(x,y)=\begin{cases} 2-x-y, & 0<x<1, 0<y<1; \\ 0, & 其他, \end{cases}$$

求 $\rho_{X,Y}$.

22. 设 (X,Y) 服从以 x 轴、直线 $x=1$ 及 $y=x$ 围成的三角区域上均匀分布，试求 $\rho_{X,Y}$.

23. 拍卖一幅名画，两人竞买，以最高价成交. 设两人出价相互独立且均服从 $U(1,2)$，求这幅画的期望成交价.

24. 设 $X \sim E(1)$，令

$$X_i=\begin{cases} 0, & 若 X \leqslant i, \\ 1, & 若 X>i, \end{cases} \quad i=1,2.$$

(1) 求 (X_1,X_2) 的分布列；

(2) 计算 $E(X_1+X_2)$.

25*. 设 X 与 Y 独立，且都服从 $N(0,\sigma^2)$，求 $E(\sqrt{X^2+Y^2})$，$D(\sqrt{X^2+Y^2})$.

26*. 已知随机变量 X,Y,Z 中，$EX=EY=1, EZ=-1, DX=DY=DZ=1$，$\rho_{X,Y}=0, \rho_{Y,Z}=-1, \rho_{Z,X}=\dfrac{1}{2}$，令 $W=X+Y+Z$，求 EW, DW.

27*. 设 (X,Y) 的联合分布列为

$$P(X=m,Y=n)=\frac{N!}{m!n!(N-m-n)!}p_1^m p_2^n(1-p_1-p_2)^{N-m-n},$$
$$m\geqslant 0, n\geqslant 0, \text{且 } m+n\leqslant N.$$

这里 N 是正整数,$p_1>0, p_2>0, p_1+p_2<1$,证明 $X\sim B(N,p_1), Y\sim B(N,p_2)$.

28*. 设 $X\sim P(\lambda_1), Y\sim P(\lambda_2)$,且 X 与 Y 独立,证明在 $X+Y=n$ 的条件下,$X\sim B\left(n,\dfrac{\lambda_1}{\lambda_1+\lambda_2}\right)$.

29*. 设 X 与 Y 独立,且具有相同的分布列

$$\begin{pmatrix} 1 & 2 & 3 \\ \dfrac{1}{3} & \dfrac{1}{3} & \dfrac{1}{3} \end{pmatrix},$$

令 $X_1=\max(X,Y)$,$X_2=\min(X,Y)$.

(1) 写出 (X_1, X_2) 的分布列;

(2) 求 EX_1.

30*. 设 X,Y 为两个随机变量,已知 $EX=EY=0, DX=DY=1, \text{Cov}(X,Y)=\rho$,证明:
$$E[\max(X^2, Y^2)]\leqslant 1+\sqrt{1-\rho^2}.$$

31*. 设随机变量 X 与 Y 独立,且有相同的分布 $N(\mu, \sigma^2)$,试证:
$$E[\max(X,Y)]=\mu+\frac{\sigma}{\sqrt{\pi}}.$$

第 4 章

极限定理

极限定理是概率论中最重要的理论成果之一. 随机现象的统计规律性只有在对大量随机现象的考察中才能显现出来,为了研究"大量"的随机现象,常常采用极限方法,这就导致研究极限定理. 本章主要介绍独立随机变量列的极限理论,内容包括大数定律和中心极限定理.

§4.1 大数定律

一、大数定律的意义

一个随机事件 A 在一次观察中可能发生,也可能不发生,但在大量重复试验中,事件 A 发生的频率具有稳定性;又如,从统计物理学的观点来看,气体是由不断运动的大量质点组成的. 对每个质点而言,它的速度大小是随机的,但是大量质点的平均速度,宏观表现为温度、压力等,却是相当稳定的,凡断定随机变量列的算术平均稳定于一常数(或常数列)的一类定理通称为大数定律,或者说,大数定律是论述随机变量列组成的事件的概率接近于 1 或 0 的规律的一类定理.

定义 4.1 设 $X_1, X_2, \cdots$ 为一列随机变量,如果存在一常数列 $a_1, a_2, \cdots$,使得对任意常数 $\varepsilon > 0$,都有

$$\lim_{n \to \infty} P\left(\left|\frac{1}{n}\sum_{k=1}^{n} X_k - a_n\right| < \varepsilon\right) = 1,$$

或等价地

$$\lim_{n \to \infty} P\left(\left|\frac{1}{n}\sum_{k=1}^{n} X_k - a_n\right| \geqslant \varepsilon\right) = 0,$$

则称随机变量列 $\{X_n\}$ 服从大数定律.

二、大数定律

本段介绍一组大数定律. 设 $X_1, X_2, \cdots$ 为一列随机变量,总假设数学期望 $EX_n, n=1,2,\cdots$ 存在.

定理 4.1(切比雪夫(Chebyshev)大数定律)   设 $\{X_n\}$ 为独立随机变量列,若存在常数 C,使 $DX_k \leqslant C, k=1,2,\cdots$,则 $\{X_n\}$ 服从大数定律.

证   对任意 $\varepsilon > 0$,由切比雪夫不等式得

$$P\left(\left|\frac{1}{n}\sum_{k=1}^{n}X_k - \frac{1}{n}\sum_{k=1}^{n}EX_k\right| \geqslant \varepsilon\right)$$

$$= P\left(\left|\frac{1}{n}\sum_{k=1}^{n}X_k - E\left(\frac{1}{n}\sum_{k=1}^{n}X_k\right)\right| \geqslant \varepsilon\right)$$

$$\leqslant \frac{D\left(\frac{1}{n}\sum_{k=1}^{n}X_k\right)}{\varepsilon^2} = \frac{D\left(\sum_{k=1}^{n}X_k\right)}{n^2\varepsilon^2};$$

又 $\{X_n\}$ 独立, $DX_k \leqslant C$,所以, $D\left(\sum_{k=1}^{n}X_k\right) = \sum_{k=1}^{n}DX_k \leqslant nC$,故

$$P\left(\left|\frac{1}{n}\sum_{k=1}^{n}X_k - \frac{1}{n}\sum_{k=1}^{n}EX_k\right| \geqslant \varepsilon\right) \leqslant \frac{nC}{n^2\varepsilon^2} = \frac{C}{n\varepsilon^2},$$

也即

$$\lim_{n\to\infty}P\left(\left|\frac{1}{n}\sum_{k=1}^{n}X_k - \frac{1}{n}\sum_{k=1}^{n}EX_k\right| \geqslant \varepsilon\right) = 0.$$

所以 $\{X_n\}$ 服从大数定律.

定理 4.2(贝努利(Bernoulli)大数定律)   设 μ_n 表示 n 重贝努利试验中事件 A 出现的次数, $P(A) = p > 0$,则对任意 $\varepsilon > 0$,

$$\lim_{n\to\infty}P\left(\left|\frac{\mu_n}{n} - p\right| < \varepsilon\right) = 1.$$

证   令 $X_k = \begin{cases} 1, & \text{第 } k \text{ 次试验中,事件 } A \text{ 出现}; \\ 0, & \text{第 } k \text{ 次试验中,事件 } A \text{ 不出现}, \end{cases}$

显然 $\mu_n = \sum_{k=1}^{n}X_k$,由假设知 $\{X_n\}$ 独立,且

$$X_k \sim \begin{pmatrix} 0 & 1 \\ 1-p & p \end{pmatrix}, \quad k=1,2,\cdots,$$

从而 $EX_k = p, DX_k = p(1-p) \leqslant \frac{1}{4}, k=1,2,\cdots$,由定理 4.1 得

$$\lim_{n\to\infty}P\left(\left|\frac{\mu_n}{n}-p\right|<\varepsilon\right)=\lim_{n\to\infty}P\left(\left|\frac{1}{n}\sum_{k=1}^{n}X_k-\frac{1}{n}\sum_{k=1}^{n}EX_k\right|<\varepsilon\right)=1.$$

定理 4.3(辛钦(Khinchine)大数定律) 设$\{X_n\}$独立同分布,且$EX_n=a$,则有

$$\lim_{n\to\infty}P\left(\left|\frac{1}{n}\sum_{k=1}^{n}X_k-a\right|<\varepsilon\right)=1.$$

即$\{X_n\}$服从大数定律.

例1 设$\{X_n\}$独立同分布,其共同密度函数为

$$p(x)=\begin{cases}\dfrac{1+\delta}{x^{2+\delta}},&x>1;\\ 0,&x\leq 1.\end{cases}\quad(0<\delta\leq 1),$$

证明$\{X_n\}$服从大数定律.

证 $EX_1=\displaystyle\int_{-\infty}^{+\infty}xp(x)\mathrm{d}x=(1+\delta)\int_{1}^{\infty}x\cdot\frac{1}{x^{2+\delta}}\mathrm{d}x$

$=\dfrac{1+\delta}{\delta}<+\infty,$

由辛钦大数定律知,对任意$\varepsilon>0$,有

$$\lim_{n\to\infty}P\left(\left|\frac{1}{n}\sum_{k=1}^{n}X_k-\frac{1+\delta}{\delta}\right|<\varepsilon\right)=1.$$

即$\{X_n\}$服从大数定律.

例2 $\{X_n\}$独立同分布,且EX_n^k存在,则$\{X_n^k\}$也服从大数定律.

证 $\{X_n\}$独立同分布,所以$\{X_n^k\}$也独立同分布;又EX_n^k存在,故由辛钦大数定律知$\{X_n^k\}$服从大数定律.

例2是统计学中矩估计法的理论依据.

§4.2 中心极限定理

一、中心极限定理的提出

现实世界中的很多随机变量都服从或近似服从正态分布,为什么会是这样呢?以测量误差为例,大量的观察表明,测量误差是由众多的相互独立的因素造成的,每一因素引起的误差是为一随机变量X_i,$i=1,2,\cdots$,总的误差就是每个因素引起的误差的叠加,这样要研究误

差的分布就归结为研究独立随机变量和 $\sum_{k=1}^{n} X_k$,当 n 趋于无穷时的极限分布,在具体问题中,独立随机变量和的分布受问题中不同的尺度影响. 为了消除这种影响,中心极限定理的一般提法是:设 $\{X_n\}$ 独立,假设 EX_k, DX_k 存在,令

$$Y_n = \frac{\sum_{k=1}^{n} X_k - \sum_{k=1}^{n} EX_k}{\sqrt{\sum_{k=1}^{n} DX_k}},$$

称其为 $\{X_n\}$ 的前 n 项的规范和,简称为规范和. 那么,当 $\{X_n\}$ 满足什么条件时,有

$$\lim_{n \to \infty} P(Y_n \leqslant x) = \Phi(x) = \frac{1}{\sqrt{2\pi}} \int_{-\infty}^{x} e^{-\frac{t^2}{2}} dt, \quad x \in \mathbf{R}.$$

如果随机变量列 $\{X_n\}$ 的规范和的极限分布是标准正态分布,就称 $\{X_n\}$ 服从中心极限定理.

二、中心极限定理

下面介绍一些著名的中心极限定理.

定理 4.4(林德伯格-列维(Lindeberg-lévy)定理) 设 $\{X_n\}$ 是一列独立同分布的随机变量列,且 $EX_n = a, DX_n = \sigma^2$,则 $\{X_n\}$ 服从中心极限定理,即对任意实数 x,有

$$\lim_{n \to \infty} P\left(\frac{\sum_{k=1}^{n} X_k - na}{\sqrt{n}\sigma} \leqslant x\right) = \frac{1}{\sqrt{2\pi}} \int_{-\infty}^{x} e^{-\frac{t^2}{2}} dt.$$

定理的证明超出书本范围. 从略.

定理 4.5(德莫佛-拉普拉斯(DeMoiver-Laplace)定理) 设 μ_n 是 n 重贝努利试验中事件 A 出现的次数,$P(A) = p > 0$,则对任意实数 x,有

$$\lim_{n \to \infty} P\left(\frac{\mu_n - np}{\sqrt{npq}} \leqslant x\right) = \frac{1}{\sqrt{2\pi}} \int_{-\infty}^{x} e^{-\frac{t^2}{2}} dt.$$

证 令

$$X_k = \begin{cases} 1, & \text{第 } k \text{ 次试验中}, A \text{ 发生}; \\ 0, & \text{第 } k \text{ 次试验中}, A \text{ 不发生}, \end{cases}$$

则 $\{x_n\}$ 独立同分布,其共同分布列为

$$\begin{pmatrix} 0 & 1 \\ q & p \end{pmatrix} \quad (q=1-p),$$

$EX_n=p, DX_n=pq$,显然 $\mu_n=\sum_{k=1}^{n} X_k$,从而由定理 4.4 得

$$P\left(\frac{\mu_n-np}{\sqrt{npq}} \leqslant x\right) = P\left[\frac{\sum_{k=1}^{n} X_k - np}{\sqrt{npq}} \leqslant x\right] \to \Phi(x) \quad (n\to\infty).$$

德莫佛-拉普拉斯积分极限定理是历史上概率论的第一个中心极限定理. 它有许多应用.

1. 二次分布的近似计算

当 n 很大,p 较小,np 适中时,可用泊松分布来近似计算二项分布,由定理 4.5 知,只要 n 很大,就可以近似计算二次分布,事实上,当 n 很大,$X \sim B(n, p)$,有

$$P(k_1 < X < k_2) = P(k_1 < \mu_n \leqslant k_2)$$
$$= P\left(\frac{k_1-np}{\sqrt{npq}} < \frac{\mu_n-np}{\sqrt{npq}} \leqslant \frac{k_2-np}{\sqrt{npq}}\right)$$
$$\approx \Phi\left(\frac{k_2-np}{\sqrt{npq}}\right) - \Phi\left(\frac{k_1-np}{\sqrt{npq}}\right).$$

例 3 已知红黄两种番茄杂交的第二代中红与黄的比率为 3∶1. 现种植杂交种 400 株,试求黄植株介于 83 到 117 之间的概率.

解 A 表示"结黄果"事件,由题设 $P(A)=\frac{1}{4}$,以 μ_{400} 表示 400 株杂交植株中结黄果的株数,则 $\mu_{400} \sim B\left(400, \frac{1}{4}\right)$,从而所求概率为

$$P(83 \leqslant \mu_{400} \leqslant 117)$$
$$\approx \Phi\left(\frac{117-400\times\frac{1}{4}}{\sqrt{400\times\frac{1}{4}\times\frac{3}{4}}}\right) - \Phi\left(\frac{83-400\times\frac{1}{4}}{\sqrt{400\times\frac{1}{4}\times\frac{3}{4}}}\right)$$
$$\approx \Phi(1.96) - \Phi(-1.96) = 2\Phi(1.96) - 1 \approx 0.95.$$

2. 用频率估计概率的误差估计

在贝努利试验中,$P(A)=p$,μ_n 表示在 n 次试验中 A 出现的次数,则 $\frac{\mu_n}{n}$ 为 A 的频率. 由定理 4.5 知,当 n 很大时,有

$$P\left(\left|\frac{\mu_n}{n}-p\right|<\varepsilon\right)=P\left(-\varepsilon\sqrt{\frac{n}{pq}}<\frac{\mu_n-np}{\sqrt{npq}}<\varepsilon\sqrt{\frac{n}{pq}}\right)$$

$$\approx\Phi\left(\varepsilon\sqrt{\frac{n}{pq}}\right)-\Phi\left(-\varepsilon\sqrt{\frac{n}{pq}}\right)=2\Phi\left(\varepsilon\sqrt{\frac{n}{pq}}\right)-1.$$

例 4 重复掷一枚有偏硬币,每次试验中出现正面的概率为 p,试问要掷多少次才能使出现正面的频率与 p 相差不超过 $\frac{1}{100}$ 的概率达到 95% 以上?

解 依题意要估计 n,使

$$P\left(\left|\frac{\mu_n}{n}-p\right|<\frac{1}{100}\right)\geqslant 0.95,$$

由定理 4.5 知,

$$P\left(\left|\frac{\mu_n}{n}-p\right|<\frac{1}{100}\right)\approx 2\Phi\left(0.01\sqrt{\frac{n}{pq}}\right)-1,$$

于是近似地有

$$2\Phi\left(0.01\sqrt{\frac{n}{pq}}\right)-1\geqslant 0.95,$$

等价地, $\Phi\left(0.01\sqrt{\frac{n}{pq}}\right)\geqslant 0.975,$

查表得 $0.01\sqrt{\frac{n}{pq}}\geqslant 1.96,$

解出 $n\geqslant 196^2 pq,$

又 $pq\leqslant\frac{1}{4}$,故只要 $n\geqslant 196^2\times\frac{1}{4}=9604$,就能达到要求.

3. 德莫佛-拉普拉斯极限定理与贝努利大数定律的比较

$$P\left(\left|\frac{\mu_n}{n}-p\right|<\varepsilon\right)=P\left(\left|\frac{\mu_n-np}{\sqrt{npq}}\right|<\frac{\sqrt{n}\varepsilon}{\sqrt{pq}}\right),$$

对任意 $A>0$,只要 n 很大,就有 $\frac{\sqrt{n}\varepsilon}{\sqrt{pq}}\geqslant A$,从而

$$P\left(\left|\frac{\mu_n-np}{\sqrt{npq}}\right|<\frac{\sqrt{n}\varepsilon}{\sqrt{pq}}\right)\geqslant P\left(\left|\frac{\mu_n-np}{\sqrt{npq}}\right|<A\right),$$

而由德莫佛-拉普拉斯定理可得

$$\lim_{n\to\infty}P\left(\left|\frac{\mu_n-np}{\sqrt{npq}}\right|<A\right)=2\Phi(A)-1,$$

故
$$1 \geqslant \varlimsup_{n\to\infty} P\left(\left|\frac{\mu_n}{n}-p\right|<\varepsilon\right) \geqslant 2\Phi(A)-1,$$

令 $A \to +\infty$ 得
$$\lim_{n\to\infty} P\left(\left|\frac{\mu_n}{n}-p\right|<\varepsilon\right)=1.$$

所以贝努利大数定律成立,也就是说,积分极限定理比贝努利大数定律更精细.

习题 4

1. 设 $\{X_n\}$ 独立同分布,且共同密度函数为
$$p(x)=\begin{cases}\left|\dfrac{1}{x}\right|^3, & |x|\geqslant 1;\\ 0, & |x|<1,\end{cases}$$
证明 $\{X_n\}$ 服从大数定律.

2. 某车间有 200 台独立工作的车床,每台车床的开工率是 0.6,开工时耗电每台 1 千瓦,问至少要供这个车间多少电力才能以 99.9% 的概率保证这个车间正常生产?

3. 计算机在进行加法时,每个加数取整数(四舍五入),设所有加数的取整误差相互独立,且服从 $U(0.5,0.5)$.

(1) 若将 300 个数相加,求误差总和绝对值超过 15 的概率;

(2) 至多 n 个数加在一起,其误差总和的绝对值小于 10 的概率为 0.9,求 n.

4. 某厂生产的螺丝钉的不合格率为 0.01,问一盒中应装多少只才能使其中含有 100 只合格品的概率不小于 0.95?

5. 一个复杂系统,由 n 个相互独立起作用的部件组成,每个部件的可靠性为 0.9,且必须至少有 80% 部件工作才能使整个系统工作.问 n 至少为多少时才能使系统的可靠性为 0.95?

6*. 已知 $X \sim P(100)$,计算 $P(80 \leqslant X \leqslant 100)$.

7*. 利用中心极限定理证明:
$$\lim_{n\to\infty}\left(\sum_{k=0}^n \frac{n^k}{k!}\right)e^{-n}=\frac{1}{2}.$$

第 5 章

数理统计的基本概念

数理统计的研究对象也是随机现象. 概率论是从对随机现象的大量观察中提出随机现象的数学模型,然后再研究数学模型的性质,由此来阐述随机现象的统计规律性. 而数理统计则是从对随机现象的观测所得之资料出发,用概率论的理论来研究随机现象,它主要阐述搜集、整理、分析统计数据,并据以对研究对象进行统计推断的理论和方法. 比如对随机现象的数学模型中的某些参数进行估计,或者检验随机现象的数学模型是否适当,然后在此基础上对随机现象的性质,特点作出推断.

本章将介绍数理统计的一些基本概念,包括总体与样本,统计量和抽样分布. 为了研究抽样分布,在 §5.4 中介绍了三种常用的分布: χ^2 分布, F 分布与 t 分布. 由于统计应用中最常见的总体服从正态分布,因此本章将只介绍正态总体的抽样分布. 由于篇幅限制,我们略去了一些较复杂的定理证明.

§5.1 总体与样本

我们已经知道,概率论是现实世界中大量随机现象的客观规律的反映. 观测大量随机现象得到的数据的收集、整理和分析等种种方法构成数理统计的基本内容.

例如,我们考察某工厂生产的电灯泡的质量,在正常生产的情况下,电灯泡的质量是具有统计规律性的,它可以表现为电灯泡的寿命是一定的,但由于生产过程中种种随机因素的影响,各个电灯泡的寿命是不相同的. 由于测定电灯泡的寿命的试验是破坏性的,我们当然不可能对生产出来的全部电灯泡一一进行测试,而只能从整批电灯泡中取出一小部分来测试,然后根据所得到的这一部分电灯泡的寿命的数据来推断整批电灯泡的平均寿命.

定义 5.1 被研究的对象的全体叫做总体,组成总体的每个单元叫做个体.

在上面的例子中,该工厂生产的所有电灯泡的寿命就是一个总体,而每个电灯泡的寿命则是一个个体.总体可以包含有限个个体,也可以包含无限多个个体.在一个有限总体所包含的个体相当多的情况下,也可以把它作为无限总体来处理.例如,一麻袋稻种,一个国家的人口等等.

代表总体的指标(如电灯泡的寿命)是一个随机变量 ξ,所以总体就是指某个随机变量 ξ 可能取的值的全体.从总体中抽取一个个体,就是对代表总体的随机变量 ξ 进行一次试验(观测),得到 ξ 的一个观察值.

定义 5.2 总体中抽出若干个体而成的集体叫做样本.样本中所含个体的个数叫样本容量.

从总体中抽取样本时,为使样本具有代表性,抽样必须是随机的,即应使总体的每一个个体都有同等的机会被抽取,还要求抽样必须是独立的,即每次抽取的个体不影响其他个体的抽取,这样得到的样本叫简单随机样本.本书只研究简单随机样本.

综上所述,所谓总体就是一个随机变量,所谓样本就是 n 个相互独立且与总体有相同分布的随机变量 $X_1,\cdots,X_n$(n 是样本容量).通常把它们看成是一个 n 元随机变量 $(X_1,\cdots,X_n)$,而每一次具体抽样所得的数据就是 n 元随机变量的一个观察值(样本值),记为 $(x_1,\cdots,x_n)$.

定义 5.3 样本 $(X_1,\cdots,X_n)$ 的函数 $f(X_1,\cdots,X_n)$ 称为统计量,其中 $f(X_1,\cdots,X_n)$ 不含有未知参数.

如果 $(X_1,\cdots,X_n)$ 的观察值是 $(x_1,\cdots,x_n)$,则称统计量 $f(X_1,\cdots,X_n)$ 的观察值是 $f(x_1,\cdots,x_n)$.

§5.2 经验分布函数与顺序统计量

通常把总体 ξ 的分布函数 $F_\xi(x)$ 叫做总体分布函数.从总体中抽取样本容量为 n 的样本,样本观察值为 $(x_1,\cdots,x_n)$,将它们按大小排列为:

$$x_1^* \leqslant x_2^* \leqslant \cdots \leqslant x_n^*,$$

令

$$F_n(x) = \begin{cases} 0, & \text{当 } x < x_1^*; \\ k/n, & \text{当 } x_k^* \leqslant x < x_{k+1}^*; \\ 1, & \text{当 } x \geqslant x_n^*, \end{cases}$$

$F_n(x)$ 的图形就是累积频率曲线,它是跳跃式上升的一条阶梯曲线.若观察值 x_k^* 不重复,则 $F_n(x)$ 在此处的跃度为 $\dfrac{1}{n}$;若此处有 m 个重复观测,则在此处的跃度为 m/n. 称 $F_n(x)$ 为**经验分布函数(样本分布函数)**. 事实上,$F_n(x)$ 等于样本的 n 个观察值中不超过 x 的观察值个数除以样本容量 n,它就是 $(\xi \leqslant x)$ 这个事件的频率. 由伯努利大数定律知,$F_n(x)$ 可以作为未知的分布函数 $F_\xi(x)$ 的一个近似,n 越大,近似得越好.

例如,随机地观察总体 ξ,得到 10 个数据值如下:
$$3.2,\ 2.5,\ -4,\ 2.5,\ 0,\ 3,\ 2,\ 2.5,\ 4,\ 2$$
将它们由小到大排列为
$$-4<0<2=2<2.5=2.5=2.5<3<3.2<4,$$
其经验分布函数为
$$F_{10}(x)=\begin{cases}0, & \text{当 } x<-4,\\ 1/10, & \text{当 } -4\leqslant x<0,\\ 2/10, & \text{当 } 0\leqslant x<2,\\ 4/10, & \text{当 } 2\leqslant x<2.5,\\ 7/10, & \text{当 } 2.5\leqslant x<3,\\ 8/10, & \text{当 } 3\leqslant x<3.2,\\ 9/10, & \text{当 } 3.2\leqslant x<4,\\ 1, & \text{当 } x\geqslant 4.\end{cases}$$

$F_{10}(x)$ 的图形如图 5.1 所示.

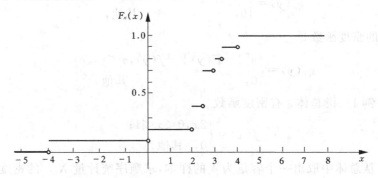

图 5.1

二、顺序统计量

定义 5.4 设 $X_1, \cdots, X_n$ 是取自总体 ξ 的一个样本，$x_1, \cdots, x_n$ 是样本观察值，按大小顺序排列为

$$x_1^* \leqslant x_2^* \leqslant \cdots \leqslant x_n^*,$$

令

$$X_{(1)} \leqslant X_{(2)} \leqslant \cdots \leqslant X_{(n)},$$

其中 $X_{(i)}$ 是样本 $X_1 \cdots, X_n$ 的函数，当 $X_1, \cdots, X_n$ 的观察值是 $x_1, \cdots, x_n$ 时，$X_{(i)}$ 取 x_i^* 为观察值，$i = 1, \cdots, n$. 称 $X_{(i)}$ 为顺序统计量(或次序统计量).

$X_{(1)}$ 是最小顺序统计量，$X_{(n)}$ 是最大顺序统计量，这是两个我们最感兴趣的顺序统计量.

定理 5.1 设总体 ξ 有密度函数 $f(x) > 0, a < x < b$ (a 可取 $-\infty$, b 可取 $+\infty$)，$X_1, \cdots, X_n$ 为取自总体的一个样本，则第 i 个顺序统计量 $X_{(i)}$ 的密度函数为

$$g_i(y) = \begin{cases} \dfrac{n!}{(i-1)!(n-i)!}[F(y)]^{i-1}[1-F(y)]^{n-i}f(y), & a < y < b; \\ 0, & \text{其他}, \end{cases} \quad (5.1)$$

这里 $F(y)$ 是 ξ 的分布函数.

证 略.

推论 5.1 假设同定理 5.1，$X_{(n)}$ 的密度函数是

$$g_n(y) = \begin{cases} n[F(y)]^{n-1}f(y), & a < y < b; \\ 0, & \text{其他}, \end{cases}$$

$X_{(1)}$ 的密度函数是

$$g_1(y) = \begin{cases} n[1-F(y)]^{n-1}f(y), & a < y < b; \\ 0, & \text{其他}, \end{cases}$$

例 1 设总体 ξ 有密度函数

$$f(x) = \begin{cases} 2x, & 0 < x < 1; \\ 0, & \text{其他}, \end{cases}$$

从总体中取出一个容量为 4 的样本，求顺序统计量 $X_{(3)}$ 的密度函数 $g_3(y)$ 和分布函数 $G_3(y)$，并计算 $P(X_{(3)} > \dfrac{1}{2})$ 的值.

解 由题设知 ξ 的分布函数是

$$F(x) = \begin{cases} 0, & x<0; \\ x^2, & 0 \leqslant x<1; \\ 1, & 1 \leqslant x, \end{cases}$$

由公式(5.1)知

$$g_3(y) = \begin{cases} 24y^5(1-y^2), & 0<y<1; \\ 0, & 其他, \end{cases}$$

$$G_3(y) = \begin{cases} 0, & y<0; \\ y^6(4-3y^2), & 0 \leqslant y<1; \\ 1, & 1 \leqslant y, \end{cases}$$

$$P(X_{(3)} > \frac{1}{2}) = 1 - G_3(\frac{1}{2}) = \frac{275}{288}.$$

§5.3 样本分布的数字特征

数理统计最常用的统计量是样本均值,样本方差和样本矩,人们经常用它们来估计总体的数字特征.

一、样本均值

定义 5.5 对于样本$(x_1,\cdots,x_n)$,样本均值的观测值是

$$\bar{x} = \frac{1}{n} \sum_{i=1}^{n} x_i. \tag{5.2}$$

二、样本方差

定义 5.6 对于样本$(X_1,\cdots,X_n)$,称

$$S^2 = \frac{1}{n-1} \sum_{i=1}^{n} (X_i - \bar{X})^2 \tag{5.3}$$

为<u>样本方差</u>,

$$S = \sqrt{\frac{1}{n-1} \sum_{i=1}^{n} (X_i - \bar{X})^2} \tag{5.4}$$

为<u>样本标准差</u>.

样本方差 S^2 的表达式还可以简化为

$$S^2 = \frac{1}{n-1} \left(\sum_{i=1}^{n} X_i^2 - n\bar{X}^2 \right), \tag{5.5}$$

事实上,我们有

$$S^2 = \frac{1}{n-1} \sum_{i=1}^{n} (X_i - \overline{X})^2 = \frac{1}{n-1} \sum_{i=1}^{n} (X_i^2 - 2X_i\overline{X} + \overline{X}^2)$$

$$= \frac{1}{n-1} \Big(\sum_{i=1}^{n} X_i^2 - 2\overline{X} \cdot \frac{1}{n-1} \sum_{i=1}^{n} X_i + \frac{1}{n-1} \cdot n\overline{X}^2 \Big)$$

$$= \frac{1}{n-1} \Big(\sum_{i=1}^{n} X_i^2 - 2\overline{X}^2 + \overline{X}^2 \Big) = \frac{1}{n-1} \Big(\sum_{i=1}^{n} X_i^2 - n\overline{X}^2 \Big).$$

显然，当样本观察值是 $(x_1, \cdots, x_n)$ 时，样本方差的观察值是

$$s^2 = \frac{1}{n-1} \sum_{i=1}^{n} (x_i - \overline{x})^2. \tag{5.6}$$

当样本容量 n 较大时，相同的样本观测值 x_i 往往会重复出现，为了使计算简化，应先把所得的数据整理，列表如下：

观察值	x_1	x_2	$\cdots$	x_i	$\cdots$	x_l
频数	m_1	m_2		m_i		m_l

这里 m_i 是观察值 x_i 出现的次数，则样本均值、样本方差和修正的样本方差的观察值分别是

$$\overline{x} = \frac{1}{n} \sum_{i=1}^{l} m_i x_i, \tag{5.7}$$

$$s^2 = \frac{1}{n-1} \sum_{i=1}^{l} m_i (x_i - \overline{x})^2, \tag{5.8}$$

这里 $n = \sum_{i=1}^{l} m_i$ 是样本容量.

例1 设抽样得到 100 个观测值如表 5.1 所示.

表 5.1

观测值 x_i	0	1	2	3	4	5
频数 m_i	14	21	26	19	12	8

计算样本均值，样本方差和修正的样本方差.

解 $\overline{x} = \frac{1}{100} \sum_{i=1}^{6} m_i x_i = 2.18,$

$s^2 = \frac{1}{99} \sum_{i=1}^{6} m_i (x_i - \overline{x})^2 = 2.1491.$

如果数据是分组数据，可把各个子区间的中点值取作 x_i，把样本观察值落到对应区间的频数取作 m_i，按公式 (5.7)，(5.8) 计算.

3. 样本矩

定义 5.7 称

$$v_k = \frac{1}{n}\sum_{i=1}^n X_i^k \quad (k\text{ 是正整数})$$

为样本 k 阶原点矩,

$$u_k = \frac{1}{n}\sum_{i=1}^n (X_i - \overline{X})^k \quad (k\text{ 是正整数})$$

为样本 k 阶中心矩.

4. 样本均值和样本方差的性质

设总体 ξ 具有二阶矩,$E\xi = \mu$,$D\xi = \sigma^2$,$(X_1, \cdots, X_n)$ 是 ξ 的一个样本,则有

$$E\overline{X} = \mu, \tag{5.9}$$

$$D\overline{X} = \sigma^2/n, \tag{5.10}$$

$$ES^2 = \sigma^2, \tag{5.11}$$

这些结果的证明都简单,我们仅证(5.11)式. 事实上,

$$EX_i^2 = \sigma^2 + \mu^2,\ i = 1, \cdots, n,\ E\overline{X}^2 = \frac{1}{n}\sigma^2 + \mu^2,$$

由(5.5)式知

$$\begin{aligned}ES^2 &= E\frac{1}{n-1}\Big(\sum_{i=1}^n X_i^2 - n\overline{X}^2\Big)\\ &= \frac{1}{n-1}(n\sigma^2 + n\mu^2 - \sigma^2 - n\mu^2)\\ &= \sigma^2.\end{aligned}$$

§5.4 n 个常用的分布

数理统计中的常用分布,除正态分布外,还有 χ^2 分布,t 分布及 F 分布.

一、χ^2 分布

在§2.3中曾介绍过 Γ 分布和 χ^2 分布,注意到 $\chi^2(n)$ 就是 $\Gamma\left(\frac{n}{2}, \frac{1}{2}\right)$. Γ 分布具有可加性,即若 $\xi_1 \sim \Gamma(\gamma_1, \lambda)$,$\xi_2 \sim \Gamma(\gamma_2, \lambda)$,且 ξ_1 与 ξ_2

独立,则 $\xi_1 + \xi_2 \sim \Gamma(\gamma_1 + \gamma_2, \lambda)$. 事实上,$\xi_1$ 和 ξ_2 的联合密度在 $x > 0$, $y > 0$ 时是

$$\varphi_{(\xi_1,\xi_2)}(x,y) = \frac{x^{\gamma_1-1} y^{\gamma_2-1} e^{-(x+y)\lambda}}{\lambda^{\gamma_1+\gamma_2} \Gamma(\gamma_1) \Gamma(\gamma_2)},$$

否则是 0,故当 $z > 0$ 时,由定理 3.6 知 $\xi_1 + \xi_2$ 的密度函数是

$$\begin{aligned}
\varphi_{\xi_1+\xi_2}(z) &= \int_{-\infty}^{\infty} \varphi_{(\xi_1,\xi_2)}(x, z-x) \mathrm{d}x \\
&= \frac{1}{\lambda^{\gamma_1+\gamma_2} \Gamma(\gamma_1) \Gamma(\gamma_2)} \int_0^z x^{\gamma_1-1}(z-x)^{\gamma_2-1} e^{-\lambda z} \mathrm{d}x \\
&= \frac{1}{\lambda^{\gamma_1+\gamma_2} \Gamma(\gamma_1+\gamma_2)} z^{\gamma_1+\gamma_2-1} e^{-\lambda z},
\end{aligned}$$

当 $z \leqslant 0$ 时,$\xi_1 + \xi_2$ 的密度是 0,这恰为 $\Gamma(\gamma_1 + \gamma_2, \lambda)$ 的密度函数.

显然,若 $\xi \sim \chi^2(n_1)$,$\eta \sim \chi^2(n_2)$,且 ξ 与 η 独立,则 $\xi + \eta \sim \chi^2(n_1 + n_2)$,可见 χ^2 分布也具有可加性.

定理 5.2 设随机变量 $\xi_1, \cdots, \xi_n$ 相互独立,都服从标准正态分布 $N(0,1)$,则随机变量

$$\chi^2 = \xi_1^2 + \cdots + \xi_n^2 \tag{5.12}$$

服从自由度为 n 的 χ^2 分布,其概率密度函数为

$$\varphi_{\chi^2}(x) = \begin{cases} \dfrac{1}{2^{n/2} \Gamma\left(\dfrac{n}{2}\right)} \cdot x^{\frac{n}{2}-1} e^{-\frac{1}{2}x}, & x > 0; \\ 0, & x \leqslant 0, \end{cases}$$

其中 $\Gamma(\alpha) = \int_0^{+\infty} x^{\alpha-1} e^{-x} \mathrm{d}x (\alpha > 0)$ 是 Γ 函数.

证 当 $x > 0$ 时,$P(\xi_i^2 \leqslant x) = P(-\sqrt{x} \leqslant \xi \leqslant \sqrt{x})$
$= \int_{-\sqrt{x}}^{\sqrt{x}} \frac{1}{\sqrt{2\pi}} e^{-\frac{t^2}{2}} \mathrm{d}t, i = 1, \cdots, n$,易知 ξ_i^2 的分布密度函数为 $\frac{1}{(2\pi)^{1/2}} x^{-\frac{1}{2}} e^{-\frac{x}{2}}$,即 $\xi_i^2 \sim \chi^2(1)$,由 χ^2 分布的可加性知定理的结论成立.

容易证明,若 $\xi \sim \chi^2(n)$,则 $E\xi = n$,$D\xi = 2n$.

二、t 分布

定理 5.3 设随机变量 ξ 与 η 独立,且 ξ 服从标准正态分布 $N(0,1)$,η 服从自由度为 n 的 χ^2 分布,则随机变量

$$T = \frac{\xi}{\sqrt{\eta/n}} \tag{5.13}$$

的概率密度为

$$\varphi_T(x) = \frac{\Gamma\left(\frac{n+1}{2}\right)}{\sqrt{n\pi}\,\Gamma\left(\frac{n}{2}\right)} \left(1 + \frac{x^2}{n}\right)^{-\frac{n+1}{2}}, \tag{5.14}$$

通常把这种分布叫做自由度为 n 的 t 分布，并记作 $T \sim t(n)$。

证 先求出 $\sqrt{\eta/n}$ 的密度函数，再应用定理 3.7 即可求出 T 的密度函数。

当 n 充分大时，$t(n)$ 分布趋近于 $N(0,1)$ 分布。

三、F 分布

定理 5.4 设随机变量 ξ 与 η 独立，$\xi \sim \chi^2(n_1)$，$\eta \sim \chi^2(n_2)$，则随机变量

$$F = \frac{\xi/n_1}{\eta/n_2} \tag{5.15}$$

的概率密度为

$$\varphi_F(x) = \begin{cases} \dfrac{\Gamma\left(\dfrac{n_1+n_2}{2}\right)}{\Gamma\left(\dfrac{n_1}{2}\right)\Gamma\left(\dfrac{n_2}{2}\right)} n_1^{n_1/2} n_2^{n_1/2} \cdot \dfrac{x^{\frac{n_1}{2}-1}}{(n_1 x + n_2)^{\frac{n_1+n_2}{2}}}, & \text{当 } x > 0; \\ 0, & \text{当 } x \leqslant 0, \end{cases}$$

通常把这种分布叫做自由度为 (n_1, n_2) 的 F 分布，并记作 $F(n_1, n_2)$，其中 n_1 是分子自由度，n_2 是分母自由度。

证 略。

四、分位数

设 ξ 是具有已知分布函数 $F(x)$ 的随机变量，对 $\alpha \in (0,1)$，称满足

$$P(\xi \geqslant F_\alpha) = \alpha \tag{5.16}$$

的常数 F_α 为随机变量 ξ 的分布的水平 α 的上侧分位数，或直接称为分布（函数）$F(x)$ 的水平 α 的上侧分位数。

例如，标准正态分布 $N(0,1)$ 的水平 α 的上侧分位数通常记作 u_α，则 u_α 满足

$$1-\Phi(u_\alpha)=\alpha.$$

这里 $\Phi(x)$ 是标准正态分布的分布函数. 一般地讲,直接求解分位数是较困难的,对常见的统计分布,在本书附录中给出了分布函数值表或分位数表.

1. 设 $\chi^2 \sim \chi^2(n)$,本书附录中对不同的 n 及不同的 $\alpha(0<\alpha<1)$,给出了满足等式

$$P(\chi^2 \geqslant \chi_\alpha^2(n)) = \int_{\chi_\alpha^2(n)}^{+\infty} \varphi_{\chi^2}(x)\mathrm{d}x = \alpha$$

的 $\chi_\alpha^2(n)$ 的值(图 5.2).

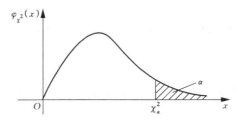

图 5.2

2. 设 $T \sim t(k)$,本书附录中,对不同的 k 和不同的数 $\alpha(0<\alpha<1)$,给出了满足等式

$$P(T \geqslant t_\alpha(k)) = \int_{t_\alpha(k)}^{+\infty} \varphi_T(x)\mathrm{d}x = \alpha$$

的 $t_\alpha(k)$ 的值(图 5.3). 显然,t 分布的分布密度函数是关于 $x=0$ 对称的. 图 5.4 中画出了自由度为 $k=2$,$k=6$ 及 $k=\infty$ 时的 t 分布的分布密度函数曲线.

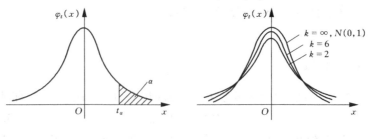

图 5.3　　　　图 5.4

显然,$P(|T| \geqslant t_{\alpha/2}(k))=\alpha$,故 $T_{\alpha/2}(k)$ 又叫做 T 的双侧 α 分位数.

3. 设 $F \sim F(k_1,k_2)$,本书附录中,对不同的自由度(k_1,k_2)及不同

的 $\alpha\,(0<\alpha<1)$ 给出了满足不等式

$$P(F\geqslant F_\alpha(k_1,k_2))=\int_{F_\alpha(k_1,k_2)}^{+\infty}\varphi_F(x)\mathrm{d}x=\alpha$$

的 $F_\alpha(k_1,k_2)$ 的值(图 5.5). 不难证明,F 分布具有下述性质:

$$F_{1-\alpha}(k_1,k_2)=\frac{1}{F_\alpha(k_2,k_1)}.$$

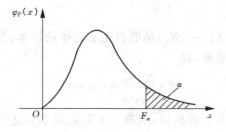

图 5.5

§5.5 常用抽样分布

在研究数理统计问题时,往往需要知道所讨论的统计量的分布. 一般说来,要确定某个统计量的分布是很困难的,但是,对于总体服从正态分布的情形,已经有了详尽的研究. 在下面的讨论中,我们都假定总体是服从正态分布的.

定理 5.5 设 $X_1,\cdots,X_n$ 相互独立,$X_i\sim N(\mu_i,\sigma_i^2)$,$i=1,\cdots,n$,则它们的线性函数 $\eta=\sum_{i=1}^n a_i X_i$($a_i$ 是不全为零的常数)也服从正态分布,且 $E\eta=\sum_{i=1}^n a_i\mu_i$,$D\eta=\sum_{i=1}^n a_i^2\sigma_i^2$.

证 略.

推论 设 $(X_1,\cdots,X_n)$ 是取自正态总体 $N(\mu,\sigma^2)$ 的样本,则有

(1) $\overline{X}\sim N(\mu,\sigma^2/n)$;

(2) $(\overline{X}-\mu)\sqrt{n}/\sigma\sim N(0,1)$.

证 在定理 5.5 中取 $a_i=\frac{1}{n}$,$i=1,\cdots,n$,则有

$$\overline{X}=\frac{1}{n}\sum_{i=1}^n X_i\sim N(\mu,\sigma^2/n).$$

将 $\overline{X}$ 标准化,即得(2)之结论.

定理 5.6 设 $(X_1,\cdots,X_n)$ 是来自正态总体 $N(\mu,\sigma^2)$ 的样本,则样本均值 $\overline{X}=\dfrac{1}{n}\sum\limits_{i=1}^{n}X_i$ 与样本方差 $S^2=\dfrac{1}{n-1}\sum\limits_{i=1}^{n}(X_i-\overline{X})^2$ 独立,且

$$\frac{(n-1)S^2}{\sigma^2}=\frac{\sum\limits_{i=1}^{n}(X_i-\overline{X})^2}{\sigma^2}\sim\chi^2(n-1).$$

证 略.

推论 1 设 $(X_1,\cdots,X_n)$ 是取自正态总体的样本,$\overline{X}$ 和 S 分别是样本均值和样本标准差,则

$$T=\frac{\overline{X}-\mu}{S/\sqrt{n}}\sim t(n-1).$$

证 由定理 5.5 的推论,定理 5.6 和定理 5.3 立即可得上面结论.

推论 2 设 $(X_1,\cdots,X_{n_1})$ 和 $(Y_1,\cdots,Y_{n_2})$ 分别是来自两个相互独立的正态总体 $N(\mu_1,\sigma^2)$ 和 $N(\mu_2,\sigma^2)$ 的样本,则

$$T=\frac{\overline{X}-\overline{Y}-(\mu_1-\mu_2)}{S_\omega\sqrt{\dfrac{1}{n_1}+\dfrac{1}{n_2}}}\sim t(n_1+n_2-2),$$

其中

$$S_\omega=\sqrt{\frac{(n_1-1)S_1^2+(n_2-1)S_2^2}{n_1+n_2-2}}, \tag{5.17}$$

$\overline{X},\overline{Y},S_1^2,S_2^2$ 分别是两个样本的平均值和样本方差.

推论 3 设 $(X_1,\cdots,X_{n_1})$ 和 $(Y_1,\cdots,Y_{n_2})$ 分别是取自两个相互独立的正态总体 $N(\mu_1,\sigma_1^2)$ 和 $N(\mu_2,\sigma_2^2)$ 的样本,则

$$F=\frac{S_1^2/\sigma_1^2}{S_2^2/\sigma_2^2}\sim F(n_1-1,n_2-1),$$

其中 S_1^2 和 S_2^2 分别是两个样本的修正的样本方差.

证 由定理 5.6 和定理 5.4 立即得到此结论.

习题 5

1. 已知样本观测值为 15.8,24.2,14.5,17.4,13.2,20.8,17.9,19.1,21.0,18.5,16.4,22.6,计算样本平均值、样本方差.

2. 设总体 ξ 的方差为 $\sigma^2=4$,而 $\overline{X}$ 是容量为 100 的样本均值,利用切比雪夫不等式求出一个上限和一个下限,使得 $\overline{X}-\mu$(μ 为总体 ξ 的均值)落在这两个界限之间的概率至少为 0.90.

3. 在一小时内观测电话用户对电话站的呼唤次数,按每分钟统计得到观察数据列表如下:

每分钟内的呼唤次数 x_i	0	1	2	3	4	5	6
频数 m_i	8	16	17	10	6	2	1

计算样本均值、样本方差和标准差。

4. 设随机变量 ξ 服从自由度为 (n_1, n_2) 的 F 分布,求函数 $1/\xi$ 的分布,并证明等式
$$F_{1-\alpha}(n_1, n_2) = 1/F_\alpha(n_2, n_1).$$

5. 设总体 $\xi \sim N(40, 5^2)$,
(1) 抽取容量为 36 的样本,求样本平均值 $\overline{X}$ 在 38 与 43 之间的概率;
(2) 抽取容量为 64 的样本,求 $|\overline{X} - 40| < 1$ 的概率;
(3) 抽取样本容量 n 多大时,才能使概率
$$p(|\overline{X} - 40| < 1) \text{ 达到 } 0.95?$$

6. 设总体 $\xi \sim N(\mu, \sigma^2)$,已知样本容量 $n = 24$,样本方差 $s^2 = 12$. 问如方差 $\sigma^2 = 9$,则样本方差不少于 12 的概率是多少?

7. 设总体 ξ 服从两点分布,即
$$P(\xi = x) = p^x (1-p)^{1-x}, \quad x = 0 \text{ 或 } 1,$$
抽取样本为 $X_1, \cdots, X_n$,求样本平均值 $\overline{X}$ 的分布,数学期望和方差。

8*. 从总体中抽取两个样本,其容量分别为 n_1 和 n_2,计算得到样本平均值分别为 $\overline{x}_1$ 和 $\overline{x}_2$,样本方差分别为 s_1^2 和 s_2^2. 把这两个样本合并成一个容量为 $n_1 + n_2$ 的联合样本,证明:联合样本的样本平均值为
$$\overline{x} = \frac{n_1 \overline{x}_1 + n_2 \overline{x}_2}{n_1 + n_2};$$

9. 设总体 $\xi \sim N(20, 3^2)$,抽取容量 $n_1 = 40$ 及 $n_2 = 50$ 的两个样本,求两个样本平均值之差的绝对值小于 0.7 的概率。

10. 设总体 ξ 服从泊松分布 $p(\lambda)$,抽取样本 $X_1, \cdots, X_n$,求样本平均值 $\overline{X}$ 的概率分布,数学期望 $E\overline{X}$ 及方差 $D\overline{X}$.

11. 设对总体 ξ 进行 10 次独立观测,所得观测值为
    3.8, 4.0, 3.5, 5.0, 3.7, 4.2, 4.0, 4.5, 4.4, 4.8,
求 ξ 的经验分布函数 $F_{10}(x)$ 并画出其图形。

12. 设 $(x_1, \cdots, x_n)$ 及 $(u_1, \cdots, u_n)$ 为两个样本观测值,它们有如下关系
$$u_k = \frac{x_k - a}{b}, \quad a, b \text{ 为常数}, b \neq 0, k = 1, \cdots, n.$$
求样本均值 $\overline{u}$ 与 $\overline{x}$ 的关系,样本方差 S_u^2 与 S_x^2 的关系。

13*. 设 $(X_1, \cdots, X_n)$ 为总体 ξ 的样本,ξ 的二阶矩 $E\xi^2$ 存在,$\overline{X} = \frac{1}{n} \sum_{i=1}^{n} X_i$,试

证 $(X_i-\overline{X})$ 与 $(X_j-\overline{X})$ 的相关系数为

$$\rho=-\frac{1}{n-1}, \quad i\neq j, \ i,j=1,\cdots,n.$$

14. 设 $(X_1,\cdots,X_n)$ 为总体 $N(\mu,\sigma^2)$ 的样本,S_n^2 为样本方差.试求满足下列各式的 n 的最小值.

(1) $P(S_n^2/\sigma^2\leqslant 1.5)\geqslant 0.95$;

(2) $P(|S_n^2-\sigma^2|\leqslant\sigma^2/2)\geqslant 0.8$.

15*. 设 X_1,X_2 为总体 $N(\mu,\sigma^2)$ 的样本,试证 X_1+X_2 与 X_1-X_2 是相互独立的.

16. 设总体 $\xi\sim N(0,1)$,$X_1,\cdots,X_n$ 为其样本,$\overline{X}=\dfrac{1}{n}\sum\limits_{i=1}^{n}X_i$,$S_n^2=\dfrac{1}{n-1}\sum\limits_{i=1}^{n}(X_i-\overline{X})^2$,又 $X_{n+1}\sim N(0,1)$ 且与样本 $(X_1,\cdots,X_n)$ 独立.试求统计量

$$\eta=\frac{X_{n+1}-\overline{X}}{S_n}\sqrt{\frac{n-1}{n+1}}$$

的分布.

17*. 设电子元件的寿命(单位:小时)服从参数 $\lambda=0.0015$ 的指数分布,其密度函数为

$$p(x)=\begin{cases}\lambda e^{-\lambda x}, & x\geqslant 0;\\ 0, & x<0,\end{cases}$$

今测试 6 个元件,试求

(1) 没有元件在 800 小时之前失效的概率;

(2) 没有元件寿命超过 3000 小时的概率.

18*. 袋中装有一个白球和两个黑球,从中有放回地取球,令

$$\xi=\begin{cases}0, & \text{取到白球},\\ 1, & \text{取到黑球};\end{cases}$$

$X_1,\cdots,X_5$ 为一样本,求 $X_1+\cdots+X_5$ 的分布,并求 $\overline{X}=\dfrac{1}{5}\sum\limits_{i=1}^{5}X_i$ 和 $S_5^2=\dfrac{1}{5}\sum\limits_{i=1}^{5}(X_i-\overline{X})^2$ 的数学期望.

19*. 设总体 ξ 服从 $[0,1]$ 上的均匀分布,$(X_1,\cdots,X_n)$ 是其一个样本,求该样本的密度.

20. (1) 查表求标准正态分布的分位数

$$u_{0.6}, \ u_{0.8}, \ u_{0.05}, \ u_{0.5};$$

(2) 查表求 x^2 分布的分位数

$$x^2_{0.95}(5), \ x^2_{0.05}(5), \ x^2_{0.01}(10);$$

(3) 查表求 F 分布的分位数

$F_{0.95}(4,6)$, $F_{0.05}(4,6)$, $F_{0.99}(5,5)$.

21. 设总体 $\xi \sim N(\mu,\sigma^2)$，取容量 $n = 2k+1$ 的样本，k 是正整数，$X_{(k+1)}$ 是其样本中位数，试证 $X_{(k+1)}$ 的密度关于 $x = \mu$ 对称，且 $EX_{(k+1)} = \mu$.

22. 设总体 ξ 服从 $(\theta - \frac{1}{2}, \theta + \frac{1}{2})$ 上的均匀分布，其顺序统计量为 $X_{(1)}, \cdots, X_{(n)}$，求 $X_{(1)}$ 和 $X_{(n)}$ 的均值和方差.

第 6 章

参数估计

上一章已经指出,数理统计的基本问题是根据样本来推断总体的分布,即统计推断.统计推断的主要内容包括参数估计和统计假设检验,它们构成数理统计的核心部分.本章主要介绍参数估计的方法及评价估计量好坏的标准,并着重讨论求点估计的经典方法以及正态总体参数的区间估计.

§6.1 参数的点估计

人们经常遇到的问题是如何选取样本及根据样本对总体的种种统计特征作出估计或判断.实践中总体的分布类型往往是知道的,设总体 ξ 的分布函数是 $F(x)$,其中含有未知参数 θ,如何根据样本观察值 $x_1, \cdots, x_n$ 来估计未知参数 θ 呢? 这就是分布参数的估计问题.

如果取样本的一个函数 $\hat{\theta}(x_1, \cdots, x_n)$ 作为未知参数 θ 的估计值,则称 $\hat{\theta}(x_1, \cdots, x_n)$ 是 θ 的点估计值,称 $\hat{\theta}(X_1, \cdots, X_n)$ 叫 θ 的点估计量.

一、矩估计法

矩法是求估计量的最古老的方法.具体的做法是:以样本矩作为相应的总体矩的估计,以样本矩的函数作为相应的总体矩的同样的函数的估计.

例 1 设总体 ξ 服从参数为 λ 的泊松分布,$\lambda > 0$ 是未知参数,$(X_1, \cdots, X_n)$ 是从总体 ξ 取得的样本,求 λ 的矩估计量.

解 $E\xi = \lambda$,
因此

$$\hat{\lambda} = \overline{X} = \frac{1}{n}\sum_{i=1}^{n} X_i$$

是 λ 的矩估计量.

如果样本观察值为：$0,1,3,10,4,6,6,2$,

则 λ 的矩估计值是 $\hat{\lambda} = \overline{x} = \frac{1}{8}\sum_{i=1}^{8} x_i = 4$.

例 2 设总体 $\xi \sim N(\mu, \sigma^2)$，其中 μ, σ^2 皆是未知参数，求 μ 和 σ^2 的矩估计量.

解 令

$$\begin{cases} E\xi = \mu = \overline{X} = \frac{1}{n}\sum_{i=1}^{n} X_i, \\ E\xi^2 = \mu^2 + \sigma^2 = \frac{1}{n}\sum_{i=1}^{n} X_i^2, \end{cases}$$

解得

$$\begin{cases} \hat{\mu} = \overline{X}, \\ \hat{\sigma}^2 = S^2 = \frac{1}{n}\sum_{i=1}^{n}(X_i - \overline{X})^2, \end{cases}$$

即 $\hat{\mu}$ 和 $\hat{\sigma}^2$ 分别是 μ 和 σ^2 的矩估计量.

例 3 设总体 $\xi \sim U(\theta_1, \theta_2), X_1, \cdots, X_n$ 是从 ξ 中抽取的样本，求 θ_1, θ_2 的矩估计.

解 $E\xi = \frac{\theta_1 + \theta_2}{2}, D\xi = \frac{(\theta_2 - \theta_1)^2}{12}$,

令 $$\begin{cases} \overline{X} = \frac{\theta_1 + \theta_2}{2}, \\ S^2 = \frac{(\theta_2 - \theta_1)^2}{12}, \end{cases}$$

解之得 θ_1 和 θ_2 的矩估计是

$$\begin{cases} \hat{\theta}_1 = \overline{X} - \sqrt{3}S, \\ \hat{\theta}_2 = \overline{X} + \sqrt{3}S. \end{cases}$$

矩估计的便利之处是应用此法时不需要知道总体的具体分布，只要总体的某些矩存在即可，但是，矩估计有时不唯一，如对泊松分布的参数 λ，由于总体的期望和方差都是 λ，故 $\overline{X}$ 和 S^2 都是 λ 的矩估计，一般来说，能用低阶矩处理就不用高阶矩. 另外，矩估计有时不太合理，参见例 4.

例 4 设某地的汽车牌号是从 1 开始的自然数,某人想估计出该地的汽车总数,将在该地遇到的汽车牌号记下为:
$$6,8,58,78,25,$$
试求该地的汽车总数的矩估计值

解 设该地的汽车总数是 N,则汽车牌号 ξ 的分布为
$$P(\xi = K) = \frac{1}{N}, K = 1,2,\cdots N,$$
$$E\xi = \frac{1}{N} \sum_{K=1}^{N} K = \frac{N+1}{2},$$
令
$$\bar{X} = E\xi = \frac{N+1}{2},$$
解之得
$$\hat{N} = 2\bar{X} - 1,$$

现算得 $\bar{X} = 35$,故 N 的值为 $2 \times 35 - 1 = 69 < 78$,即 N 的矩估计值小于牌号 78,显然不合理.

二、最大似然估计

现在讨论从总体 ξ 的样本观察值 $(x_1,\cdots,x_n)$ 对总体分布中未知参数 θ 进行估计的另一种方法——最大似然法,此法就是要选取这样的 $\hat{\theta}$,当它作为 θ 的估计值时,使观察结果出现的可能性最大.

设总体 ξ 是连续型随机变量,它的概率密度函数是 $\varphi(x;\theta)$,其中 $\theta = (\theta_1,\cdots,\theta_m)$ 是未知参数,$(X_1,\cdots,X_n)$ 是来自 ξ 的一个样本,其联合概率密度函数是

$$L(x_1,\cdots,x_n;\theta) = \prod_{i=1}^{n} \varphi(x_i;\theta), \tag{6.1}$$

对每一组取定的值 $(x_1,\cdots,x_n)$,L 是常数 θ 的函数,称 L 为样本的似然函数.

类似地,如果总体 ξ 是离散型随机变量,其概率分布的形式为
$$P(\xi = x_i) = p(x_i;\theta), \quad i = 1,2,\cdots,$$
则其似然函数是样本 $(X_1,\cdots,X_n)$ 的联合概率分布,即

$$L(x_1,\cdots,x_n;\theta)=\prod_{i=1}^{n}p(x_i;\theta). \tag{6.2}$$

最大似然估计就是选取 $\hat{\theta}$，使似然函数 $L(x_1,\cdots,x_n;\theta)$ 在 $\hat{\theta}$ 处达到最大值. 注意到 $\ln L$ 和 L 同时达到最大值，故往往只需求 $\ln L$ 的最大值点. 一般地，这个问题可以通过解下面的方程组

$$\begin{cases}\dfrac{\partial \ln L}{\partial \theta_1}=0,\\ \quad\vdots\\ \dfrac{\partial \ln L}{\partial \theta_m}=0\end{cases} \tag{6.3}$$

来解决. 如果 θ 是一维的，(6.3)式中的求偏导数就成为求导数.

例 5 已知总体 ξ 服从泊松分布 $p(\lambda)$，其中 λ 是未知参数，如果取得样本观测值 $x_1,\cdots,x_n$，求参数 λ 的最大似然估计.

解 ξ 的概率分布为

$$p(x;\lambda)=P(\xi=x)=\mathrm{e}^{-\lambda}\frac{\lambda^x}{x!},\quad x=0,1,2,\cdots,$$

按(6.2)式，似然函数为

$$L=\prod_{i=1}^{n}\mathrm{e}^{-\lambda}\frac{\lambda^{x_i}}{x_i!}=\mathrm{e}^{-n\lambda}\frac{\lambda^{\sum_{i=1}^{n}x_i}}{\prod_{i=1}^{n}x_i!},$$

$$\ln L=\Big(\sum_{i=1}^{n}x_i\Big)\ln\lambda-\sum_{i=1}^{n}\ln x_i!-n\lambda,$$

按(6.3)式，有

$$\frac{\mathrm{d}\ln L}{\mathrm{d}\lambda}=\frac{1}{\lambda}\sum_{i=1}^{n}x_i-n=0,$$

由此得 λ 的最大似然估计值为

$$\hat{\lambda}=\frac{1}{n}\sum_{i=1}^{n}x_i=\overline{x}.$$

例 6 某电话交换台每分钟收到的呼唤次数服从参数为 λ 的泊松分布，今抽取一样本，得到数据如下：

16, 29, 50, 68, 100, 130, 140, 270, 280, 340,
410, 450, 520, 620, 190, 210, 800, 1 100,

求 λ 的最大似然估计值.

解 由例 5 的结果，λ 的估计值为

$$\hat{\lambda} = \bar{x} = \frac{1}{18}(16+29+\cdots+800+1100) \doteq 318.$$

例 7 已知总体 ξ 服从正态分布 $N(\mu, \sigma^2)$,μ, σ^2 皆是未知参数,$(x_1, \cdots, x_n)$ 为来自 ξ 的一个样本值,求 μ 和 σ^2 的最大似然估计.

解 由(6.1)式

$$L = \prod_{i=1}^{n} \frac{1}{\sqrt{2\pi\sigma^2}} e^{-\frac{(X_i-\mu)^2}{2\sigma^2}} = \left(\frac{1}{\sqrt{2\pi}}\right)^n \left(\frac{1}{\sigma^2}\right)^{n/2} e^{-\frac{\sum_{i=1}^{n}(x_i-\mu)^2}{2\sigma^2}},$$

$$\ln L = n\ln\left(\frac{1}{\sqrt{2\pi}}\right) - \frac{n}{2}\ln\sigma^2 - \frac{1}{2\sigma^2}\sum_{i=1}^{n}(x_i-\mu)^2,$$

由(6.3)式

$$\begin{cases} \dfrac{\partial \ln L}{\partial \mu} = \dfrac{1}{\sigma^2}\sum_{i=1}^{n}(x_i-\mu) = 0, \\ \dfrac{\partial \ln L}{\partial \sigma^2} = -\dfrac{n}{2\sigma^2} + \dfrac{1}{2\sigma^4}\sum_{i=1}^{n}(x_i-\mu)^2 = 0, \end{cases}$$

解出 μ 和 σ^2,得到最大似然估计为

$$\begin{cases} \hat{\mu} = \dfrac{1}{n}\sum_{i=1}^{n} x_i = \bar{x}, \\ \hat{\sigma}^2 = \dfrac{1}{n}\sum_{i=1}^{n}(x_i-\hat{\mu})^2 = \dfrac{1}{n}\sum_{i=1}^{n}(x_i-\bar{x})^2 = s^2. \end{cases}$$

例 8 设对某种疾病进行随机检验,如果一个人得了此病,则检查结果反应是阳性的概率是 0.9,如果一个人没得此病,则检验结果呈阳性的概率仅为 0.1,设参数空间 $\Omega = \{0.1, 0.9\}$,其中 $\theta = 0.1$ 表示被检测的人未得此病,$\theta = 0.9$ 表示该人已得此病. 若对某人进行检验,试给出关于此人得此病与否的最大似然估计.

解 设 x 表示此人的检验结果,$x=1$ 表示检验结果是阳性,$x=0$ 表示检验结果是阴性,则似然函数是

$$f(x;\theta) = \theta^x (1-\theta)^{1-x},$$

显然

$$f(1;\theta) = \begin{cases} 0.1, & \text{当 } \theta = 0.1, \\ 0.9, & \text{当 } \theta = 0.9, \end{cases}$$

$$f(0;\theta) = \begin{cases} 0.9, & \text{当 } \theta = 0.1, \\ 0.1, & \text{当 } \theta = 0.9, \end{cases}$$

可见 θ 的最大似然估计是
$$\hat{\theta} = \begin{cases} 0.1, \text{对于 } x = 0, \\ 0.9, \text{对于 } x = 1. \end{cases}$$

例 9 求例 4 中 N 的最大似然估计.

解 设 $X = (X_1, \cdots, X_n)$ 为样本,则似然函数为
$$L(x; N) = \begin{cases} \dfrac{1}{N^n}, \text{当 } x_n^* \leqslant N, \\ 0, \quad \text{其他}, \end{cases}$$

故 $\hat{N} = X_{(n)}$. 对于例 4,N 的最大似然估计为 78. 显然此估计比矩估计更为合理,但它显然低估了 N 的值.

在某些场合,最大似然估计也可能不唯一,甚至不存在,我们就不去讨论了.

三、估计量的评选标准

设 $\hat{\theta}(X_1, \cdots, X_n)$ 是未知参数 θ 的估计量,它是样本的函数,是一个随机变量. 所谓 θ 的较好的估计应该是在某种意义下最接近 θ 的. 评选的标准通常有以下三种:

(1) 无偏性.

如果 $\hat{\theta}(X_1, \cdots, X_n)$ 的数学期望等于未知参数 θ,即
$$E\hat{\theta} = \theta, \tag{6.4}$$
则称 $\hat{\theta}$ 是 θ 的无偏估计.

显然,如总体 ξ 的数学期望 $E\xi = \mu$,则 $\hat{\mu} = \overline{X}$ 是 μ 的无偏估计.

例 9 设从总体 ξ 中取的样本是 $(X_1, \cdots, X_n)$,$E\xi = \mu$,$D\xi = \sigma^2$,试证样本均值 $\overline{X}$ 和样本方差 $S^2 = \dfrac{1}{n-1} \sum_{i=1}^{n} (X_i - \overline{X})^2$ 分别是 μ 和 σ^2 的无偏估计.

证 $E\overline{X} = E\left(\dfrac{1}{n} \sum_{i=1}^{n} X_i\right) = \dfrac{1}{n} \sum_{i=1}^{n} EX_i = \dfrac{1}{n} \cdot n\mu = \mu,$

$D\overline{X} = D\left(\dfrac{1}{n} \sum_{i=1}^{n} X_i\right) = \dfrac{1}{n^2} \sum_{i=1}^{n} DX_i = \dfrac{1}{n} \sigma^2,$

$ES^2 = E\left[\dfrac{1}{n-1} \sum_{i=1}^{n} (X_i - \overline{X})^2\right]$

$= \dfrac{1}{n-1} E\left\{\sum_{i=1}^{n} [(X_i - \mu) - (\overline{X} - \mu)]^2\right\}$

$$= \frac{1}{n-1}\sum_{i=1}^{n}[E(X_i-\mu)^2 - 2E(X_i-\mu)(\overline{X}-\mu) + E(\overline{X}-\mu)^2]$$

$$= \frac{1}{n-1}\sum_{i=1}^{n}\left(\sigma^2 - \frac{2}{n}\sigma^2 + \frac{1}{n}\sigma^2\right) = \frac{1}{n-1}\cdot n \cdot \frac{n-1}{n}\sigma^2 = \sigma^2.$$

应当指出,无偏性不是衡量估计量好坏的唯一标准. 例如, 设 $E\xi=\mu$,则 $EX_i=\mu, i=1,\cdots,n$,这表明, 样本中任一分量 X_i 都是 μ 的无偏估计量. 在 θ 的许多无偏估计中, 自然应以对 θ 的平均偏差较小者为好,也就是说,一个较好的估计应当有尽可能小的方差,因此我们引进点估计的另一个标准.

(2) 有效性.

设 $\hat{\theta}_1$ 和 $\hat{\theta}_2$ 都是 θ 的无偏估计,如果

$$D\hat{\theta}_1 \leqslant D\hat{\theta}_2, \tag{6.5}$$

则称 $\hat{\theta}_1$ 较 $\hat{\theta}_2$ 有效. 如果对于给定的样本容量 n,在 θ 的所有无偏估计中,$D\hat{\theta}$ 最小,则称 $\hat{\theta}$ 是 θ 的有效估计.

例如, $\overline{X}$ 和 X_i 都是 ξ 的期望 μ 的无偏估计,设 $D\xi=\sigma^2$,则

$$D\overline{X} = \frac{1}{n}\sigma^2 \leqslant \sigma^2 = DX_i,$$

故样本均值 $\overline{X}$ 较样本 $(X_1,\cdots,X_n)$ 的任一个分量 X_i 有效.

设总体 ξ 的概率密度函数为 $f(x;\theta)$,记

$$I(\theta) = \int\left[\left(\frac{\partial f(x;\theta)}{\partial \theta}\right)^2 / f(x;\theta)\right]\mathrm{d}x, \tag{6.6}$$

则在一些容易满足的条件下,对 $g(\theta)$ 的任一无偏估计 $\hat{g}=\hat{g}(X_1,\cdots,X_n)$ 有

$$D_\theta(\hat{g}) \geqslant ((g'(\theta))^2/(nI(\theta))), \tag{6.7}$$

这里 n 是样本容量, (6.7)式又称为克拉美－劳不等式. 特别地,当 $g(\theta)=\theta$ 时, (6.7)式成为

$$D_\theta(\hat{\theta}) \geqslant \frac{1}{nI(\theta)}, \tag{6.8}$$

对 θ 的任一无偏估计 $\hat{\theta}$,我们称

$$e = \frac{1/((nI(\theta)))}{D_\theta(\hat{\theta})} \tag{6.9}$$

为估计 $\hat{\theta}$ 的有效率,当 $e=1$ 时称 $\hat{\theta}$ 是 θ 的有效估计. 当总体是离散型分

布时,(6.6)式中的 $f(x;\theta)$ 是概率函数 $P_\theta(\xi=x)$,积分号换成求和号.

例 10 设总体 ξ 有二点分布,即 $P(\xi=1)=p$,$P(\xi=0)=1-p$,求 p 的矩估计,并判断其无偏性及有效性.

解 ξ 的概率函数是
$$P(x;p)=p^x(1-p)^{1-x}, x=0,1,$$
易见 p 的矩估计是 $\hat{p}=\bar{X}$,$E\hat{p}=p$,显然 $\hat{p}$ 是无偏的,$D\hat{p}=\dfrac{1}{n}p(1-p)$,则
$$I(\theta)=\sum_{X=0,1}\left[xp^{x-1}(1-p)^{1-x}-(1-x)p^x(1-p)^{-x}\right]^2/\left[p^x(1-p)^{1-x}\right]$$
$$=\frac{1}{p(1-p)},$$
$$e=\frac{1/(nI(\theta))}{Dp}=1$$
故 $\hat{p}$ 是 p 的有效估计.

例 11 设总体 $\xi\sim N(\mu,\sigma^2)$,μ,σ^2 皆未知,由(5.12)式知 S^2 是总体方差 σ^2 的无偏估计,试求 S^2 的有效率.

解 ξ 的密度函数为
$$f(x;\mu,\sigma^2)=\frac{1}{\sqrt{2\pi\sigma^2}}e^{-\frac{(x-\mu)^2}{2\sigma^2}},$$
故
$$I(\theta)=\int_{-\infty}^{\infty}\left\{\left[\frac{\partial f(x;\mu,\sigma^2)}{\partial \sigma^2}\right]^2/f(x;\mu,\sigma^2)\right\}\mathrm{d}x.$$
$$=\frac{1}{2\sigma^4}$$
而
$$DS^2=\frac{2\sigma^4}{n-1},$$
故有效率为
$$e=\frac{\dfrac{2\sigma^4}{n}}{\dfrac{2\sigma^4}{n-1}}=\frac{n-1}{n}.$$

应当指出，统计量 $\hat{\theta}(X_1,\cdots,X_n)$ 是与样本容量 n 有关的，为了明确起见，不妨记作 $\hat{\theta}_n$. 我们自然希望当 n 越大时，对 θ 的估计越精确，于是，引进点估计的第三个标准.

(3) 一致性.

如果当 $n\to\infty$ 时，$\hat{\theta}_n \xrightarrow{P} \theta$，即对任何正数 ε，有
$$\lim_{n\to\infty} P(|\hat{\theta}_n-\theta|<\varepsilon)=1, \tag{6.6}$$
则称 $\hat{\theta}_n$ 是 θ 的<u>一致估计量</u>.

例如，由切比雪夫大数定律知，
$$\lim_{n\to\infty} P(|\overline{X}-\mu|<\varepsilon)=1,$$
故样本均值 $\overline{X}$ 是总体均值 μ 的一致估计.

在很多场合，矩估计是一致估计，最大似然估计亦然.

§6.2 区间估计

用点估计来估计总体的参数，即使是无偏有效的估计量，也会由于样本的随机性，由一个样本得到的估计值不一定恰是所要估计的参数的真值.到底二者相差多少呢？换言之，我们可以给出一个用估计量表示的参数的可能值的范围及对应的概率，这就是参数的区间估计问题.具体的做法是：找出两个统计量 $\hat{\theta}_1(X_1,\cdots,X_n)$ 和 $\hat{\theta}_2(X_1,\cdots,X_n)$，使
$$P(\hat{\theta}_1<\theta<\hat{\theta}_2)=1-\alpha, \tag{6.7}$$
区间 $(\hat{\theta}_1,\hat{\theta}_2)$ 称为<u>置信区间</u>，$\hat{\theta}_1$ 和 $\hat{\theta}_2$ 分别称为<u>置信下限</u>和<u>置信上限</u>，$1-\alpha$ 叫<u>置信系数</u>，也称为<u>置信概率</u>或<u>置信度</u>.

一、单个正态总体均值的区间估计

(1) 设总体 $\xi\sim N(\mu,\sigma^2)$，μ 未知，σ^2 已知，求 μ 的置信区间.

令
$$U=\frac{\overline{X}-\mu}{\sigma/\sqrt{n}}, \tag{6.8}$$
则由定理 5.6 的推论知 $U\sim N(0,1)$，对给定的 α，可由附表查得 $u_{\alpha/2}$，使
$$P(U\geqslant u_{\alpha/2})=\frac{1}{\sqrt{2\pi}}\int_{u_{\alpha/2}}^{+\infty} e^{-\frac{x^2}{2}}\,\mathrm{d}x=\alpha/2,$$

由标准正态分布的密度函数的对称性,我们有(参看图 6.1).
$$P(|U|<u_{\alpha/2})=1-\alpha,$$
即
$$P\left(\frac{|\overline{X}-\mu|}{\sigma/\sqrt{n}}<u_{\alpha/2}\right)=1-\alpha,$$
亦即
$$P(\overline{X}-u_{\alpha/2}\cdot\sigma/\sqrt{n}<\mu<\overline{X}+u_{\alpha/2}\cdot\sigma/\sqrt{n})=1-\alpha.$$
此式表明 μ 的置信系数是 $1-\alpha$ 的置信区间为
$$(\overline{X}-u_{\alpha/2}\cdot\sigma/\sqrt{n},\overline{X}+u_{\alpha/2}\cdot\sigma/\sqrt{n}). \tag{6.9}$$

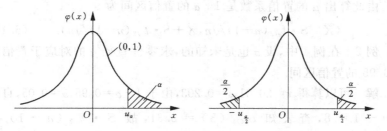

图 6.1

例 1 从一批零件中,抽取 9 个零件,测得其直径(单位:mm)为:
  19.7, 20.1, 19.8, 19.9, 20.2, 20.0, 19.0, 20.2, 20.3,
设零件直径服从正态分布 $N(\mu,\sigma^2)$,且已知 $\sigma=0.21\text{(mm)}$,求这批零件直径的对应于置信系数为 0.95 和 0.99 的置信区间.

解 由这批数据可以算得
$$\overline{x}=20.01,$$
对 $1-\alpha=0.95$,得到 $\alpha=0.05$,从附表查得 $U_{0.025}=1.96$,$u_{\alpha/2}\sigma/\sqrt{n}=1.96\times0.21/\sqrt{9}=0.14$,故按(6.9)式,$\mu$ 的置信度为 0.95 的置信区间是
$$(20.01-0.14, 20.01+0.14)=(19.87, 20.15).$$
类似地,对 $1-\alpha=0.99$,$\alpha=0.01$,$u_{0.005}=2.58$,$u_{\alpha/2}\sigma/\sqrt{n}=2.58\times0.21/\sqrt{9}=0.18$,从而 μ 的置信度为 0.99 的置信区间为 $(19.83, 20.19)$.

从此例我们可以看出,当样本容量 n 一定时,对应于较大的置信概率,求出的置信区间也较长,这样,估计的精确度就降低,这表明区间估

计和置信概率有密切的关系.

(2)设总体 $\xi \sim N(\mu, \sigma^2)$，$\mu, \sigma^2$ 皆未知，求 μ 的置信区间.

由于 σ^2 未知，我们用 σ^2 的无偏估计 S^2 来代替 σ^2，与(6.8)式类似，令

$$T = \frac{\overline{X} - \mu}{S/\sqrt{n}}, \tag{6.10}$$

由定理5.5的推论1知 $T \sim t(n-1)$，完全与"(1)"类似，可由附表查出 $t_{\alpha/2}(n-1)$，满足

$$P(|T| < t_{\alpha/2}(n-1)) = 1 - \alpha,$$

由此算出 μ 的置信系数是 $1-\alpha$ 的置信区间为

$$(\overline{X} - S \cdot t_{\alpha/2}(n-1)/\sqrt{n}, \overline{X} + S \cdot t_{\alpha/2}(n-1)/\sqrt{n}). \tag{6.11}$$

例2 在例1中，设 σ 也是未知的，求零件直径 μ 的对应于置信概率0.95的置信区间.

解 可以算得 $\overline{x} = 20.01, s = 0.203$，由于 $1-\alpha = 0.95, \alpha = 0.05$，自由度 $n-1 = 8$，查表知 $t_{0.025}(8) = 2.31$，故 $S \cdot t_{\alpha/2}(n-1)/\sqrt{n} = 0.203 \times 2.31/\sqrt{9} = 0.16$，依公式(6.11)算得置信区间为

$$19.85 < \mu < 20.17.$$

若(6.7)式中的 $\hat{\theta}_1$ 取 $-\infty$ 或 $\hat{\theta}_2$ 取 $+\infty$ 时就是单侧置信区间，比方说，$\hat{\theta}_2$ 取 $+\infty$，则

$$P\left(\frac{\sqrt{n}(\overline{x} - \mu)}{s} < t_\alpha(n-1)\right) = 1 - \alpha,$$

故 μ 的置信系数是 $1-\alpha$ 的上侧置信区间为 $(-t_\alpha(n-1)s/\sqrt{n}, +\infty)$，类似的可以得到 μ 的置信系数是 $1-\alpha$ 的下侧置信区间为 $(-\infty, t_\alpha(n-1)s/\sqrt{n})$.

例3 假设轮胎的寿命服从正态分布。为估计某种轮胎的平均寿命，现随机地抽12只轮胎试用，测得它们的寿命(单位:万公里)如下：

4.68　4.85　4.32　4.85　4.61　5.02　5.20　4.60　4.58
4.72　4.38　4.70

试求该种轮胎的平均寿命的95%的上侧置信区间。

解 经计算：$\overline{x} = 4.709, s^2 = 0.061$，查表知 $t_{0.05}(11) = 1.7959$，于是可得 μ 的95%的上侧置信区间为

$$(4.5806, +\infty).$$

二、单个正态总体方差和标准差的区间估计

设总体 $\xi \sim N(\mu, \sigma^2)$，$\mu, \sigma^2$ 皆未知，求 σ^2 的置信区间.
令

$$\chi^2 = \frac{1}{\sigma^2} \sum_{i=1}^{n}(X_i - \overline{X})^2 = \frac{(n-1)S^2}{\sigma^2}, \qquad (6.12)$$

由定理 5.5 知 $\chi^2 \sim \chi^2(n-1)$，选取 $(\chi^2_{1-\alpha/2}(n-1), \chi^2_{\alpha/2}(n-1))$（见图 6.2）使得

$$P(\chi^2 \geqslant \chi^2_{1-\alpha/2}(n-1)) = 1 - \alpha/2, P(\chi^2 \geqslant \chi^2_{\alpha/2}(n-1)) = \alpha/2,$$

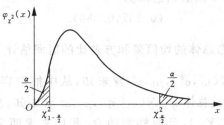

图 6.2

则有

$$P(\chi^2_{1-\alpha/2}(n-1) < \chi^2 < \chi^2_{\alpha/2}(n-1)) = 1 - \alpha,$$

即

$$P\left(\chi^2_{1-\alpha/2}(n-1) < \frac{1}{\sigma^2}\sum_{i=1}^{n}(X_i - \overline{X})^2 < \chi^2_{\alpha/2}(n-1)\right) = 1 - \alpha,$$

由此算得，对应于置信系数 $1-\alpha$，总体方差 σ^2 的置信区间为

$$\left(\frac{\sum_{i=1}^{n}(X_i - \overline{X})^2}{\chi^2_{\alpha/2}(n-1)}, \frac{\sum_{i=1}^{n}(X_i - \overline{X})^2}{\chi^2_{1-\alpha/2}(n-1)}\right), \qquad (6.13)$$

从而总体标准差 σ 的 $1-\alpha$ 的置信区间为

$$\left(\sqrt{\frac{\sum_{i=1}^{n}(X_i - \overline{X})^2}{\chi^2_{\alpha/2}(n-1)}}, \sqrt{\frac{\sum_{i=1}^{n}(X_i - \overline{X})^2}{\chi^2_{1-\alpha/2}(n-1)}}\right). \qquad (6.14)$$

例 4 在上面的例 1 中，设 μ 和 σ^2 都是未知的，求零件直径方差 σ^2 和标准差 σ 的对应于置信系数 0.95 的置信区间.

解 在例 2 中,我们已算得 $s=0.203$,而 $\sum_{i=1}^{n}(x_i-\bar{x})^2=(n-1)s$,故 $\sum_{i=1}^{n}(x_i-\bar{x})^2=8\times 0.203^2=0.33$,由附表查出 $\chi_{0.975}^2(8)=2.18$,$\chi_{0.025}^2(8)=17.5$,按公式(6.13)得方差 σ^2 的置信区间为

$$\left(\frac{0.33}{17.5},<\frac{0.33}{2.18}\right),$$

即

$$(0.0188,<0.1507),$$

而标准差 σ 的 0.95 的置信区间为

$$(0.137,0.388).$$

三、两个正态总体的均值差和方差比的区间估计

设总体 $\xi\sim N(\mu_1,\sigma_1^2)$,$\mu_1$,$\sigma_1^2$ 皆未知,从中抽取容量为 n_1 的样本 $(X_1,\cdots,X_{n_1})$. 又设总体 $\eta\sim N(\mu_2,\sigma_2^2)$,$\mu_2$,$\sigma_2^2$ 皆未知,从中抽取容量为 n_2 的样本 $(Y_1,\cdots,Y_{n_2})$,且两样本独立. 我们来求两个总体的均值差 $\mu_1-\mu_2$ 和方差比 σ_1^2/σ_2^2 的置信区间.

1. 两个正态总体均值差的区间估计

设 $\sigma_1^2=\sigma_2^2=\sigma^2$,但 σ^2 未知,令

$$T=\frac{\bar{X}-\bar{Y}-(\mu_1-\mu_2)}{S_\omega\cdot\sqrt{\frac{1}{n_1}+\frac{1}{n_2}}}, \tag{6.15}$$

其中 $\bar{X}$,$\bar{Y}$,S_ω 的定义和定理 5.6 的推论 2 中给出的相同,则由该推论知

$$T\sim t(n_1+n_2-2),$$

从而

$$P(|T|<t_{\alpha/2}(n_1+n_2-2))=1-\alpha, \tag{6.16}$$

由(6.15),(6.16)式可以算出,对于置信系数 $1-\alpha$,$\mu_1-\mu_2$ 的置信区间为

$$(\bar{X}-\bar{Y}-t_{\alpha/2}(n_1+n_2-2)\cdot S_\omega\sqrt{\frac{1}{n_1}+\frac{1}{n_2}},\bar{X}-\bar{Y}+t_{\alpha/2}(n_1+n_2-2)S_\omega\cdot\sqrt{\frac{1}{n_1}+\frac{1}{n_2}}).$$
$$\tag{6.17}$$

例 5 两台机床生产同一型号的滚珠,从甲机床生产的滚珠中抽取 8 个,从乙机床生产的滚珠中抽取 9 个,测得这些滚珠的直径(单位:mm)如下:

甲：15.0,14.8,15.2,15.4,14.9,15.1,15.2,14.8；
乙：15.2,15.0,14.8,15.1,15.0,14.6,14.8,15.1,14.5.
设两台机床生产的滚珠直径服从正态分布,且方差是相等的,求甲机床生产的滚珠直径的均值与乙机床生产的滚珠直径的均值的差的置信系数是 0.90 的置信区间.

解 首先,按公式(5.17)算出

$$S_\omega = \sqrt{\frac{7 \times 0.0457 + 8 \times 0.0575}{8 + 9 - 2}} = 0.228,$$

对 $1-\alpha = 0.90$,自由度 $= 8+9-2 = 15$,查附表得 $t_{0.05}(15) = 1.753$,算出

$$t_{\alpha/2}(n_1 + n_2 - 2) \cdot S_\omega \sqrt{\frac{1}{n_1} + \frac{1}{n_2}} = 1.753 \times 0.228 \cdot \sqrt{\frac{1}{8} + \frac{1}{9}} = 0.194,$$

按公式(6.17),所求置信区间为

$$(-0.044, <0.344).$$

2. 两个正态总体方差比的区间估计

总体 $\xi \sim N(\mu_1, \sigma_1^2)$,$\eta \sim N(\mu_2, \sigma_2^2)$,$\mu_1, \mu_2, \sigma_1^2, \sigma_2^2$ 皆未知,求 σ_1^2/σ_2^2 的置信区间.

由定理 5.6 的推论 3 知

$$F = \frac{S_1^2/\sigma_1^2}{S_2^2/\sigma_2^2} \tag{6.18}$$

服从自由度为 $(n_1-1, n_2-1) \triangleq (k_1, k_2)$ 的 F 分布,与单个正态总体的方差的区间估计类似,我们有

$$P(F_{1-\alpha/2}(k_1, k_2) < F < F_{\alpha/2}(k_1, k_2)) = 1-\alpha,$$

即

$$P\left(F_{1-\alpha/2}(k_1, k_2) < \frac{S_1^2/\sigma_1^2}{S_2^2/\sigma_2^2} < F_{\alpha/2}(k_1, k_2)\right) = 1-\alpha,$$

此式表明

$$P\left(\frac{S_1^2}{F_{\alpha/2}(k_1, k_2) \cdot S_2^2} < \frac{\sigma_1^2}{\sigma_2^2} < \frac{S_1^2}{F_{1-\alpha/2}(k_1, k_2) \cdot S_2^2}\right) = 1-\alpha,$$

即 $\frac{\sigma_1^2}{\sigma_2^2}$ 的置信系数为 $1-\alpha$ 的置信区间为

$$\left(\frac{S_1^2}{F_{\alpha/2}(n_1-1, n_2-1) \cdot S_2^2}, \frac{S_1^2}{F_{1-\alpha/2}(n_1-1, n_2-1) \cdot S_2^2}\right). \tag{6.19}$$

例 6 在例 6 中,求两台机床生产的滚珠直径的方差比 $\frac{\sigma_1^2}{\sigma_2^2}$ 的置信

系数为 0.90 的置信区间.

解 $S_1^2 = 0.0457, S_2^2 = 0.0575$,

对于 $1-\alpha = 0.90$,自由度 $=(n_1-1, n_2-1)=(7,8)$,查得

$$F_{0.05}(7,8)=3.50, F_{0.95}(7,8)=\frac{1}{F_{0.05}(8,7)}=0.268,$$

故所求的置信区间为

$$(\frac{0.0457}{3.50 \times 0.0575}, \frac{0.0457}{0.268 \times 0.0575}),$$

即

$$(0.227 < \frac{\sigma_1^2}{\sigma_2^2} < 2.966).$$

四、置信区间的长度

给定样本容量 n 和置信系数 $1-\alpha$,置信区间的长度越小越好,在实践中常常是对置信区间的长度提出要求,求样本容量.

例 7 设总体 $\xi \sim N(\mu, \sigma^2)$, σ^2 已知,μ 未知,考察 μ 的置信区间,设置信系数是 $1-\alpha$,要求置信区间的长度不大于 L,样本容量 n 最小应为多少?

解 置信系数是 $1-\alpha$ 的置信区间为

$$(\bar{X} - u_{\alpha/2}\sigma/\sqrt{n}, \bar{X} + u_{\alpha/2}\sigma/\sqrt{n}),$$

置信区间长度为 $2u_{\alpha/2}\sigma/\sqrt{n}$,要使其不大于 L,即

$$n \geq (\frac{2u_{\alpha/2}\sigma}{L})^2.$$

习题 6

1. 证明在样本的一切线性组合中,$\bar{X}$ 是总体期望值的无偏估计中有效的估计量.

2. 灯泡厂从某日生产的一批灯泡中抽取 10 个灯泡进行寿命试验,得到灯泡寿命(单位:h)数据如下:

   1050, 1100, 1080, 1120, 1200, 1250, 1040, 1130, 1300, 1200,

   求该日生产的灯泡的平均寿命及寿命的方差的无偏估计量.

3. 设总体 ξ 服从 $[a,b]$ 上的均匀分布,a,b 均未知,$b>a$,$(X_1, \cdots, X_n)$ 为其样本,试求 a,b 的矩估计量.

4. 设总体 X 的密度函数为

$$f(x;\theta)=\begin{cases}e^{-(x-\theta)}, & x\geqslant\theta;\\ 0, & \text{其他},\end{cases}$$

其中,θ 是未知参数,$-\infty<\theta<+\infty$,$(X_1,\cdots,X_n)$ 为取自 X 的样本,试求 θ 的矩估计量和最大似然估计量.

5. 设总体 ξ 服从几何分布,即

$$P(\xi=x)=p(1-p)^{x-1}, \quad x=1,2,3,\cdots,$$

$(X_1,\cdots,X_n)$ 为取自 ξ 的样本,求未知参数 p 的最大似然估计量.

6. 设总体 ξ 的密度函数如下:

$$\varphi(x;\theta)=\begin{cases}\theta e^{-\theta x}, & x\geqslant 0;\\ 0, & x<0,\end{cases}$$

其中,θ 大于 0 是未知参数,从 ξ 抽得一个样本,样本值为

   1050,1100,1080,1200,1300,1250,1340,1060,1150,1150,

试用最大似然法估计 θ.

7. 一个车间生产滚珠,从某天的产品里随机抽取 5 个,量得直径如下(单位:mm):

   14.6,15.1,14.9,15.2,15.1,

如果知道该产品的直径的方差是 0.05mm^2,试找出平均直径的置信度为 95% 的置信区间.

8. 设某种二极管的使用寿命服从正态分布,从中随机抽取 15 个进行检验,测得平均使用寿命为 1950h,修正的样本标准差 S 为 300h,以 95% 的可靠性估计这批电子管平均使用寿命的置信区间.

9. 已知某种果树产量服从正态分布,随机抽取 6 棵测出其产量为(单位:kg):

   221,191,202,205,256,236

求此种果树的平均产量的 95% 的置信区间.

10. 已知某种木材横纹抗压力服从正态分布,对 10 个试件作横纹抗压试验得数据如下(单位:kg/cm^2):

    482,493,457,471,510,446,435,418,394,469,

试求出该木材平均横纹抗压力的 95% 的置信区间及方差 90% 的置信区间.

11. 设总体 ξ 服从正态分布 $N(\mu,\sigma_0^2)$,其中,σ_0 为已知数,对给定的样本容量 n,求 σ^2 的置信概率为 $1-\alpha$ 的置信区间的平均长度.

12. 两批导线,从第一批中抽取 4 根,从第二批中抽取 5 根,测得其电阻(欧姆)如下:

    第一批导线:0.143,0.142,0.143,0.137;

    第二批导线:0.140,0.142,0.136,0.138,0.140.

设这两批导线的电阻分别服从正态分布 $N(\mu_1,\sigma_1^2)$ 及 $N(\mu_2,\sigma_2^2)$,其中,μ_1,μ_2 及 σ_1

σ_2 都是未知参数. 求这两批导线电阻的均值差 $\mu_1-\mu_2$（假定 $\sigma_1^2=\sigma_2^2$ 时）和方差比 σ_1^2/σ_2^2 的对应于置信概率 0.95 的置信区间.

13. 设总体 $\xi\sim N(\mu,9)$，$(X_1,\cdots,X_n)$ 为其样本，欲使 μ 的 $1-\alpha$ 的置信区间的长度 Δ 不超过 2. 问在以下两种情况样本容量 n 至少应取多少：

(1) $\alpha=0.1$ 时；

(2) $\alpha=0.01$ 时.

14. 设 $(X_1,\cdots,X_n)$ 是来自总体 ξ 的样本，$E\xi=\mu$，$D\xi=\sigma^2$，$\mu\neq 0$，$\sigma^2>0$，试证

$$\hat{\mu}=\frac{2}{n(n+1)}\sum_{k=1}^{n}kX_k$$

是 μ 的无偏估计量和一致估计量.

15. 证明：如果已知总体 ξ 的均值 μ，则总体方差的无偏估计量为

$$\hat{\sigma}^2=\frac{1}{n}\sum_{i=1}^{n}(X_i-\mu)^2,$$

其中，$X_1,\cdots,X_n$ 是样本.

16*. 设样本为 $X_1,\cdots,X_n$，为了估计总体 ξ 的方差，我们利用下面的估计量

$$\hat{\sigma}^2=k\sum_{i=1}^{n-1}(X_{i+1}-X_i)^2$$

来估计总体方差 σ^2. 试求 k 的值，使 $\hat{\sigma}^2$ 是 σ^2 的无偏估计.

17*. 设总体 $\xi\sim N(\mu,\sigma^2)$，μ 已知，$X_1,\cdots,X_n$ 为样本，求方差 σ^2 的最大似然估计.

18*. 设总体 ξ 服从 Laplace 分布，其密度为

$$\varphi(x;\theta)=\frac{1}{2\theta}e^{-\frac{|x|}{\theta}},\quad -\infty<x<+\infty,$$

其中，$\theta>0$，$X_1,\cdots,X_n$ 为样本. 求 θ 的最大似然估计.

19. 设总体 ξ 的均值 μ 未知，(X_1,X_2,X_3) 是取自总体的样本，试证：

(1) $\hat{\mu}_1=\frac{2}{5}X_1+\frac{1}{5}X_2+\frac{2}{5}X_3$，

$\hat{\mu}_2=\frac{1}{6}X_1+\frac{1}{3}X_2+\frac{1}{2}X_3$，

$\hat{\mu}_3=\frac{1}{7}X_1+\frac{3}{14}X_2+\frac{9}{14}X_3$

都是 μ 的无偏估计量；

(2) 比较 $\hat{\mu}_1,\hat{\mu}_2,\hat{\mu}_3$ 的有效性.

20*. 设 $\hat{\theta}$ 是参数 θ 的无偏估计量，且有 $D\hat{\theta}>0$. 试证：用 $(\hat{\theta})^2$ 估计 θ^2 不是无偏的.

21. 设总体 $\xi\sim N(\mu,\sigma^2)$，$(X_1,\cdots,X_n)$ 是取自总体的样本. 试证：

$$S^2=\frac{1}{n-1}\sum_{i=1}^{n}(X_i-\overline{X})^2$$

是 σ^2 的一致估计量.

22. 设总体 ξ 有密度

$$p(x;\theta_1,\theta_2) = \begin{cases} \dfrac{1}{\theta_2}\exp\left\{-\dfrac{x-\theta_1}{\theta_2}\right\}, & \theta_1 < x < \infty; \\ 0, & \text{其他}, \end{cases}$$

其中,θ_1,θ_2 为未知参数,$\theta_2 > 0$. $X_1,\cdots,X_n$ 为样本.试求 θ_1,θ_2 的矩估计.

23*. 设总体分布密度为

$$p(x;\theta_1,\theta_2) = \begin{cases} \dfrac{1}{\theta_2}\exp\left\{-\dfrac{x-\theta_1}{\theta_2}\right\}, & \theta_1 < x < \infty; \\ 0, & \text{其他}, \end{cases}$$

其中,$-\infty < \theta_1 < +\infty, 0 < \theta_2 < +\infty, X_1,\cdots,X_n$ 是样本.求 θ_1,θ_2 的最大似然估计.

24*. 设 $(X_1,\cdots,X_n)$ 为来自对数正态分布总体 ξ 的样本,即 $\ln\xi$ 服从 $N(\mu,\sigma^2)$,$-\infty<\mu<+\infty,\sigma^2>0$ 是未知参数.试求 $E\xi$ 和 $D\xi$ 的最大似然估计.

25. 设 X 有密度函数

$$\varphi(x;\lambda) = \begin{cases} \dfrac{1}{\lambda}e^{-x/\lambda} & x>0; \\ 0, & x\leqslant 0, \end{cases}$$

$(X_1,\cdots,X_n)$ 是来自 X 的样本,$\overline{X} = \dfrac{1}{n}\sum_{i=1}^{n}X_i$,用 $\overline{X}$ 和 X_1 估计 λ.

(1) 验证 $\overline{X}$ 和 X_1 都是 λ 的无偏估计量;

(2) 比较 $\overline{X}$ 和 X_1 的有效性.

26*. 设 $X_1,\cdots,X_n$ 是取自正态总体 $N(\mu,\sigma^2)$ 的样本,σ^2 已知,μ 未知,试证在 μ 的形如 $\left(\overline{X}-u_{\alpha_1}\dfrac{\sigma}{\sqrt{n}}, \overline{X}+u_{\alpha_2}\dfrac{\sigma}{\sqrt{n}}\right)$ 的置信区间中,对置信系数为 $1-\alpha(\alpha = \alpha_1 + \alpha_2)$ 而言,当 $\alpha_1 = \alpha_2 = \alpha/2$ 时置信区间长度最短.

27. 设总体 $\xi \sim U(0,\theta)$,X_1,X_2,X_3 为取自 ξ 的样本,试证

$$\hat{\theta}_1 = \dfrac{4}{3}X_{(3)}, \hat{\theta}_2 = 4X_{(1)}$$

都是 θ 的无偏估计,并考察哪一个更有效?

28. 设 $X_1,\cdots,X_n$ 是取自 ξ 的一个样本,ξ 有密度函数

$$f(x) = \begin{cases} \dfrac{1}{\theta}e^{-x/\theta}, & x \geqslant 0, \\ 0, & \text{其他}, \end{cases}$$

证明 $\overline{X}$ 是 θ 的无偏、一致、有效估计.

29*. 设总体 ξ 服从 $\Gamma(\alpha,\theta)$,其中 α 为已知常数,设 $X_1,\cdots,X_n$ 为取自这一总体的一个样本,设 $g(\theta) = \dfrac{1}{\theta}$,试证 $\overline{X}/\alpha$ 为 $g(\theta)$ 的无偏、有效估计.

第 7 章

假设检验

统计假设检验是统计推断的核心内容之一. 数理统计中称有关总体分布的论断为统计假设. 统计假设检验就是根据来自总体的样本来判断统计假设是否成立. 统计假设检验在理论研究和实际应用上都占有重要地位. 假设检验也可区分为参数假设检验与非参数假设检验两大类,参数假设检验又可区分为单参数假设检验与多参数假设检验. 本书重点讨论单参数假设检验.

本章主要介绍统计假设检验的基本概念和基本思想,正态总体参数的统计假设的显著性检验方法,并简要介绍非正态总体参数的假设检验和关于分布律的统计假设检验问题.

§7.1 假设检验的基本概念

一、显著性检验

任何一个有关随机变量分布的假设称为统计假设或简称假设. 一个仅牵涉到随机变量分布中未知参数的假设称为参数假设. 对一个样本进行考察,从而决定它能否合理地被认为与假设相符,这一过程叫做假设检验.

例 1 抛掷一枚硬币 100 次,"正面"出现了 40 次,问这枚硬币是否匀称?

解 若用随机变量 ξ 描述抛掷一枚硬币的试验,"$\xi=1$"和"$\xi=0$"分别表示"出现正面"和"出现反面",设 $p=P(\xi=1)$,此例就是要检验下面的假设:

$$H_0: p = \frac{1}{2},$$

称此假设为<u>零假设</u>或<u>原假设</u>,为了检验该假设是否成立,通常取总体 ξ 的一个样本 $(X_1, \cdots, X_n)$,然后根据样本提供的信息,判断上述假设是否成立. 判断的结果或者是接受该假设,或者是认为该假设不成立,如果出现后一种情况,则将另一种情况

$$H_1: p \neq \frac{1}{2}$$

作为备择用,称为原假设的<u>备择假设</u>或<u>对立假设</u>. 上述假设检验问题常简记为:

$$H_0: p = \frac{1}{2} \longleftrightarrow H_1: p \neq \frac{1}{2}.$$

例 2 从某地区 2002 年的新生儿中随机地抽取 20 个,测得其平均体重为 3 160g,样本标准差为 300g,而根据过去的统计资料,新生儿平均体重为 3140g. 设新生儿体重服从正态分布. 问 2002 年的新生儿体重与过去有无显著差异?

解 这里新生儿体重 $\xi \sim N(\mu, \sigma^2)$,要检验的假设为

$$H_0: \mu = \mu_0 = 3140 \longleftrightarrow H_1: \mu \neq \mu_0,$$

现在样本均值 $\overline{X} = 3160$,样本标准差 $S = 300$,能不能认为 H_0 是成立的?

如果 H_0 成立,即 $\mu = \mu_0 = 3140$,设样本为 $(X_1, \cdots, X_n)$,那么由定理 5.6 的推论知

$$T = \frac{\overline{X} - \mu_0}{S/\sqrt{n}} \sim t(n-1),$$

如果取 $\alpha = 0.01, P(|T| \geq t_{0.005}(n-1)) = \alpha = 0.01$. 如果 $|T|$ 的观察值 $|t| \geq t_{0.005}(n-1)$,则表明小概率事件 $\{T \geq t_{0.005}(n-1)\}$ 发生了,而根据小概率事件的实际不可能原理,即在一次试验中小概率事件通常是不发生的,可以认为 H_0 这一假设是不合理的. 反之,如果 $|t| < t_{0.005}(n-1)$,则没有充分的理由拒绝 H_0,从而接受 H_0. 这就是显著性检验. 对于本例,$n = 20, t_{0.005}(19) = 2.861$,而

$$t = \frac{\overline{x} - 3140}{S/\sqrt{20}} = \frac{3160 - 3140}{300/\sqrt{20}} \doteq 0.298,$$

即 $|t| = 0.298 < 2.861 = t_{0.005}(19)$,故不能拒绝 H_0,即认为 2002 年该地区新生儿体重与过去没有显著差异.

二、两类错误

如前所说,显著性检验是根据小概率事件的实际不可能原理进行判断的,然而,由于小概率事件即使其概率很小,还是可能发生的,因此利用上述方法进行假设检验,仍有可能作出错误的判断,有下述两种情况:

(1)原假设 H_0 实际上是正确的,但检验的结果却错误地拒绝了它,这是犯了"弃真"错误,通常称为<u>第一类错误</u>.我们通常为犯第一类错误的概率确定一个上限 α,这就是检验的显著性水平.

(2)原假设 H_0 实际上是不正确的,但检验的结果是我们错误地接受了它,这是犯了"纳伪"的错误,通常称为<u>第二类错误</u>.

自然,人们希望犯这两类错误的概率越小越好.但对于一定的样本容量 n,一般说来,不能同时减少犯这两类错误的概率,往往是先固定"犯第一类错误"的概率的上限 α,再选择"犯第二类错误"的概率较小的检验.

§7.2 单个正态总体的假设检验

设总体 $\xi \sim N(\mu, \sigma^2)$,我们将通过具体例子,给出检验规则.

例1 根据长期经验和资料的分析,某砖瓦厂生产的砖的"抗断强度"ξ 服从正态分布,方差 $\sigma^2=1.21$,从该厂产品中随机抽取 6 块,测得抗断强度如下(单位: kg/cm^2):

$$32.56, 29.66, 31.64, 30.00, 31.87, 31.03$$

检验这批砖的平均抗断强度为 $32.50 kg/cm^2$ 是否成立($\alpha=0.05$).

解 检验问题是:
$$H_0: \mu=32.50 \longleftrightarrow H_1: \mu \neq 32.50,$$

如果 H_0 是正确的,即样本 $(X_1, \cdots, X_6)$ 来自正态总体 $N(32.50, 1.1^2)$,由定理5.5的推论(2),有

$$U=\frac{\overline{X}-32.50}{1.1/\sqrt{6}} \sim N(0,1),$$

对给定的 $\alpha=0.05, u_{\alpha/2}=u_{0.025}=1.96$,使得

$$P(|U| \geqslant u_{\alpha/2})=\alpha,$$

故可取 $u_{0.025}=1.96$ 为临界值,即当 $|U|$ 的观察值 $|u| \geqslant 1.96$ 时就拒绝

H_0,否则就接受 H_0,称 $\{|u| \geq u_{\alpha/2}\}$ 为**拒绝域**.本例中,

$$|u| = \left|\frac{31.13-32.50}{1.1/\sqrt{6}}\right| \doteq 3.05 > 1.96,$$

故可下结论拒绝 H_0,即不能认为这批产品的平均抗断强度是 32.50kg/cm^2.

例2 假定某厂生产一种钢索,它的断裂强度 ξ(单位:kg/cm^2)服从正态分布 $N(\mu,\sigma^2)$,μ 和 σ^2 皆是未知的.从该厂生产的钢索中选取一个容量为 9 的样本,得到 $\bar{x}=780\text{kg/cm}^2$,$S=40\text{kg/cm}^2$,能否认为这批钢索的断裂强度为 $800\text{kg/cm}^2 (\alpha=0.05)$?

解 检验的问题是:

$$H_0: \mu = 800 \longleftrightarrow H_1: \mu \neq 800,$$

由于 σ^2 未知,故不能像例1那样考察统计量 U,自然想到用 σ^2 的无偏估计 $S^2 = \frac{1}{n-1}\sum_{i=1}^{n}(X_i-\bar{X})^2$ 代替 σ^2,令

$$T = \frac{\bar{X}-800}{S/\sqrt{9}},$$

则由定理 5.6 的推论 1 知道,当 H_0 成立时,$T \sim t(8)$.对 $\alpha = 0.05$,查得 $t_{\alpha/2}(n-1) = t_{0.025}(8) = 2.306$,即

$$P_{H_0}(|T| \geq t_{\alpha/2}(n-1)) = P_{H_0}(|T| \geq 2.306) = 0.05,$$

$t_{\alpha/2}(n-1)$ 即为临界值.本例中 $|T|$ 的观察值

$$|t| = \left|\frac{780-800}{40/\sqrt{9}}\right| = 1.5 < 2.306,$$

故不能拒绝 H_0,即接受 H_0,可以认为这批钢索的断裂强度为 800kg/cm^2.本例的拒绝域为

$$\{|t| > t_{\alpha/2}(n-1)\}.$$

例3 某炼铁厂的铁水含碳量 ξ 服从正态分布,在正常情况下,其方差为 0.108^2.现对操作工艺作了某些变化,从中抽得 5 炉铁水测得含碳量如下:

$$4.421, 4.052, 4.357, 4.287, 4.683,$$

据此可否认为新工艺炼出的铁水含碳量的方差仍为 $0.108^2 (\alpha=0.05)$?

解 检验问题是:

$$H_0: \sigma^2 = 0.108^2 \longleftrightarrow H_1: \sigma^2 \neq 0.108^2,$$

令

$$\chi^2 = \frac{(n-1)S^2}{\sigma_0^2} = \frac{(n-1)S^2}{0.108^2},$$

当 H_0 成立时,由定理 5.6 知 $\chi^2 \sim \chi^2(n-1)$,对于给定的水平 $\alpha=0.05$,可确定临界值 $\chi^2_{1-\alpha/2}(n-1)$ 和 $\chi^2_{\alpha/2}(n-1)$,即

$$P_{H_0}(\chi^2 \leqslant \chi^2_{1-\alpha/2}(n-1) \text{ 或 } \chi^2 \geqslant \chi^2_{\alpha/2}(n-1)) = \alpha,$$

因此,若 $\chi^2 \leqslant \chi^2_{1-\alpha/2}(n-1)$ 或 $\chi^2 \geqslant \chi^2_{\alpha/2}(n-1)$ 就拒绝 H_0,否则就接受 H_0. 可查出

$$\chi^2_{0.975}(4) = 0.484, \quad \chi^2_{0.025}(4) = 11.1,$$

而 $\chi^2 = \frac{4 \times 0.228^2}{0.108^2} = 17.827 > 11.1$,故应拒绝 H_0,即不能认为方差是 0.018^2.

例 4 机器包装食盐,假设每袋盐的净重服从正态分布,每袋标准重量是 500g,标准差不能超过 10g. 某天开工后,为检查机器工作是否正常,从装好的食盐中随机抽取 9 袋,测得其净重为(单位:g):

497,507,510,475,484,488,524,591,515,

问这天包装机工作是否正常($\alpha=0.05$)?

解 设 ξ 为一袋食盐的净重,$\xi \sim N(\mu, \sigma^2)$. 依题意,需检验的问题是:

(1) $H_0: \mu=500 \longleftrightarrow H_1: \mu \neq 500$;(2) $H_0': \sigma^2 \leqslant 10^2 \longleftrightarrow H_1': \sigma^2 > 10^2$.

对于(1),已在例 2 中介绍过,计算得

$$|t| = \left| \frac{\overline{X}-500}{S/\sqrt{n}} \right| = 0.187 < 2.306 = t_{0.025}(8),$$

故接受 H_0,认为每袋食盐的净重为 500g,即机器未产生系统误差.

对于(2),$H_0': \sigma^2 \leqslant 10^2 \longleftrightarrow H_1': \sigma^2 > 10^2$,令

$$\chi^2 = \frac{(n-1)S^2}{10^2},$$

注意到当 H_0' 成立时

$$\frac{(n-1)S^2}{10^2} \leqslant \frac{(n-1)S^2}{\sigma^2},$$

而 $\frac{(n-1)S^2}{\sigma^2} \sim \chi^2(n-1)$,故

$$P_{H_0'}\left(\frac{(n-1)S^2}{10^2} \geqslant \chi^2_\alpha(n-1) \right) \leqslant P\left(\frac{(n-1)S^2}{\sigma^2} \geqslant \chi^2_\alpha(n-1) \right) = \alpha,$$

这表明当 H_0' 成立时，$\chi^2 \geqslant \chi_\alpha^2(n-1)$ 是一个概率比 α 还小的"小概率事件"，故可取拒绝域为

$$\{\chi^2 \geqslant \chi_\alpha^2(n-1)\},$$

对 $\alpha = 0.05$，查得 $\chi_{0.05}^2(8) = 15.5$，而

$$\chi^2 = \frac{8 \times 16.03^2}{10^2} = 20.56 > 15.5,$$

故拒绝 H_0'，认为其标准差超过 10，表明该天包装机工作不够稳定，即不正常.

我们将上面几个例子的结果，总结如下：

设总体 $\xi \sim N(\mu, \sigma^2)$，$(X_1, \cdots, X_n)$ 为来自 ξ 的样本，$\overline{X} = \frac{1}{n}\sum_{i=1}^{n} X_i$，$S^2 = \frac{1}{n-1}\sum_{i=1}^{n}(X_i - \overline{X})^2$，则一些常见的检验问题的检验方法如表 7.1 所示.

表 7.1 单个正态总体的检验

条件	原假设 H_0	备择假设 H_1	统计量及其分布	在显著性水平 α 下的关于 H_0 的拒绝域
σ^2 已知	$\mu = \mu_0$	$\mu \neq \mu_0$	$u = \dfrac{\overline{X} - \mu_0}{\sigma/\sqrt{n}}$	$|u| \geqslant u_{\alpha/2}$
σ^2 未知	$\mu = \mu_0$	$\mu \neq \mu_0$	$t = \dfrac{\overline{X} - \mu_0}{S/\sqrt{n}}$	$|t| \geqslant t_{\alpha/2}(n-1)$
μ 未知	$\sigma^2 = \sigma_0^2$	$\sigma^2 \neq \sigma_0^2$	$\chi^2 = \dfrac{(n-1)S^2}{\sigma_0^2}$	$\chi^2 \leqslant \chi_{1-\alpha/2}^2(n-1)$ 或 $\chi^2 \geqslant \chi_{\alpha/2}^2(n-1)$
μ 未知	$\sigma^2 \leqslant \sigma_0^2$	$\sigma^2 > \sigma_0^2$	$\chi^2 = \dfrac{(n-1)S^2}{\sigma_0^2}$	$\chi^2 \geqslant \chi_\alpha^2(n-1)$

§7.3 两个正态总体的假设检验

在实践中还常常需要对两个正态总体进行比较，我们仍然通过例子来说明.

例 1 从两处煤矿各抽样数次，测得其含灰率如下(%)：

甲矿：24.3, 20.8, 23.7, 21.3, 17.4；

乙矿：18.2, 16.9, 20.2, 16.7.

假定两煤矿的含灰率都服从正态分布,且方差相等,问甲、乙两煤矿的含灰率有无显著差异($\alpha=0.05$)?

解 设 ξ_1, ξ_2 分别表示甲、乙两煤矿的含灰率,我们从 ξ_1 得到的样本是 $(X_1, \cdots, X_{n_1})$,从 ξ_2 得到的样本是 $(Y_1, \cdots, Y_{n_2})$,且两样本独立,$\xi_1 \sim N(\mu_1, \sigma_1^2), \xi_2 \sim N(\mu_2, \sigma_2^2)$,虽然不知道 σ_1^2, σ_2^2 的值,但已知 $\sigma_1^2 = \sigma_2^2$,检验问题是:

$$H_0: \mu_1 = \mu_2 \longleftrightarrow H_1: \mu_1 \neq \mu_2,$$

令

$$T = \frac{\overline{X} - \overline{Y}}{S_\omega \cdot \sqrt{\frac{1}{n_1} + \frac{1}{n_2}}},$$

其中

$$S_\omega = \sqrt{\frac{(n_1-1)S_1^2 + (n_2-1)S_2^2}{n_1 + n_2 - 2}},$$

则由定理 5.6 的推论 2 知当 H_0 成立时

$$T \sim t(n_1 + n_2 - 2),$$

因此可取拒绝域为 $\{|t| \geq t_{\alpha/2}(n_1 + n_2 - 2)\}$,本例中 $n_1 + n_2 - 2 = 7$,$t_{0.025}(7) = 2.365$,而

$$|t| = \left| \frac{21.5 - 18}{\sqrt{\frac{30.02 + 7.78}{7}} \cdot \sqrt{\frac{1}{5} + \frac{1}{4}}} \right| = 2.245 < 2.365,$$

故接受 H_0,认为两煤矿的含灰率无显著差异.

例 2 在 10 个情况类似、面积相等的地块上对甲、乙两种玉米进行对比试验,产量如下(单位:kg):

甲:951, 966, 1008, 1082, 983;

乙:730, 864, 742, 774, 990.

设产量服从正态分布,问这两种玉米的产量有无显著差异($\alpha=0.05$)?

解 设甲、乙两种玉米的产量分别为 ξ_1 和 ξ_2,$\xi_1 \sim N(\mu_1, \sigma_1^2)$,$\xi_2 \sim N(\mu_2, \sigma_2^2)$,从 ξ_1 得到的样本是 $(X_1, \cdots, X_{n_1})$,从 ξ_2 得到的样本是 $(Y_1, \cdots, Y_{n_2})$,要检验的问题是:

$$H_0: \mu_1 = \mu_2 \longleftrightarrow H_1: \mu_1 \neq \mu_2,$$

但本例与例 1 不同,我们不知道是否有 $\sigma_1^2 = \sigma_2^2$,故我们首先要考虑检验问题:

$$H_0': \sigma_1^2 = \sigma_2^2 \longleftrightarrow H_1': \sigma_1^2 \neq \sigma_2^2.$$

令
$$F=\frac{S_1^2}{S_2^2},$$
则由定理 5.6 的推论 3 知道,当 H_0' 成立时,
$$F \sim F(n_1-1, n_2-1),$$
从而可取拒绝域为
$$\{F \leqslant F_{1-\alpha/2}(n_1-1, n_2-1) \text{ 或 } F \geqslant F_{\alpha/2}(n_1-1, n_2-1)\},$$
对于本例,可查出 $F_{0.025}(4,4)=9.60, F_{0.975}(4,4)=1/F_{0.025}(4,4) \doteq 0.10$,而
$$F=\frac{2653.5}{11784} \doteq 0.23,$$
因为 $0.10 < 0.23 < 9.60$,故不能拒绝 H_0',可以认为 $\sigma_1^2 = \sigma_2^2$. 接下来可如例 1 那样检验 $H_0: \mu_1 = \mu_2 \longleftrightarrow H_1: \mu_1 \neq \mu_2$,可查得 $t_{\alpha/2}(n_1+n_2-2) = t_{0.025}(8) = 2.306$,而 $|t| = 3.313 > 2.306$,故拒绝 H_0,即认为两种玉米产量有显著差异.

此例表明,在检验两个正态总体的均值是否相等时,若不知它们的方差是否相等,则要先进行方差是否相等的检验,如果得到的结论是两总体的方差相等,才可以进行两总体数学期望值的检验,否则是无法用例 1 所述的统计量进行检验的.

例 3 为了比较不同季节出生的新生儿(女)体重的方差,从 1995 年 12 月和 6 月的新生儿(女)中分别抽取 6 名及 10 名,测得其体重如下(单位:g):

12 月:3520, 2960, 2560, 1960, 3260, 3960;

6 月:3220, 3220, 3760, 3000, 2920, 3740, 3060, 3080, 2940, 3050.

假定新生儿(女)体重服从正态分布,问新生儿(女)体重的方差是否冬季比夏季的小($\alpha = 0.05$)?

解 设 ξ_1, ξ_2 分别表示冬季和夏季的新生儿(女)的体重,$\xi_1 \sim N(\mu_1, \sigma_1^2), \xi_2 \sim N(\mu_2, \sigma_2^2)$,要检验的问题是:
$$H_0: \sigma_1^2 \leqslant \sigma_2^2 \longleftrightarrow H_1: \sigma_1^2 > \sigma_2^2,$$
令
$$F = \frac{S_1^2}{S_2^2},$$
由定理 5.6 的推论 3 知

$$\frac{S_1^2/\sigma_1^2}{S_2^2/\sigma_2^2} \sim F(n_1-1, n_2-1),$$

当 H_0 成立时,$F = \frac{S_1^2}{S_2^2} \leqslant \frac{S_1^2 \sigma_2^2}{S_2^2 \sigma_1^2}$,故

$$P_{H_0}(F \geqslant F_\alpha(n_1-1, n_2-1))$$
$$\leqslant P\left(\frac{S_1^2 \sigma_2^2}{S_2^2 \sigma_1^2} \geqslant F_\alpha(n_1-1, n_2-1)\right) = \alpha,$$

故可取拒绝域为

$$\{F \geqslant F_\alpha(n_1-1, n_2-1)\},$$

现查得 $F_{0.05}(6-1, 10-1) = F_{0.05}(5, 9) = 3.48$,算得

$$F = \frac{S_1^2}{S_2^2} = \frac{505667}{93956} = 5.382 > 3.48,$$

因而拒绝 H_0,即不能认为新生儿(女)体重的方差冬季的比夏季的小.

关于两个正态总体的情况,我们总结如下:

设 $\xi_1 \sim N(\mu_1, \sigma_1^2)$,$\xi_2 \sim N(\mu_2, \sigma_2^2)$,$(X_1, \cdots, X_{n_1})$ 是来自 ξ_1 的样本,$(Y_1, \cdots, Y_{n_2})$ 是来自 ξ_2 的样本,两样本独立,

$$\overline{X} = \frac{1}{n_1} \sum_{i=1}^{n_1} X_i, \quad S_1^2 = \frac{1}{n_1-1} \sum_{i=1}^{n_1} (X_i - \overline{X})^2,$$

$$\overline{Y} = \frac{1}{n_2} \sum_{i=1}^{n_2} Y_i, \quad S_2^2 = \frac{1}{n_2-1} \sum_{i=1}^{n_2} (Y_i - \overline{Y})^2,$$

$$S_\omega^2 = ((n_1-1)S_1^2 + (n_2-1)S_2^2)/(n_1+n_2-2),$$

则一些检验问题的结果见表 7.2.

表 7.2 两个正态总体的检验

条件	原假设 H_0	备择假设 H_1	统计量	在水平 α 下的拒绝域
	$\sigma_1^2 = \sigma_2^2$	$\sigma_1^2 \neq \sigma_2^2$	$F = \frac{S_1^2}{S_2^2}$	$F \geqslant F_{\alpha/2}(n_1-1, n_2-1)$ 或 $F \leqslant F_{1-\alpha/2}(n_1-1, n_2-1)$
	$\sigma_1^2 \leqslant \sigma_2^2$	$\sigma_1^2 > \sigma_2^2$	$F = S_1^2/S_2^2$	$F \geqslant F_\alpha(n_1-1, n_2-1)$
$\sigma_1^2 = \sigma_2^2 = \sigma^2$ (未知)	$\mu_1 = \mu_2$	$\mu_1 \neq \mu_2$	$T = \dfrac{\overline{X} - \overline{Y}}{S_\omega \sqrt{\dfrac{1}{n_1} + \dfrac{1}{n_2}}}$	$\lvert T \rvert \geqslant t_{\alpha/2}(n_1+n_2-2)$

§ 7.4* 非正态总体参数及分布律的假设检验

一、非正态总体参数的假设

设总体 ξ 服从某一分布，其概率分布中含有未知参数 θ，则总体均值 $E\xi = \mu(\theta)$ 与方差 $D\xi = \sigma^2(\theta)$ 都依赖于参数 θ。从总体中抽取一个样本容量 n 很大的样本 $X_1, \cdots, X_n$，我们来检验原假设 $H_0: \theta = \theta_0$。

因为样本 $X_1, \cdots, X_n$ 相互独立，与总体 ξ 有相同的分布，所以，在原假设 H_0 成立的条件下，当样本容量 n 充分大（一般要求 $n \geq 50$）时，统计量

$$U = \frac{\sum_{i=1}^{n} X_i - n\mu(\theta_0)}{\sqrt{n}\sigma(\theta_0)} = \frac{\overline{X} - \mu(\theta_0)}{\sigma(\theta_0)/\sqrt{n}} \tag{7.1}$$

近似地服从标准正态分布 $N(0,1)$。

对检验问题

$$H_0: \theta = \theta_0 \longleftrightarrow H_1: \theta \neq \theta_0,$$

对于给定的显著性水平 α，我们有

$$P(|U| \geq u_{\alpha/2}) \doteq \alpha,$$

故可取拒绝域为 $\{|u| \geq u_{\alpha/2}\}$，即当 U 的观察值 u 的绝对值不小于 $u_{\alpha/2}$ 时拒绝 H_0，否则接受 H_0。

例 1 在可靠性理论与应用中，常根据设备或部件不同的失效性质，以指数分布、韦布尔分布、伽马分布等多种寿命分布类来描述设备或部件的使用寿命。某厂新研究并开发了某类设备所需的关键部件，由于尚缺乏足够的经验数据，还无法判定此部件的使用寿命所服从的分布类型。现通过加速失效试验法，测得了 100 个新生产部件的使用寿命，并算出它们样本均值的观测值为 $\overline{x} = 17.84$(kh)，样本标准差的观测值为 $s = 1.25$(kh)。试问，由这些数据能否判定此部件的连续使用寿命为 2 年（$\alpha = 0.01$）？

解 以每年 365 天计算，一部件若可连续使用 2 年，则使用的小时数应为 $2 \times 365 \times 24 = 17520$，为此考虑下述假设检验问题：

$$H_0: \mu = 17.52 \longleftrightarrow H_1: \mu \neq 17.52.$$

由于 $n = 100$ 较大，可使用 (7.1) 式的统计量，这里 $\mu_0 = 17.52$，但 $\sigma(\mu_0)$

未知，我们用 σ 的矩估计 s 来代替它，算得

$$|u| = \left|\frac{\bar{x}-\mu_0}{s/\sqrt{n}}\right| = \left|\frac{17.84-17.52}{1.25}\times 10\right| = 2.56,$$

对于给定的显著性水平 $\alpha=0.01$，$u_{\alpha/2}=u_{0.005}=2.58$，由 $|u|=2.56<2.58=u_{\alpha/2}$，故接受 H_0，即认为部件的连续使用寿命为 2 年.

当假设检验的问题为

$$H_0: \mu \leqslant \mu(\theta_0) \longleftrightarrow H_1: \mu > \mu(\theta_0)$$

时，和前面正态总体的情形类似，可取拒绝域为 $\{u \geqslant u_\alpha\}$.

例 2 在自动机床加工制造零件的过程中，周期地抽取一些样品进行质量检查，在抽查的 250 个零件中发现有 14 个次品。问是否可以认为加工过程中次品出现的概率 p 不超过 3%（取 $\alpha=0.01$）?

解 设总体

$$\xi = \begin{cases} 0, & \text{如果加工零件是合格品,} \\ 1, & \text{如果加工零件是次品;} \end{cases}$$

则 ξ 服从分布.

$$P(\xi=x) = p^x(1-p)^{1-x}, \quad x=0 \text{ 或 } 1,$$

其中参数 p 为加工过程中次品出现的概率，则

$$E\xi = p, \quad D\xi = p(1-p),$$

按题意，检验问题是

$$H_0: p \leqslant p_0 = 3\% \longleftrightarrow H_1: p > p_0,$$

由于样本容量 $n=250$ 很大，故由 (7.1) 式知近似地有

$$U = \frac{\bar{X}-p_0}{\sqrt{p_0(1-p_0)/n}} \sim N(0,1),$$

现算得

$$u = \frac{\bar{x}-p_0}{\sqrt{p_0(1-p_0)/n}} = \frac{\frac{1}{250}\sum_{i=1}^{250}x_i - 0.03}{\sqrt{0.03\times 0.97/250}}$$

$$= \frac{\frac{14}{250}-0.03}{\sqrt{0.03\times 0.97/250}} = 2.41,$$

对 $\alpha=0.01$，查表得 $u_\alpha=u_{0.01}=2.33$，$u=2.41>2.33=u_\alpha$，故拒绝原假设 H_0，认为加工过程中次品出现的概率 p 显著地大于 3%.

二、分布律的假设检验

已知随机变量 ξ 的样本分布，如果用某一理论分布去配合，则不论理论分布选择得多么好，它和由 ξ 得到的样本分布总或多或少地存在着差异．这样，自然就会提出问题：这种差异是否可以解释为仅仅是因为试验次数有限而导致的随机性所产生的呢？还是因为我们选择的理论分布与已给的统计分布之间具有实质性的差异而产生的呢？为了解决这个问题，我们来介绍皮尔逊（K. Pearson）的 χ^2 检验法．

设进行 n 次独立试验（观测），得到随机变量 ξ 的频率分布如表 7.3 所示：

表 7.3

区间	频数	频率	概率
$a_0 \sim a_1$	m_1	w_1	p_1
$a_1 \sim a_2$	m_2	w_2	p_2
$\vdots$	$\vdots$	$\vdots$	$\vdots$
$a_{l-1} \sim a_l$	m_l	w_l	p_l
总计	n	1	1

表中的 $p_i, i=1,\cdots,l$ 是某一理论分布的概率，即原假设 H_0 为：$P(a_{i-1} < \xi \leq a_i) = p_i, i=1,\cdots,l$．为了检验原假设 H_0，即检验理论分布与频率分布是否符合，我们把偏差 $w_i - p_i$ 的加权平方和作为理论分布与频率分布之间的差异度：

$$S = \sum_{i=1}^{l} c_i (w_i - p_i)^2, \qquad (7.2)$$

其中，c_i 为各个区间的权，权 c_i 的引入是必要的．皮尔逊证明了：如果取

$$c_i = \frac{n}{p_i}, \qquad (7.3)$$

则当 $n \to \infty$ 时，统计量 S 的分布趋于自由度为 $k = l - r - 1$ 的 χ^2 分布，其中 l 是所分区间的个数，r 是理论分布中需要利用样本观测值估计的未知参数的个数．将 (7.3) 式代入 (7.2) 式，并将 S 记为 χ^2，则有

$$\chi^2 = \sum_{i=1}^{l} \frac{(m_i - np_i)^2}{np_i}, \qquad (7.4)$$

对给定的显著性水平 α，可由附录查得 $\chi^2_\alpha(l-r-1)$，使得

$$P(\chi^2 \geqslant \chi_\alpha^2(l-r-1)) = \alpha, \qquad (7.5)$$

故拒绝域为 $\{\chi^2 \geqslant \chi_\alpha^2(l-r-1)\}$. 这里 χ^2 由 (7.4) 式定义，这就是皮尔逊的 χ^2 检验.

应该指出，应用皮尔逊的 χ^2 检验时，要求试验次数 n 及观测值落在各个区间内的频数 m_i 都相当大. 通常应取 $n \geqslant 30$，而每个 $m_i \geqslant 5$. 如果某些区间内的频数太小，则应该适当地把相邻的区间合并起来，使得合并后得到的区间内的频数足够大.

例 3 为了检验某个硬币是否对称，将其投掷 100 次，结果有了 53 次正面向上，47 次正面朝下，对给定显著性水平 $\alpha = 0.05$，试问由这个试验可以否定该硬币的对称性吗？

解 用 X_1 表示该硬币投掷 100 次正面向上的次数，p_1 为掷一次硬币正面向上的概率，要检验的原假设是：

$$H_0: p_1 = \frac{1}{2},$$

样本的观察值是 $(x_1, x_2) = (53, 47)$，利用皮尔逊 χ^2 检验，计算出

$$\chi^2 = \sum_{i=1}^{2} \frac{(x_i - 100 \times \frac{1}{2})^2}{100 \times \frac{1}{2}} = 0.36,$$

而 $\chi_{0.95}^2(1) = 3.84 > 0.36$，故不能拒绝 H_0，即不能否定该硬币是对称的.

例 4 在 $n = 2608$ 段时间（每段时间是 7.5s）内观察某一放射性物质，观察到每段时间内放射粒子数记录如表 7.4 所示，表中第一列表示每段时间（7.5s）内放射的粒子数，第二列表示观察到其左粒子数的次数，第三列是相应的频率. 利用皮尔逊 χ^2 检验来检验放射粒子数 ξ 服从泊松分布的假设（显著性水平 α 取为 0.05）.

表 7.4

放射粒子数 ξ	观察次数 m_i	频率 w_i	概率 p_i
0	57	0.022	0.021
1	203	0.078	0.081
2	383	0.147	0.156
3	525	0.201	0.201
4	532	0.204	0.195
5	408	0.156	0.151

6	273	0.105	0.097
7	139	0.053	0.054
8	45	0.017	0.026
9	27	0.010	0.011
≥10	16	0.006	0.007
总 计	2608	0.999	1.000

解 首先根据观测值计算泊松分布的参数，即数学期望 λ 的最大似然估计.

$$\hat{\lambda} = \frac{1}{n}\sum_i m_i x_i = \frac{10094}{2608} = 3.870,$$

所以要检验的原假设是

$$H_0: \xi \text{ 服从泊松分布}.$$

我们有

$$p_i = p(\xi = x_i) = \frac{3.87^{x_i}}{x_i!} e^{-3.87}, \quad x_i = 0, 1, 2, \cdots,$$

我们将计算得到的 p_i 的值放在表 7.4 的第 4 列. 按公式(7.4)算得

$$\chi^2 = 13.05,$$

因为区间数 $l=11$，利用观测值估计的参数的个数 $r=1$，故自由度

$$k = 11 - 1 - 1 = 9,$$

对给定的 $\alpha = 0.05$，查表得

$$\chi^2_{0.05}(9) = 16.9,$$

因为 $\chi^2 = 13.05 < 16.9$，所以接受原假设 H_0，即可以认为放射粒子数 ξ 服从泊松分布.

例 5 对某型号电缆进行耐压试验，记录 43 根电缆的最低击穿电压的数据如表 7.5 所示：

表 7.5

测试电压	3.8	3.9	4.0	4.1	4.2	4.3	4.4	4.5	4.6	4.7	4.8
击穿频数	1	1	3	7	8	4	6	3	1	1	1

检验电缆耐压分布是否服从正态分布 ($\alpha = 0.10$).

解 设一根电缆最低击穿电压为 ξ，问题归结为检验原假设

$$H_0: \xi \sim N(\mu, \sigma^2).$$

首先用 (μ, σ^2) 的最大似然估计量 $\bar{X}, S^2$ 来估计 μ, σ^2. 算得

$$\hat{\mu} = \bar{x} = 4.3744, \quad \hat{\sigma}^2 = s^2 = 0.04842,$$

由于前两个区间的频数都小于 5,故将前三个区间合并,合并后频数为 $1+1+3=5$. 对于其余的区间类似处理,将实轴分组,如表 7.6 所示:

表 7.6

组号	1	2	3	4	5	6
区间界限	$(-\infty, 4.0]$	$(4.0, 4.1]$	$(4.1, 4.2]$	$(4.2, 4.4]$	$(4.4, 4.5]$	$(4.5, +\infty)$
频数	5	7	8	12	6	5

计算相应的 $p_i, i=1,2,3,4,5,6$,

$$p_1 = P(\xi \leqslant 4.0) = \Phi\left(\frac{4.0-4.3744}{0.22}\right) = \Phi(-1.70) = 0.0446,$$

$$p_2 = P(4.0 < \xi \leqslant 4.1) = \Phi\left(\frac{4.1-4.3744}{0.22}\right) - \Phi\left(\frac{4.0-4.3744}{0.22}\right)$$

$$= \Phi(-1.25) - \Phi(-1.70) = 0.0610,$$

$$p_3 = p(4.1 < \xi \leqslant 4.2) = \Phi(-0.79) - \Phi(-1.25) = 0.1087,$$

$$p_4 = P(4.2 < \xi \leqslant 4.4) = \Phi(0.116) - \Phi(-0.79) = 0.3330,$$

$$p_5 = P(4.4 < \xi \leqslant 4.5) = \Phi(0.57) - \Phi(0.116) = 0.1679,$$

$$p_6 = P(4.5 < \xi < +\infty) = 1 - \Phi(0.57) = 0.2843.$$

由(7.4)式算出 $\chi^2 = \sum_{i=1}^{6} \frac{(m_i - np_i)^2}{np_i} = 19.064$,对 $\alpha = 0.10$,自由度 $k = 6-2-1 = 3$,查 χ^2 分布表得临界值 $\chi^2_{0.10}(3) = 6.251$,由于 $\chi^2 = 19.064 > 6.251$,故拒绝 H_0,不能认为总体 ξ 服从正态分布.

三、列联表的独立性检验

当样本中的每一个观察值都是一个二元离散型随机向量时,我们可用皮尔逊 χ^2 检验来考察这两个随机变量是否独立.

例 6 对两盒产品随机抽样,检验两盒中的次品率是否有显著差异,抽样结果如表 7.7 所示:

表 7.7

盒别 \ 品别	次 品	非次品
第 1 盒	13	73
第 2 盒	17	57

此问题中对每一个样品考察的是两个项目,即它是哪一盒及是否次品,因此,次品率无差异地可表述为盒别和品别这两个属性是独立的. 表 7.7 又称为四格表,四格表的一般形式为

表 7.8

B A	B_1	B_2	
A_1	n_{11}	n_{12}	$n_1.$
A_2	n_{21}	n_{22}	$n_2.$
	$n._1$	$n._2$	$n = n_1. + n_2. = n._1 + n._2$

则检验属于 A 与 B 独立的统计量为

$$\chi^2 = n(n_{11}n_{22} - n_{12}n_{21})^2 / (n_1. n_2. n._1 n._2),$$

当属性 A 与 B 独立时,χ^2 的分布近似 $\chi^2(1)$,故拒绝域为 $\{\chi^2 \geqslant \chi^2_\alpha(1)\}$.

在例 6 中,对 $\alpha = 0.05$,可算出 $\chi^2 = 1.61 < 3.84 = \chi^2_{0.05}(1)$,故接受原假设,认为次品率与盒别无关. 更一般地,对 $r \times c$ 列联表

表 7.9

B A	B_1	……	B_c
A_1	n_{11}	……	n_{1c}
⋮	⋮		
A_r	n_{r1}	……	n_{rc}

的检验属性 A 与 B 的独立性的统计量是

$$\chi^2 = \sum_{i=1}^{r} \sum_{j=1}^{c} (nn_{ij} - n_i. n._j)^2 / (nn_i. n._j),$$

这是 $n_i. = \sum_{j=1}^{c} n_{ij}, n._j = \sum_{i=1}^{r} n_{ij}, i = 1, \cdots, r, j = 1, \cdots, c, n = \sum_{i=1}^{r} n_i. = \sum_{j=1}^{c} n._j$,检验的拒绝域是

$$\{\chi^2 \geqslant \chi^2_\alpha((r-1)(c-1))\}.$$

习题 7

1. 已知某炼铁厂铁水含碳量服从正态分布 $N(4.55, 0.108^2)$. 现在测定了 9 炉铁水,其平均含碳量为 4.484. 如果方差没有变化,能否认为现在生产的铁水平均含碳量仍为 $4.55(\alpha=0.05)$?

2. 已知某一物体在试验中的温度服从正态分布 $N(\mu,\sigma^2)$, μ,σ^2 均未知,现测得温度的 5 个值为(单位:℃):
$$1250, 1265, 1245, 1260, 1275,$$
问是否可以认为 $\mu=1277℃(\alpha=0.05)$?

3. 某种导线的电阻服从正态分布 $N(\mu, 0.005^2)$. 今从新生产的一批导线中抽取 9 根,测其电阻,得到样本标准差 $S=0.008$. 能否认为这批导线电阻的标准差仍为 $0.005(\alpha=0.05)$?

4. 某种羊毛在处理前后各抽取样本,测得含脂率(%)如下:
处理前:19, 18, 21, 30, 66, 42, 8, 12, 30, 27,
处理后:15, 13, 7, 24, 19, 4, 8, 20,
设羊毛含脂率服从正态分布.问处理后含脂率的标准差有无显著变化$(\alpha=0.05)$?

5. 按两种不同的配方生产橡胶,测得橡胶伸长率(%)如下:
第一种配方:540, 533, 525, 520, 544, 531, 536, 529, 534,
第二种配方:565, 577, 580, 575, 556, 542, 560, 532, 570, 561.
如果橡胶伸长率服从正态分布,两种配方伸长率的标准差是否有显著差异$(\alpha=0.05)$?

6. 化工试验中要考虑温度对产品断裂力的影响,在 70℃ 及 80℃ 的条件下分别进行 8 次试验,测得产品断裂力(kg)的数据如下:
70℃时:20.5, 18.8, 19.8, 20.9, 21.5, 19.5, 21.0, 21.2,
80℃时:17.7, 20.3, 20.0, 18.8, 19.0, 20.1, 20.2, 19.1,
已知产品断裂力服从正态分布,检验:
(1) 两种温度下产品断裂力的方差是否相等$(\alpha=0.05)$?
(2) 两种温度下产品断裂力的平均值是否有显著差异$(\alpha=0.05)$?

7. 为了研究正常成年男、女血液红细胞的平均数之差别,检查某地正常成年男子 156 名,正常成年女子 74 名,计算得男性红细胞平均数为 465.13 万/mm³,样本标准差为 54.80 万/mm³;女性红细胞平均数为 422.16 万/mm³,样本标准差为 49.20 万/mm³,由经验知道正常成年男性与女性的红细胞数均服从正态分布,且方差相同.试检验该地正常成年人的红细胞平均数是否与性别有关$(\alpha=0.01)$.

8. 对两批同类产品的重量进行测试,测得结果如下(单位:kg)
第一批:0.140, 0.138, 0.143, 0.141, 0.144, 0.137,
第二批:0.135, 0.140, 0.142, 0.136, 0.138, 0.140,
设产品重量服从正态分布.问两批产品的平均重量是否有显著差异$(\alpha=0.05)$?

9. 甲、乙两铸造厂生产同一种铸件,假设两厂铸件的重量都服从正态分布,测

得重量如下(单位:kg):

甲厂:93.3,92.1,94.7,90.1,95.6,90.0,94.7,

乙厂:95.6,94.9,96.2,95.8,96.3,95.1.

问乙厂铸件重量的方差是否比甲厂的小($\alpha=0.05$)?

10. 设总体 ξ 服从参数为 $\lambda(>0)$ 的泊松分布,参数 λ 未知,$(X_1,\cdots,X_{20})$ 为其一个样本,对检验问题:

$$H_0:\lambda=0.2 \longleftrightarrow H_1:\lambda=0.1,$$

取拒绝域为 $C=\{(x_1,\cdots,x_{20})|x_1+x_2+\cdots+x_{20}=0\}$. 求犯第一类错误和犯第二类错误的概率.

11. 设总体 $\xi\sim N(\mu,9)$,μ 为未知参数,$(X_1,\cdots,X_{25})$ 为其一个样本,对检验问题:

$$H_0:\mu=\mu_0 \longleftrightarrow H_1:\mu\neq\mu_0,$$

取拒绝域为 $C=\{(x_1,\cdots,x_{25})|\,|\bar{x}-\mu_0|\geqslant C\}$. 试求常数 C,使得该检验的显著性水平为 0.05.

12*. 某种产品的次品率原为 10%,对这种产品进行新工艺试验,抽查的 200 件样品中,发现 13 件次品. 能否认为这项新工艺显著降低了产品的次品率($\alpha=0.05$)?

13*. 按照测量仪器的分度读数时,通常需要大致估计读数的最后数字,理论上最后这个数字可以是 $0,1,2,\cdots,9$ 中的任何一个,并且每个数字的出现是等可能的. 但是,实际上往往发生偏重某一个数字的现象. 下表中列出 200 次读数的最后数字的频率分布:

数字 x_i	0	1	2	3	4	5	6	7	8	9
频数 m_i	35	16	15	17	17	30	11	16	19	24

利用皮尔逊 χ^2 检验考察观察结果是否有系统误差,即读数的最后一个数字是否有偏重某些数字的现象. 如果没有偏重现象,则读数的最后数字应该服从均匀分布,即每一个数字出现的概率 $p_i=0.10$,$i=1,\cdots,10$(取 $\alpha=0.05$).

14*. 在一小时内电话用户对交换台的呼唤次数按每分钟统计,如下表所示:

每分钟呼唤次数 x_i	0	1	2	3	4	5	6	$\geqslant 7$
频数 m_i	8	16	17	10	6	2	1	0

利用皮尔逊 χ^2 检验检验每分钟内的呼唤次数服从泊松分布的假设($\alpha=0.05$).

15*. 有一种特殊药品的生产厂家声称,这种药能在 8h 内解除一种过敏的效率有 90%,在有这种过敏的 200 人中,使用药品后,有 160 人在 8h 内解除了过敏. 试问生产厂家的说法是否真实($\alpha=0.10$)?

16*. 已知某种电子元件的使用寿命 ξ(小时)服从指数分布,有密度

$$p(x;\lambda)=\begin{cases}\lambda e^{-\lambda x}, & x>0;\\ 0, & x\leqslant 0,\end{cases}$$

其中,$\lambda>0$ 是未知参数,抽取 100 个样品,测得样本均值是 950h. 能否认为参数 λ $=0.001$(取 $\alpha=0.05$)？

17*. 在自动精密旋床加工过程中,任意抽取 200 个小轴,测得小轴直径与规定尺寸的偏差统计如下表所示：

偏差区间(μm)	频数 m_i
$-20\sim-15$	7
$-15\sim-10$	11
$-10\sim-5$	15
$-5\sim0$	24
$0\sim+5$	49
$+5\sim+10$	41
$+10\sim+15$	26
$+15\sim+20$	17
$+20\sim+25$	7
$+25\sim+30$	3
总计	200

这里 $-20\sim-15$ 的频数 7 表示偏差在 $(-20,-15]$ 内的观察有 7 个. 利用皮尔逊 χ^2 检验考察小轴直径与规定尺寸的偏差服从正态分布的假设(取 $\alpha=0.05$).

18*. 设总体 $\xi\sim N(\mu,4)$,$(X_1,\cdots,X_{16})$ 是来自总体的样本,$\bar{X}=\frac{1}{16}\sum_{i=1}^{16}X_i$,检验假设 $H_0:\mu=0$. 试证明下述三个拒绝域有相同的显著性水平：

(1) $\alpha\bar{X}\leqslant-1.645$;

(2) $1.50\leqslant 2\bar{X}\leqslant 2.125$;

(3) $2\bar{X}\leqslant-1.96$ 及 $2\bar{X}\geqslant 1.96$.

19*. 利用切比雪夫不等式,试问一枚均匀对称的硬币需掷多少次,才能使得样本均值 $\bar{X}$ 落在 $(0.4,0.6)$ 的概率至少为 0.9？

20*. 有一种新安眠药,据厂家说比旧安眠药平均增加睡眠时间 3h. 据资料,用旧安眠药平均睡眠时间为 20.8h,标准差为 1.8h,为了检验厂家的说法是否正确,收集到一组使用新安眠药的睡眠时间为(单位:h)

26.7, 22.0, 24.1, 21.0, 27.2, 25.0, 23.4,

设睡眠时间服从正态分布. 问是否可以相信厂家的说法($\alpha=0.10$)？

21. 在巴特开惠茨调查普鲁士军队的统计报告中,计算过 10 个连队在连续 20 年间因受马的践踏以致死亡的人数(见下表),如将表中数据视为 200 个连队一年内的死亡人数,问可否认为连队中受马践踏致死人数服从泊松分布(取 $\alpha=0.05$)？

死亡人数	0	1	2	3	4	5 及以上
连队数	109	65	22	3	1	0

(注:表中数据是以年份为单位收集的,不同年份视为不同连队)

22. 设总体 $\xi \sim \Gamma(\alpha, \lambda)$，$X_1, \cdots, X_n$ 是取自 ξ 的样本，求 α, λ 的矩估计.

23. 设总体 $\xi \sim B(m, p)$，m 为正整数，$0 < p < 1$，$X_1, \cdots, X_n$ 是取自 ξ 的样本，求 m, p 的矩估计.

24*. 某厂产品出厂前要经过质量检验，现将 A, B, C 三个检验员对 600 批产品检验的结果列于下表中，问三个检验员的检验结果是否相互独立？（取 $\alpha = 0.05$）

	A	B	C
合格	300	100	200
不合格	40	20	40

25*. 某校给教室安装了一种新的照明系统，要考察是否会导致学生视力变化，将其与旧照明系统比较，结果如下表所示，对 $\alpha = 0.05$ 检验新系统与旧系统对学生视力的影响是否相同.

	好视力	差视力
旧系统	714	111
新系统	662	154

第 8 章

方差分析和线性回归分析

在上一章中,我们已经介绍了检验两个同方差的正态总体均值是否相同的检验方法.但在生产实际中往往会遇到要检验多个(多于2个)同方差的正态总体的均值是否相等的问题,这就要用到方差分析.方差分析的主要思想和理论是由费希尔(R. A. Fisher)在上世纪 20 年代提出并应用到农业试验上去的.

回归分析是研究两个或两个以上变量之间的相互关系的一种重要的统计方法.与变量之间的函数关系不同,这种关系描述的是变量之间相互依存相伴发生的性质,它不是一种确定性的关系.回归分析通过建立统计模型来研究这种关系,并由此对相应的变量进行预测和控制.

本章仅介绍单因素方差分析和一元线性回归分析,对多因素方差分析和多元线性回归分析感兴趣的读者可参阅相关文献.

§8.1 单因素方差分析

我们知道,在科学实验或生产实践中,任何事物总是受很多因素影响的.例如,工业产品的质量受原料、机器、人工等因素的影响;农作物的产量受种子、肥料、土壤、水分等因素的影响.利用试验数据,分析各个因素对该事物的影响是否显著,数理统计中所采用的一种有效方法就是方差分析.

我们先看下面的例子.

例 1 某管理学院对自己培养出来的 MBA 学生毕业之后的工作情况进行了跟踪调查,希望了解 4 个不同专业毕业的 MBA 学生在第一年工作中所获得的平均收入是否有显著的差别.学院从已经毕业的学生当中按不同专业分别随机抽取 10 名同学进行调查.下表列出了调查结果(单位:万元).

表 8.1 某学院 MBA 毕业生工作第一年收入调查表

专业	调 查 结 果	平均
A_1	9.6 8.3 5.2 13.3 8.1 13 10.2 4.6 11.4 10.1	9.38
A_2	7.8 12.1 11.2 3.6 7.9 4.1 10.5 8.7 16 9.1	9.10
A_3	11.3 14 6.2 8.3 10.8 6.3 9.7 11.3 12.7 8.9	9.95
A_4	9.5 10.6 8.2 17.5 7.2 11 7.1 21 4.5 10.2	10.68

表的最右边一列给出了调查得到的 4 个专业毕业生第一年的平均收入情况. 可以看到, 这 4 个值是不同的, A_4 专业毕业的学生的平均收入显得比其他专业的学生收入要高一些, 那么, 我们是否可以由此断定专业的选择对该学院的 MBA 学生毕业后第一年的平均收入是有影响呢?

在回答这一问题之前, 我们先分析一下调查得到的样本数据. 事实上, 不仅不同专业毕业的学生之间的收入是不同的, 即便同一专业毕业的学生之间收入也是有差别的. 影响个人收入的因素是多方面的, 除了学历、工作时间、性别等方面之外, 还有个人的经历、能力、运气等偶然性的因素. 因此, 分析以上 4 个专业学生平均收入的差异性不仅要考虑到专业不同的影响, 还要考虑到影响到每一个人收入的偶然性因素的作用. 我们欲通过分析对比导致变量取值差异性的主要原因, 来确定是专业的区别导致这种收入的差异性还是因偶然性因素导致收入的差异性. 在例 1 中只考虑了专业这一个因素的影响, 故称之为单因素方差分析, 其中, 专业的 4 个不同值通常称为水平.

设因素 A 有 l 个水平 $A_1, A_2, \cdots, A_l$, 在水平 A_i 下的总体 ξ_i 服从正态分布 $N(\mu_i, \sigma^2)$, $i=1,2,\cdots,l$, 这里我们假定 $\xi_1,\cdots,\xi_l$ 有相同的标准差 σ, 但总体均值 $\mu_1,\cdots,\mu_l$ 可能不同. 例如 $\xi_1,\cdots,\xi_l$ 可以是不同品种的小麦的单位面积产量, 或者是 l 个不同专业的毕业生的平均收入.

在水平 A_i 下进行 n_i 次试验, $i=1,2,\cdots,l$; 我们假定所有的试验都是独立的, 设得到的样本观测值 x_{ij} 如表 8.2 所示:

表 8.2

水平	A_1	A_2	$\cdots$	A_l
观测值	x_{11}	x_{21}	$\cdots$	x_{l1}
	x_{12}	x_{22}	$\cdots$	x_{l2}
	$\vdots$	$\vdots$	$\vdots$	$\vdots$
	x_{1n_1}	x_{2n_2}	$\cdots$	x_{ln_l}

因为在水平 A_i 下的样本观测值 x_{ij} 与总体 ξ_i 服从相同的分布,所以有
$$X_{ij} \sim N(\mu_i, \sigma^2), \quad i=1,\cdots,l, \quad j=1,2,\cdots,n_i.$$
我们的任务就是根据这 l 组观测值来检验因素 A 对试验结果的影响是否显著. 如果因素 A 的影响不显著,则所有样本观测值 x_{ij} 就可以看做来自同一总体 $N(\mu, \sigma^2)$,因此要检验的原假设是
$$H_0: \mu_1 = \mu_2 = \cdots = \mu_l; \tag{8.1}$$
备择假设是
$$H_1: \mu_1, \mu_2, \cdots, \mu_l \text{ 不全相等}.$$
设试验总次数为 n,即
$$n = \sum_{i=1}^{l} n_i,$$
记
$$\mu = \frac{1}{n} \sum_{i=1}^{l} n_i \mu_i,$$
令
$$\alpha_i = \mu_i - \mu, \quad i=1,2,\cdots,l.$$
这里 μ 是 $\mu_1, \cdots, \mu_l$ 的加权平均值,叫总均值;α_i 是总体 ξ_i 的均值 μ_i 与总均值 μ 的差,叫做因素 A 的水平 A_i 的效应. 显然有
$$\sum_{i=1}^{l} n_i \alpha_i = \sum_{i=1}^{l} n_i (\mu_i - \mu) = n\mu - n\mu = 0,$$
将 μ_i 写成
$$\mu_i = \mu + \alpha_i, \quad i=1,\cdots,l, \tag{8.2}$$
从而要检验的原假设(8.1)可以写成
$$H_0: \alpha_1 = \alpha_2 = \cdots = \alpha_l = 0. \tag{8.3}$$
为了检验上述原假设,需要选择适当的统计量. 设第 i 组观测值的组平均值为 $\bar{x}_i$,即

$$\bar{x}_i = \frac{1}{n_i} \sum_{j=1}^{n_i} x_{ij}, \quad i=1,\cdots,l,$$

于是,全体观察值的总平均值

$$\bar{x} = \frac{1}{n} \sum_{i=1}^{l} \sum_{j=1}^{n_i} x_{ij} = \frac{1}{n} \sum_{i=1}^{l} n_i \bar{x}_i,$$

令

$$S = \sum_{i=1}^{l} \sum_{j=1}^{n_i} (x_{ij} - \bar{x})^2,$$

$$S_A = \sum_{i=1}^{l} n_i (\bar{x}_i - \bar{x})^2,$$

$$S_l = \sum_{i=1}^{l} \sum_{j=1}^{n_i} (x_{ij} - \bar{x}_i)^2,$$

则有平方和分解公式

$$S = S_A + S_e, \tag{8.4}$$

这里 S 叫总离差平方和,S_A 叫组间平方和,S_e 叫误差平方和或组内平方和. 事实上,

$$\begin{aligned} S &= \sum_{i=1}^{l} \sum_{j=1}^{n_i} [(\bar{x}_i - \bar{x}) + (x_{ij} - \bar{x}_i)]^2 \\ &= \sum_{i=1}^{l} \sum_{j=1}^{n_i} (\bar{x}_i - \bar{x})^2 + \sum_{i=1}^{l} \sum_{j=1}^{n_i} (x_{ij} - \bar{x}_i)^2 \\ &\quad + 2 \sum_{i=1}^{l} \sum_{j=1}^{n_i} (\bar{x}_i - \bar{x})(x_{ij} - \bar{x}_i), \end{aligned}$$

因为

$$\begin{aligned} \sum_{i=1}^{l} \sum_{j=1}^{n_i} (\bar{x}_i - \bar{x})(x_{ij} - \bar{x}_i) &= \sum_{i=1}^{l} (\bar{x}_i - \bar{x}) \sum_{j=1}^{n_i} (x_{ij} - \bar{x}_i) \\ &= \sum_{i=1}^{l} (\bar{x}_i - \bar{x})(n_i \bar{x}_i - n_i \bar{x}_i) = 0, \end{aligned}$$

因此

$$S = \sum_{i=1}^{l} n_i (\bar{x}_i - \bar{x})^2 + \sum_{i=1}^{l} \sum_{j=1}^{n_i} (x_{ij} - \bar{x}_i)^2 = S_A + S_e.$$

组间平方和 S_A 反映了各组样本之间的差异程度,即由于因素 A 的不同水平所引起的系统误差;误差平方和 S_e 则反映了试验过程中各

种随机因素所引起的试验误差. 如果原假设 H_0 是正确的,则所有的样本观测值 x_{ij} 服从同一正态分布 $N(\mu, \sigma^2)$,且相互独立,因为总离差平方和

$$S = \sum_{i=1}^{l} \sum_{j=1}^{n_i} (X_{ij} - \overline{X})^2 = nS^2 = (n-1)S^{*2},$$

故由定理 5.6 知 $\dfrac{S}{\sigma^2} \sim \chi^2(n-1)$. 类似地,可知 $\dfrac{S_e}{\sigma^2} \sim \chi^2(n-l)$. 我们还可以证明,当 H_0 成立时,S_e 与 S_A 是独立的,且 $\dfrac{S_A}{\sigma^2} \sim \chi^2(l-1)$. 令

$$F = \frac{S_A/(l-1)}{S_e/(n-l)}, \tag{8.5}$$

则由定理 5.4 知,当 H_0 成立时,$F \sim F(l-1, n-l)$.

如果因素 A 的各个水平对总体的影响差不多,组间平方和 S_A 较小,则 $F = \dfrac{S_A/(l-1)}{S_e/(n-l)}$ 也较小;反之,如果因素 A 的各个水平对总体的影响显著不同,则组间平方和 S_A 较大,因而 F 也较大. 由此,我们可以取拒绝域为 $\{F \geqslant F_\alpha\}$,如果 $F \geqslant F_\alpha(l-1, n-l)$ 则拒绝 H_0,认为因素 A 的不同水平对总体有显著影响;如果 F 的值小于 $F_\alpha(l-1, n-l)$,则接受 H_0,认为因素 A 的不同水平对总体无显著影响.

通常取 $\alpha = 0.05$ 或 $\alpha = 0.01$. 一般地,当 $F < F_{0.05}$ 时,认为影响不显著;当 $F_{0.05} \leqslant F < F_{0.01}$ 时,认为影响显著,用记号 * 表示;当 $F \geqslant F_{0.01}$ 时,则认为影响特别显著,用记号 * * 表示. 通常为了表达的方便和直观,使用方差分析表如下(表 8.3).

表 8.3 单因素方差分析表

方差来源	平方和	自由度	平均平方和	F 值	临界值	显著性
组间	S_A	$l-1$	$S_A/(l-1)$	$F = \dfrac{S_A/(l-1)}{S_e/(n-1)}$	$F_{0.01}$ 或 $F_{0.05}$	
误差	S_e	$n-l$	$S_e/(n-l)$			
总和	S	$n-1$				

对于实际问题,运用一些统计软件可以非常方便地得到方差分析表. 表 8.4 是针对例 1 运用 microsoft Excel 97 中文版提供的"数据分析"功能得到的输出结果.

表 8.4 例 1 的方差分析表

差异源	SS	df	MS	F	P-Value	F_{crit}
组 间	14.61275	3	4.870917	0.36376	0.779539	2.866265
组 内	482.057	36	13.39047			
总 计	496.6698	39				

表中前 5 列与表 8.3 完全对应，表 8.4 中 $F_{\text{crit}} = F_{0.05}(3,36)$，而 $P\text{-Value} = P(F \leqslant 0.36376) = 0.779539$，这里 $F \sim F(3,36)$. 无论由 P-Value 或 F_{crit} 的值都可知不能拒绝原假设 H_0，从而认为专业的选择对毕业生工作第一年的收入没有显著影响.

§8.2 一元线性回归分析

一、回归模型

无论是物理、生物等自然科学还是在经济、管理等社会学科，都要研究变量与变量的关系问题，通常这种关系有两种形式.

一种是我们熟知的函数关系，比如匀速运动物体运动的距离 s，速度 v 和运动时间 t 之间有明确的关系

$$s = v \cdot t,$$

任意给定 v 和 t 的值，s 也被完全确定. 这种确定性是函数关系的重要特征.

另一种关系则无法通过明确的函数关系来表达，我们可以先看下面的例子.

例 1 以家庭为单位，某种商品年需求量与该商品价格之间的一组调查数据如表 8.5.

表 8.5

价格 p_i(元)	1	2	2	2.3	2.5	2.6	2.8	3	3.3	3.5
需求量 d_i(500g)	5	3.5	3	2.7	2.4	2.5	2	1.5	1.2	1.2

可以看出，尽管价格不变，需求仍可能变化，价格改变，需求也可能不变. 但是，总的趋势是家庭对该商品的年需求量随着价格的上升而减少，统计学上将类似于上述价格与年需求量之间这种不具有确定函数

关系的两个变量之间的统计关系称为<u>相关关系</u>. 我们要找出近似地描述它们关系的回归函数, 也就是求出 d 对于 p 的回归方程.

二、一元线性回归模型

为了确定回归函数 $\hat{d}=f(p)$ 的类型, 先把 10 对数据作为平面直角坐标系的平面上点的坐标, 将这些点画在坐标平面上, 得到散点图(图 8.1). 可以看出, 所有散点大体上散布在一条直线的周围, 即需求量与价格大致成线性关系. 因而可以认为该种商品的需求量 d 对价格 p 的回归函数类型为直线型. 我们把 d 对 p

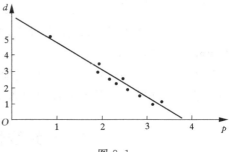

图 8.1

的回归函数记为 $\hat{d}=\beta_0+\beta_1 p$, 称之为 d 对 p 的回归方程. 要求出回归方程, 就是要找出 β_0 和 β_1 的估计量 $\hat{\beta}_0$ 和 $\hat{\beta}_1$, 使直线 $\hat{d}=\hat{\beta}_0+\hat{\beta}_1 p$ 总的看来与所有散点最接近, 通常是使得 $\sum (d_i-\hat{d}_i)^2$ 达到最小.

一般地, 两个变量的线性回归模型为
$$y=\beta_0+\beta_1 x+\varepsilon,$$
取一个容量为 n 的样本 $(x_1,y_1),\cdots,(x_n,y_n)$, 有
$$y_i=\beta_0+\beta_1 x_i+\varepsilon_i, i=1,\cdots,n,$$
并且假定:
$$E\varepsilon_i=0, \quad D(\xi_i)=\sigma^2, \quad i=1,\cdots,n,$$
$\varepsilon_1,\cdots,\varepsilon_n$ 为 n 个独立的随机变量,

令
$$Q=\sum_{i=1}^{n}[y_i-(\beta_0+\beta_1 x_i)]^2,$$
求出 $\hat{\beta}_0$ 和 $\hat{\beta}_1$ 使 Q 最小, 由微积分知识知, 这可由
$$\begin{cases} \dfrac{\partial Q}{\partial \beta_0}=-2\sum_{i=1}^{n}[y_i-(\beta_0+\beta_1 x_i)]=0, \\ \dfrac{\partial Q}{\partial \beta_1}=-2\sum_{i=1}^{n}[y_i-(\beta_0+\beta_1 x_i)]x_i=0, \end{cases} \quad (8.6)$$
得到, 解方程组(8.6), 可得

$$\begin{cases} \hat{\beta}_1 = \dfrac{\sum_{i=1}^{n}(x_i-\bar{x})(y_i-\bar{y})}{\sum_{i=1}^{n}(x_i-\bar{x})^2} = \dfrac{\sum_{i=1}^{n}x_i y_i - n\bar{x}\bar{y}}{\sum_{i=1}^{n}x_i^2 - n\bar{x}^2}, \\ \hat{\beta}_0 = \bar{y} - \hat{\beta}_1 \bar{x}, \end{cases} \quad (8.7)$$

这里 $\bar{x} = \dfrac{1}{n}\sum_{i=1}^{n}x_i, \bar{y} = \dfrac{1}{n}\sum_{i=1}^{n}y_i$. 可以证明 $\hat{\beta}_0, \hat{\beta}_1$ 确实使平方和 Q 达到最小,我们称 $\hat{\beta}_0$ 和 $\hat{\beta}_1$ 是 β_0 和 β_1 的最小二乘估计. 于是所求的回归方程为

$$\hat{y} = \hat{\beta}_0 + \hat{\beta}_1 x_0. \quad (8.8)$$

对于例1,可以求出 $\hat{\beta}_1 = -1.6, \hat{\beta}_0 = 6.5$,故所求回归方程为
$$\hat{d} = 6.5 - 1.6p.$$

三、一元线性回归模型的检验

用最小二乘法求出的回归直线并不需要事先假定 y 与 x 一定具有线性相关关系. 就最小二乘法本身而言,对任意一组数据都可以用 (8.7) 和 (8.8) 式给它们配一条直线,因此,需要判断这两个变量间是否真的存在着近似线性的关系. 如果在 $y = \beta_0 + \beta_1 x + \varepsilon$ 中的 $\beta_1 = 0$,说明 x 值的变化对 y 没有影响,因此用回归直线方程 (8.8) 不能近似地描述 y 与 x 之间的关系. 所以我们要对模型进行检验. 为了寻求检验的统计量,我们常设

$$\varepsilon_i \sim N(0, \sigma^2), \quad i = 1, \cdots, n, \quad (8.9)$$

而要检验变量 x 是否对 y 有解释作用等价于如下的假设

$$H_0: \beta_1 = 0$$

是否成立,如果 H_0 成立,则 x 对 y 没有解释作用;反之,若 H_0 被拒绝,则 x 与 y 有线性相关关系.

为了寻找检验 H_0 的方法,将 x 对 y 的线性影响与随机波动引起的变差分开,令

$$SST = \sum_{i=1}^{n}(y_i - \bar{y})^2, \quad (8.10)$$

$$SSE = \sum_{i=1}^{n}(y_i - \hat{y}_i)^2, \quad (8.11)$$

$$SSR = \sum_{i=1}^{n} (\hat{y}_i - \bar{y})^2, \tag{8.12}$$

则有平方和分解公式

$$SST = SSE + SSR. \tag{8.13}$$

事实上,

$$\begin{aligned} SST &= \sum_{i=1}^{n} (y_i - \bar{y})^2 \\ &= \sum_{i=1}^{n} [(y_i - \hat{y}_i) + (\hat{y}_i - \bar{y})]^2 \\ &= \sum_{i=1}^{n} (y_i - \hat{y}_i)^2 + \sum_{i=1}^{n} (\hat{y}_i - \bar{y})^2 + 2 \sum_{i=1}^{n} (y_i - \hat{y}_i)(\hat{y}_i - \bar{y}). \end{aligned}$$

由(8.7),(8.8)式,上式的最后一项为

$$\begin{aligned} & 2 \sum_{i=1}^{n} (y_i - \hat{y}_i)(\hat{y}_i - \bar{y}) \\ &= 2\hat{\beta}_1 \Big[\sum_{i=1}^{n} [(y_i - \bar{y})(x_i - \bar{x}) - \hat{\beta}_1 (x_i - \bar{x})^2] \Big] \\ &= 2\hat{\beta}_1 \Big[\sum_{i=1}^{n} (y_i - \bar{y})(x_i - \bar{x}) - \sum_{i=1}^{n} (y_i - \bar{y})(x_i - \bar{x}) \Big] \\ &= 2\hat{\beta}_1 \cdot 0 = 0. \end{aligned}$$

故(8.13)式成立.

我们称 SST 为总离差平方和,SSE 为残差平方和,SSR 为回归平方和.可以证明,

$$E(SSR) = \sigma^2 + \beta_1^2 \left(\sum_{i=1}^{n} x_i^2 - n\bar{x}^2 \right)$$

$$E(SSE) = (n-2)\sigma^2,$$

故如果 H_0 成立,$E(SSR) = \sigma^2$;当 H_0 不成立时,由于 $\beta_1 \neq 0$,故 $E(SSR) > \sigma^2$.我们令

$$F = \frac{SSR}{SSE/(n-2)}, \tag{8.14}$$

当 H_0 不成立时,分子 SSR 有增大的趋势;而当 H_0 成立时,$F \sim F(1, n-2)$.故我们可取检验 H_0 的拒绝域为

$$\{F \geqslant F_\alpha(1, n-2)\}. \tag{8.15}$$

我们也可用方差分析表(表 8.6)将上述过程表达出来.

表 8.6 回归方程显著性检验的方差分析表

方差来源	平方和	自由度	均方和	F 值
回归	$SSR=\sum_{i=1}^{n}(\hat{y}_i-\bar{y})^2$	1	$MSR=\dfrac{SSR}{1}$	$F=\dfrac{MSR}{MSE}$
残差	$SSE=\sum_{i=1}^{n}(y_i-\hat{y}_i)^2$	$n-2$	$MSE=\dfrac{SSE}{n-2}$	
总计	$SST=\sum_{i=1}^{n}(y_i-\bar{y})^2$	$n-1$		

对于例 1 的方差分析表如表 8.7 所示.

表 8.7 例 1 数据的方差分析

	df	SS	MS	F
回 归	1	11.86	11.86	296.5
残 差	8	0.32	0.04	
总 计	9	12.18		

由于 $F_{0.01}(1,8)=11.26$,而 $F=296.5\gg 11.26$,故拒绝 H_0,可以认为变量 p 对 d 有极其显著的影响,即可认为价格 p 与需求量 d 之间有近似线性关系,所得回归方程 $\hat{d}=6.5-1.6p$ 是有意义的.

我们还可以利用 x 和 y 的相关系数(参见附表 6)来检验 H_0,在此不再赘述.

四、一元线性回归的预测和控制

如果我们利用数据 $(x_i,y_i),i=1,\cdots,n$ 求出了线性回归方程
$$\hat{y}=\hat{\beta}_0+\hat{\beta}_1x, \tag{8.16}$$
则对于自变量的一个值 x_0,我们可由(8.16)求出 y_0 的估计值,
$$\hat{y}_0=\hat{\beta}_0+\hat{\beta}_1x_0,$$
我们当然希望知道,如果用 $\hat{y}_0$ 作为 y_0 的估计值,它的精确性与可靠性如何? 为此,应当对 y_0 进行区间估计,即对于给定的置信概率 $1-\alpha$,求出 y_0 的置信区间,称为**预测区间**. 这就是所谓的预测问题.

可以证明,当 n 很大时,对于任一 x_0,y_0 近似地服从正态分布 $N(\hat{y}_0,s^2)$,其中 $\hat{y}_0=\hat{\beta}_0+\hat{\beta}_1x_0$,$s^2=SSE/(n-2)$. 据此,可知置信概率为 $1-\alpha$ 的 y_0 的置信区间为
$$(\hat{y}_0-u_{\alpha/2}\cdot s,\hat{y}_0+u_{\alpha/2}\cdot s). \tag{8.17}$$

应该指出,利用回归方程进行预测时,不能将数据的范围任意扩大,即只能在原来的范围左右考察.

例 2 预测例 1 中当价格为 3.5 元时,该种商品的年需求量的 95% 的置信区间.

解 在例 1 中我们已求得线性回归方程为
$$\hat{d} = 6.5 - 1.6p,$$
而 $SSE = 0.32$,故 $s = \sqrt{0.32/8} = 0.2$,当 $p_0 = 3.5$ 时,$\hat{d}_0 = 0.9$,故
$$0.9 \pm 1.96 \times 0.2 = 0.9 \pm 0.398,$$
即 d_0 的 95% 的置信区间为
$$(0.502, 1.298).$$

现在,我们简要说明利用线性回归方程进行控制的问题,即我们要求观察值 y 落在指定的区间 (y_1, y_2) 内,应把 x 的值控制在什么范围内?这个问题实际上是预测的反问题.如取置信概率 $1 - \alpha = 0.95$,则 x 的控制区间可以从图 8.2 中所示的对应关系来确定.

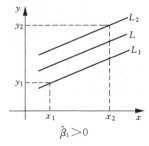
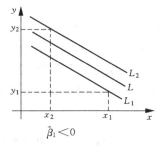

图 8.2

从方程
$$L_1 : y_1 = \hat{\beta}_0 - 1.96s + \hat{\beta}_1 x_1,$$
$$L_2 : y_2 = \hat{\beta}_0 + 1.96s + \hat{\beta}_1 x_2,$$
分别解出 x_1 和 x_2,则当 $\hat{\beta}_1 > 0$ 时,控制区间为 (x_1, x_2);当 $\hat{\beta}_1 < 0$ 时,控制区间为 (x_2, x_1).显然,为了实现控制,我们必须使区间 (y_1, y_2) 的长度 $y_2 - y_1$ 不小于 $3.92s$.

五、一元非线性问题的线性化

如果由观察数据画出的散点图或由经验认为两个变量之间不能用线性回归方程来描述它们之间的相关关系,这时,选择适当的曲线可将其化为线性回归问题.

例 3 经过调查得到 8 个厂家对同种类型产品年新增加投资额和年利润额的数据资料,如表 8.8 所示.

表 8.8 八个厂家投资额与利润(单位:万元)

厂家	1	2	3	4	5	6	7	8
年新增投资额 x	4	6	10	11	15	17	18	20
利润额 y	6	7	9	10	17	24	23	26
$\ln y$	1.79	1.95	2.20	2.30	2.83	3.18	3.14	3.26

图 8.3 给出了年利润额与年新增投资额的散点图,从图中可以清楚地看出,随着 x 的增大,y 也有明显的增加的趋势. 但这种相关关系用一条直线来描述并不合适. 图 8.4 给出的是 $\ln y$ 与 x 的散点图,可以看出这些点基本上是围绕着一条直线波动,说明 $\ln y$ 与 x 之间近似地有线性关系.

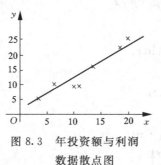

图 8.3 年投资额与利润数据散点图

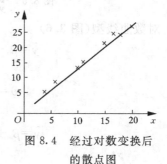

图 8.4 经过对数变换后的散点图

因此,我们令

$$z_i = \ln y_i, i = 1, \cdots, n, \tag{8.18}$$

求出变量 z 对 x 的回归方程为

$$\hat{z} = \hat{\beta}_0 + \hat{\beta}_1 x, \tag{8.19}$$

则 y 对 x 的回归方程是

$$\hat{y} = e^{\hat{z}} = e^{\hat{\beta}_0} \cdot e^{\hat{\beta}_1 x}, \tag{8.20}$$

利用表 8.8 中的数据,可得 $z = \ln y$ 对 x 的线性回归方程为

$$\hat{z} = 1.3139 + 0.1003 x,$$

从而 y 对 x 的回归方程是

$$\hat{y} = 3.7209 \cdot e^{0.1003 x}.$$

通过此例可以看出,可以通过对变量进行适当的变换将其化成新的变量之间的线性回归方程. 除了上面的类型,常见的函数还有:

1. 双曲线性（图 8.5）

$$1/\hat{y} = \beta_0 + \frac{\beta_1}{x}.$$

令 $\hat{z} = \dfrac{1}{\hat{y}}, w = \dfrac{1}{x}$，则

$$\hat{z} = \beta_0 + \beta_1 w.$$

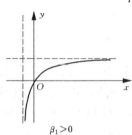
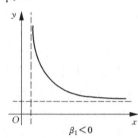

图 8.5 $\dfrac{1}{\hat{y}} = \beta_0 + \beta_1/x$

2. 对数曲线型（图 8.6）

$$\hat{y} = \beta_0 + \beta_1 \ln x.$$

令

$$w = \ln x,$$

则

$$\hat{y} = \beta_0 + \beta_1 \cdot w.$$

图 8.6 $\hat{y} = \beta_0 + \beta_1 \ln x$

3. 幂函数型（图 8.7）

$$\hat{y} = \beta_0 \cdot x^{\beta_1}.$$

令

$$\hat{z} = \ln \hat{y}, v = \ln \beta_0, w = \ln x,$$

则

$$\hat{z} = v + \beta_1 \cdot w.$$

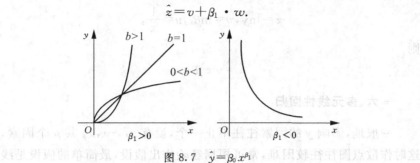

图 8.7 $\hat{y} = \beta_0 x^{\beta_1}$

4. 指数曲线型(图 8.8,图 8.9)

(1) $\hat{y} = \beta_0 e^{\beta_1 x} (\beta_0 > 0)$.

令
$$\bar{z} = \ln\hat{y}, v = \ln\beta_0,$$
则
$$\hat{z} = v + \beta_1 x.$$

(当 $\beta_0 < 0$ 时,可令 $v = \ln(-\beta_0), \hat{z} = \ln(-\hat{y})$)

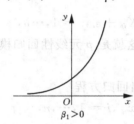 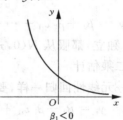

图 8.8 $\hat{y} = \beta_0 e^{\beta_1 / x}$

(2) $\hat{y} = \beta_0 e^{\beta_1/x} (\beta_0 > 0)$.

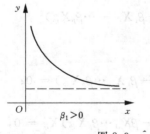 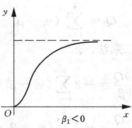

图 8.9 $\hat{y} = \beta_0 e^{\beta_1/x}$

令

$$\hat{z}=\ln\hat{y}, v=\ln\beta_0, u=\frac{1}{x},$$

则

$$\hat{z}=v+\beta_1 u.$$

*六、多元线性回归

一般地，影响 y 的因素往往不止一个，设有 $x_1,\cdots,x_p$ 共 p 个因素，这时作散点图往往较困难，常可根据经验作出假设，最简单的假设是线性关系假设.

1. 模型

$$Y=\beta_0+\beta_1 x_1+\cdots\beta_p x_p+\varepsilon,$$

其中 $x_1,\cdots,x_p$ 是可精确测量或可控制的一般变量，$\varepsilon\sim N(0,\sigma^2)$ 是不可观察的随机误差，这样，Y 也是随机变量，但 Y 是可观察的. 我们从几组独立观察值

$$(y_i; x_{i1},\cdots,x_{ip}), i=1,\cdots n$$

出发，设

$$y_i=\beta_0+\beta_1 x_{i1}+\cdots+\beta_p X_{ip}+\varepsilon_i, i=1,\cdots n,$$

其中 $\varepsilon_1,\cdots\varepsilon_p$ 独立，都服从 $N(0,\sigma^2)$，这就是 p 元线性回归模型.

2. 最小二乘估计

我们像一元线性回归一样，要求出回归方程

$$\hat{y}_i=\hat{\beta}_0+\hat{\beta}_1 x_{i1}+\cdots\hat{\beta}_p x_{ip}, i=1,\cdots,n,$$

这样，误差平方和是 $\sum_{i=1}^{n}(y_i-\hat{y}_i)^2$，我们欲求 $\hat{\beta}_0,\hat{\beta}_1,\cdots,\hat{\beta}_p$，使其极小化

$$Q=\sum_{i=1}^{n}(y_i-\beta_0-\beta_1 X_{i1}-\cdots\beta_p X_{ip})^2,$$

这就是最小二乘法. 令

$$\begin{cases} \dfrac{\partial Q}{\partial \beta_0}=-2\sum_{i=1}^{n}(y_i-\beta_0-\beta_1 X_{i1}\cdots\beta_p X_{ip})=0; \\ \dfrac{\partial Q}{\partial \beta_j}=-2\sum_{i=1}^{n}(y_i-\beta_0-\beta X_{i1}\cdots\beta_p X_{ip})X_{ij}=0, \end{cases}$$

$$j=1,\cdots,p,$$

经整理得

$$\begin{cases} n\beta_0 + \sum_{i=1}^{n} x_{i1}\beta_1 + \cdots + \sum_{i=1}^{n} x_{ip}\beta_p = \sum_{i=1}^{n} y_i; \\ \sum_{i=1}^{n} x_{i1}\beta_0 + \sum_{i=1}^{n} x_{i1}^2\beta_1 + \cdots + \sum_{i=1}^{n} x_{i1}x_{ip}\beta_p = \sum_{i=1}^{n} x_{i1}y_i; \\ \sum_{i=1}^{n} x_{ip}\beta_0 + \sum_{i=1}^{n} x_{ip}x_{i1}\beta_1 + \cdots + \sum_{i=1}^{n} x_{ip}^2\beta_p = \sum_{i=1}^{n} x_{ip}y_i, \end{cases} \quad (8.21)$$

称(8.21)为正规方程,其解即为 $\beta_0, \beta_1, \cdots \beta_p$ 的最小二乘估计. 若记

$$X = \begin{bmatrix} 1 & x_{11} & x_{1p} \\ \vdots & \vdots & \vdots \\ 1 & x_{n1} & x_{np} \end{bmatrix}, Y = \begin{bmatrix} y_1 \\ \vdots \\ y_n \end{bmatrix}, \beta = \begin{bmatrix} \beta_0 \\ \beta_1 \\ \vdots \\ \beta_p \end{bmatrix},$$

则(8.21)式可表示为

$$X'X\beta = X'Y, \quad (8.22)$$

如果 $X'X$ 的逆存在,则可得

$$\hat{\beta} = (X'X)^{-1}X'Y, \quad (8.23)$$

在很多应用场合, $X'X$ 的逆是存在的,进而,我们还可用

$$\hat{\sigma}^2 = \sum_{i=1}^{n}(y_i - \hat{y}_i)^2/(n-p-1), \quad (8.24)$$

作为 $\hat{\sigma}^2$ 的估计,可以证明它是无偏的,为了考察回归方程的意义,我们需对

$$H_0: \beta_1 = \cdots \beta_p = 0$$

进行检验,令

$$S_T = \sum_{i=1}^{n}(y_i - \bar{y})^2,$$

$$S_R = \sum_{i=1}^{n}(\hat{y}_i - \bar{y})^2,$$

$$S_e = \sum_{i=1}^{n}(y_i - \bar{y})^2,$$

则有平方和分解公式

$$S_T = S_R + S_e, \quad (8.25)$$

而检验的统计量是

$$F = \frac{S_R/p}{S_e/(n-p-1)},$$

检验 H_0 的拒绝域为
$$\{F \geqslant F_\alpha(p, n-p-1)\}.$$

例 4 在平炉炼钢中,由于矿石和炉气的氧化作用,铁水的总含碳量在不断降低. 一炉钢在冶炼初期总的去碳量 y 与所加的两种矿石的量 x_1, x_2 及熔化时间 x_3 有关,经实测某号平炉的 49 组数据如表 8.9 所示. 由经验知 y 与 x_1, x_2, x_3 之间有下述关系
$$y_i = \beta_0 + \beta_1 x_{i1} + \cdots + \beta_3 x_{i3} + \varepsilon_i, i = 1, \cdots, 49$$

试求出 $\beta_0, \beta_1, \beta_2, \beta_3$ 的最小二乘估计和 σ^2 的无偏估计,并对回归方程进行检验 ($\alpha = 0.01$).

表 8.9

编号	x_1 (槽)	x_2 (槽)	x_3 (5min)	y (吨)	编号	x_1 (槽)	x_2 (槽)	x_3 (5min)	y (吨)
1	2	18	50	4.3302	26	9	6	39	2.7066
2	7	9	40	3.6485	27	12	5	51	5.6314
3	5	14	46	4.4830	28	6	13	41	5.8152
4	12	3	43	5.5468	29	12	7	47	5.1302
5	1	20	64	5.4970	30	0	24	61	5.3910
6	3	12	40	3.1125	31	5	12	37	4.4533
7	3	17	64	5.1182	32	4	15	49	4.6569
8	6	5	39	3.8759	33	0	20	45	4.5212
9	7	8	37	4.6700	34	6	16	42	4.8650
10	0	23	55	4.9536	35	4	17	48	5.3566
11	3	16	60	5.0060	36	10	4	48	4.6098
12	0	18	49	5.2701	37	4	14	36	2.3815
13	8	4	50	5.3772	38	5	13	36	3.8746
14	6	14	51	5.34849	39	9	8	51	4.5919
15	0	21	51	4.5960	40	6	13	54	5.1588
16	3	14	51	5.6645	41	5	8	100	5.4373
17	7	12	56	6.0795	42	5	11	44	3.9960
18	16	0	48	3.2194	43	8	6	63	4.3970
19	6	16	45	5.8076	44	2	13	55	4.0622

20	0	15	52	4.7306	45	7	8	50	2.2905
21	9	0	40	4.6805	46	4	10	45	4.7115
22	4	6	32	3.1272	47	10	5	40	4.5310
23	0	17	47	2.6104	48	3	17	64	5.3637
24	9	0	44	3.7174	49	4	15	72	6.0771
25	2	16	39	3.8946					

解 利用(8.21)式得到正规方程组

$$\begin{cases} 49\beta_0 + 259.014\beta_1 + 577.994\beta_2 + 2410.996\beta_3 = 224.518; \\ 259.014\beta_0 + 2031\beta_1 + 2137\beta_2 + 12355\beta_3 = 1180.30; \\ 577.994\beta_0 + 2137\beta_1 + 8572\beta_2 + 29216\beta_3 = 2717.51; \\ 2410.996\beta_0 + 12355\beta_1 + 29216\beta_2 + 124879\beta_3 = 11292.72. \end{cases}$$

解这个方程组得

$$\hat{\beta}_0 = 0.7014, \hat{\beta}_1 = 0.1604, \hat{\beta}_2 = 0.1076, \hat{\beta}_3 = 0.0359,$$

故所求得的回归方程为

$$\hat{y} = 0.7014 + 0.1604x_1 + 0.1076x_2 + 0.0359x_3,$$

进一步可算得

$$S_e = \sum_{i=1}^{49}(y_i - \hat{y}_i)^2 = 29.684,$$

$$S_T = \sum_{i=1}^{49}(y_i - \bar{y})^2 = 44.905,$$

$$S_R = S_T - S_e = 15.221,$$

故 σ^2 的无偏估计为

$$\hat{\sigma}^2 = \frac{S_e}{n-p-1} = \frac{29.684}{49-3-1} = 0.660,$$

而关于回归方程的检验是要检验假设

$$H_0: \beta_1 = \beta_2 = \beta_3 = 0,$$

检验的统计量

$$F = \frac{S_R/3}{S_e/(49-3-1)} = 7.69 > 7.24 = F_{0.01}(3,45),$$

故拒绝 H_0,认为去碳量关于这 3 个变量的回归方程在 $\alpha = 0.01$ 水平下有显著意义.

习题 8

1. 3 台机器制造同一种产品，记录 5 天的产量如下：

机　器	I	II	III
日产量	138	163	155
	144	148	144
	135	152	159
	149	146	147
	143	157	153

检验这 3 台机器的日产量是否有显著差异？

2. 粮食加工用 4 种不同的方法储藏粮食，储藏一段时间后，分别抽样化验，得到粮食含水率如下：

储藏方法	I	II	III	IV
含水量	7.3	5.8	8.1	7.9
	8.3	7.4	6.4	9.0
	7.6	7.1	7.0	
	8.4			
	8.3			

检验这 4 种不同的储藏方法对粮食的含水率是否有显著影响。

3. 研究物体在横断面上渗透深度 h(cm) 与局部能量 E（每平方厘米面积上的能量）的关系，得到试验结果如下：

E_i	h_i	E_i	h_i	E_i	h_i
41	4	139	20	250	31
50	8	154	19	269	36
81	10	180	23	301	37
104	14	208	26		
120	16	241	30		

检验渗透深度 h 与局部能量 E 之间是否存在显著的线性相关关系，如果存在，求 h 关于 E 的线性回归方程。

4*. 证明由公式(8.7)给出的 $\hat{\beta}_0$ 和 $\hat{\beta}_1$ 分别是 β_0 和 β_1 的无偏估计量。

5*. 在某种产品的表面腐蚀刻线，腐蚀深度 u 与腐蚀时间 t 有关，测得结果如下：

t_i(s)	$u_i(\mu m)$	t_i(s)	$u_i(\mu m)$	t_i(s)	$u_i(\mu m)$
5	5	30	16	70	25
6	8	40	17	90	29
15	10	50	19	120	46
20	13	60	23		

(1) 检验腐蚀深度 u 与腐蚀时间 t 之间是否存在显著的线性相关关系,如果存在,求 u 关于 t 的线性回归方程.

(2) 预测 $t=100$s 时腐蚀深度的变化区间(取置信概率为 0.95).

6. 某种合金钢的抗拉强度 y 与钢中含碳量 x 有关,测得数据如下:

x_i(%)	y_i(kg/mm²)	x_i(%)	y_i(kg/mm²)
0.05	40.8	0.13	45.6
0.07	41.7	0.14	45.1
0.08	41.9	0.16	48.9
0.09	42.8	0.18	50.0
0.11	43.6	0.20	55.0
0.10	42.0	0.21	54.8
0.12	44.8	0.23	60.0

(1) 检验抗拉强度 y 与含碳量 x 之间是否存在显著的线性相关关系,如果存在,求 y 关于 x 的线性回归方程;

(2) 预测当含碳量为 0.15% 时,抗拉强度的变化区间(取置信概率为 95%).

7*. 一册书的成本费与印刷的册数 x 有关,统计结果如下:

x_i(千册)	y_i(元)	x_i(千册)	y_i(元)
1	10.15	20	1.62
2	5.52	30	1.41
3	4.08	50	1.30
5	2.85	100	1.21
10	2.11	200	1.15

检验成本费 y 与印刷数的倒数 $\dfrac{1}{x}$ 之间是否存在着显著的线性相关关系,如果存在,求 y 关于 x 的回归方程.

8*. 在彩色显影中,根据经验,形成染料光学密度 y 与析出银的光学密度 x 由公式

$$y = Ae^{b/x} \quad (b<0)$$

表示,测得试验数据如下:

x_i	y_i	x_i	y_i	x_i	y_i
0.05	0.10	0.14	0.59	0.38	1.19
0.06	0.14	0.20	0.79	0.43	1.25
0.07	0.23	0.25	1.00	0.47	1.29
0.10	0.37	0.31	1.12		

求 y 关于 x 的回归方程.

9*. 根据下表数据判断某商品供给量 S 与价格 p 间回归函数的类型,并求出

S 对 p 的回归方程,并表明 S 对 p 是否有显著影响($\alpha=0.05$).

价格 p_i(元)	7	12	6	9	10	8	12	6	11	9	12	10
供给量 S(吨)	57	72	51	57	60	55	70	55	70	53	76	56

10*. 设 y 与 x 满足不相关线性模型

$y_i = b_0 + b_1 x_i + b_2(3x_i^2 - 2) + \varepsilon_i, i=1,2,3$,给定观察值 $x_1=-1, x_2=0, x_3=1$,写出观察值矩阵 X,并求 b_0, b_1, b_2 的最小二乘估计.

11*. 下表列出了 13 个同样身高的男人的收缩压(y)、体重(x_1)和年龄(x_2)的数据,试求 y 关于 x 的回归方程 $\hat{y} = \beta_0 + \beta_1 x_1 + \beta_2 x_2$,并在误差是正态假设之下,对回归方程进行检验($\alpha=0.05$).

y	120	141	124	126	117	125	123	125	132	123	132	155	147
x_1	152	183	171	165	158	161	146	158	170	153	164	190	185
x_2	50	20	20	30	30	50	60	50	40	55	40	40	20

第 9 章

Excel 统计分析

常用的统计分析软件有 SPSS,SAS 等,但它们专业性太强,学习起来比较困难. 而对于常见的统计分析问题,用 Excel 完全可以处理. 本章利用 Excel 的数据处理功能来处理概率统计中的一些基本问题.

§9.1 利用随机数发生器产生随机数

利用随机数发生器可以产生均匀分布、正态分布、贝努利分布、二项分布、泊松分布和给定分布列的离散型分布等几种分布的随机数,下面给出产生正态分布和给定分布列的离散型分布的方法.

一、产生 100 个服从均值为 2,标准差为 3 的正态分布

(1)在"工具"菜单中选择"数据分析"选项,弹出"数据分析"对话框,在"分析工具"列表中双击"随机数发生器"选项,打开"随机数发生器"对话框,如图 9.1 所示.

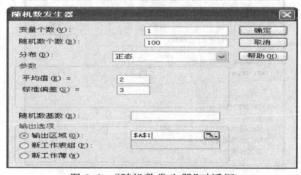

图 9.1 "随机数发生器"对话框

(2) 在"变量个数"和"随机数个数"选项中分别输入 1 和 100,"分布"选项中选择"正态","平均值"和"标准偏差"选项中分别输入 2 和 3,再选择输出区域的位置,如 A1,单击"确定",这样就产生 100 个服从均值为 2,标准差为 3 的正态分布的随机数,并把它们放在 A 列中 (A1:A100).

二、产生 50 个服从分布列为 $\begin{pmatrix} 3 & 4 & 5 & 6 \\ 0.15 & 0.25 & 0.4 & 0.2 \end{pmatrix}$ 的随机数

(1) 选择一块 4 行 2 列的单元格区域,如 A1:B4,在第一列 A1:A4 输入随机变量的取值 3,4,5,6,第二列 B1:B4 输入相应的概率取值 0.15,0.25,0.4,0.2,如图 9.2 所示.

图 9.2 Excel 工作表

(2) 打开"随机数发生器"对话框,在"变量个数"和"随机数个数"选项中分别输入 1 和 50,分布选项中选择"离散",数值与概率输入区域选择 A1:B4,输出区域选择 C1,单击"确定",这样就产生 50 个服从该分布的随机数,并把它们放在 C 列中(C1:C50),如图 9.3 所示.

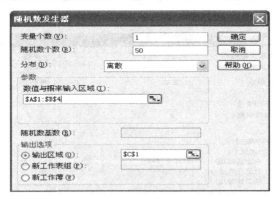

图 9.3 "随机数发生器"对话框

§9.2 常见的几个分布的概率计算

一、二项分布

已知 X 服从二项分布 $B(10,0.1)$,求 $P(X=3)$ 和 $P(X\leqslant 3)$.

操作步骤如下:

(1)打开"插入"菜单,选择"函数"选项,打开"插入函数"对话框,在"选择类别"选项中选择"统计",在"选择函数"选项中选择二项分布函数 BINOMDIST.

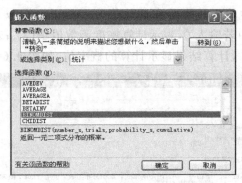

图 9.4 "插入函数"对话框

(2)单击"确定",打开二项分布函数对话框,Number_s 中输入试验成功次数 3,Trials 中输入试验次数 10,Probability_s 中输入成功概率 0.1,Cumulative 中若输入 0,表示计算 $P(X=3)$;若输入 1,表示计算 $P(X\leqslant 3)$,计算结果显示计算的概率值,如图 9.5 所示.

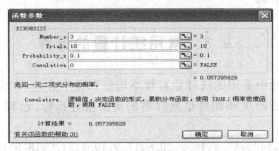

图 9.5 "二项分布函数"对话框

类似地可以在"选择函数"选项中选择泊松分布函数 POISSON,负二项分布函数 NEGBINOMDIST,超几何分布函数 HYPGEOMDIST.

二、正态分布

已知 X 服从正态分布 $N(2,9)$,求密度函数值 $P(3)$ 和 $P(X\leqslant 3)$.

操作步骤如下:

(1)打开"插入"菜单,选择"函数"选项,打开"插入函数"对话框,在"选择类别"选项中选择"统计",在"选择函数"选项中选择正态分布函数 NORMDIST.

(2)单击"确定",打开正态分布函数对话框,X 中输入计算概率的数值 3,Mean 中输入正态分布的均值 2,Standard_dev 中输入标准差 3,Cumulative 中若输入 0,表示计算密度函数值 $P(3)$;若输入 1,表示计算 $P(X\leqslant 3)$,计算结果显示计算的概率值,如图 9.6 所示.

图 9.6 "正态分布函数"对话框

类似地可以在"选择函数"选项中选择指数分布函数 EXPONDIST 等.

§9.3 常用统计量的计算

数理统计中常用的统计量有样本均值和样本方差,在应用统计中,中位数、众数、峰度和偏度也是样本的重要统计指标.已知一组样本观察值为

15.8,24.2,14.5,17.4,13.2,20.8,17.9,19.1,21.0,18.5,16.4,22.6,

操作步骤如下:

(1)将这一组数据输入 Excel 表格的某一列中,如 A1:A12,如图 9.7 所示。

图 9.7 Excel 工作表

(2)在"工具"菜单中选择"数据分析"选项,弹出"数据分析"对话框,在"分析工具"列表中双击"描述统计",打开描述统计对话框,如图 9.8 所示。

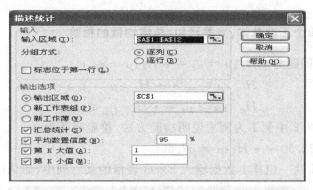

图 9.8 "描述统计"对话框

(3)在"输入区域"中选择样本数据所在区域 A1:A12,"分组方式"选择"逐列","输出区域"为计算出来的指标所在初始区域,如 C1。"平均数置信度"可以根据需要选择,默认为 95%。

(4)单击"确定",输出如下表格,其中"平均"指样本均值,"标准差"指修正的样本标准差,"方差"指修正的样本方差,由平均 18.45 和半置信区间长度(置信度(95.0%))2.085663738 可以计算出正态总体方差未知时均值的置信度为 95% 的置信区间为(18.45−2.085663738,

18.45+2.085663738），如图 9.9 所示.

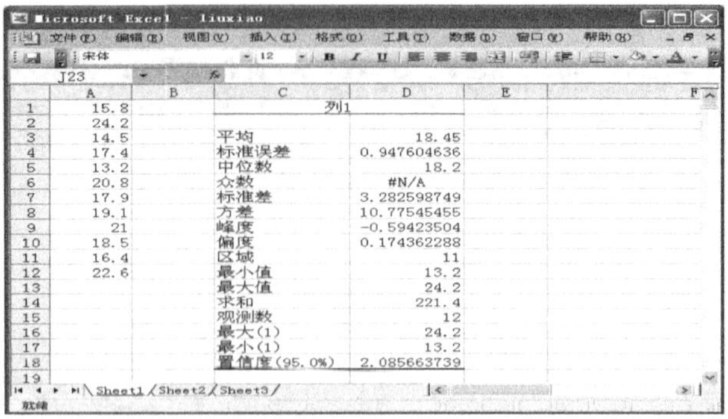

图 9.9 "描述统计"工作表

§9.4 假设检验

一、单个正态总体，方差已知，总体均值的检验

检验问题为 $H_0:\mu=\mu_0 \longleftrightarrow H_1:\mu\neq\mu_0$；
$\qquad\qquad H_0{'}:\mu\leqslant\mu_0 \longleftrightarrow H_1{'}:\mu>\mu_0$；
$\qquad\qquad H_0{''}:\mu\geqslant\mu_0 \longleftrightarrow H_1{''}:\mu<\mu_0$.

以§7.2 中例 1 为例来说明检验方法.检验问题为：
$H_0:\mu=32.50 \longleftrightarrow H_1:\mu\neq 32.50$

（1）将这一组样本数据输入 Excel 表格的某一列中，如 A1：A6.

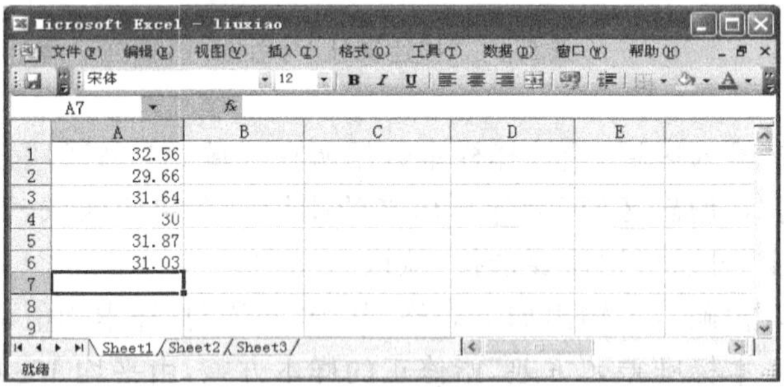

图 9.10 Excel 工作表

(2)打开"插入"菜单,选择"函数"选项,打开"插入函数"对话框,在"选择类别"选项中选择"统计",在"选择函数"选项中选择函数ZTEST.

(3)打开 ZTEST 对话框,在 Array 中输入样本数据区域 A1:A6,X 中输入检验值 $\mu_0=32.5$,Sigma 中输入标准差 1.1,得到计算结果为 0.998886463,这是 $P_{H_0}(U \leqslant |u|)$ 的值,如图 9.11 所示.

图 9.11 "ZTEST 函数"对话框

(4)打开"插入"菜单,选择"函数"选项,打开"插入函数"对话框,在"选择类别"选项中选择"统计",在"选择函数"选项中选择函数NORMSINV.

(5)打开 NORMSINV 对话框,在 Probability 中输入 0.998886463,得到的计算结果即为 $|u|$ 值,$u=-|u|=-3.058150898$,如图 9.12 所示.

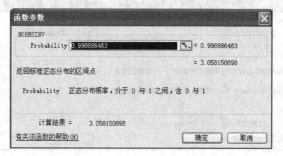

图 9.12 "NORMSINV 函数"对话框

(6)由于是双侧检验,水平 $\alpha=0.05$,计算临界值 $u_{0.025}$. 在"选择函数"选项中选择函数 NORMSINV,在 Probability 中输入 $1-\alpha/2=$

0.975,得到的计算结果 $u_{0.025}=1.959963985$. 如图 9.13 所示.

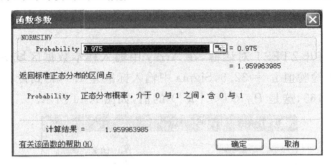

图 9.13 "NORMSINV 函数"对话框

由于 $|u|>u_{0.025}$,所以拒绝原假设.

对于 $H_0' \leftrightarrow H_1'$,可以通过 P 值 $= P_{H_0}(U \geqslant u)=0.998886463 \gg 0.05$ 而接受原假设;对于 $H_0'' \leftrightarrow H_1''$,由于 $p=1-0.998886463=0.001113537<0.05$,故拒绝原假设.

本例中如果方差未知,那么这个检验就成为 t -检验,在第(3)步中 Sigma 忽略即可,得到计算结果为 0.998635761,第(5)步得到相应 t 值为 -2.996779747. 第(6)步中选择 TINV 函数,由于 TINV 用来返回给定自由度和双尾概率的 t 分布的 t 值,所以在 Probability 中输入 0.05,Deg_freedom 中输入 n$-1=5$,得到临界值 2.570581835,所以拒绝原假设.也可以类似地用 P 值与检验水平比较得出结论.

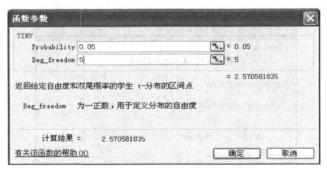

图 9.14 "TINV 函数"对话框

二、两个正态总体,方差未知但相等,总体均值之差的检验

检验问题为:已知 $\sigma_1^2=\sigma_2^2$,

$H_0: \mu_1 - \mu_2 = a \longleftrightarrow H_1: \mu_1 - \mu_2 \neq a$；

$H_0: \mu_1 - \mu_2 \leqslant a \longleftrightarrow H_1: \mu_1 - \mu_2 > a$；

$H_0: \mu_1 - \mu_2 \geqslant a \longleftrightarrow H_1: \mu_1 - \mu_2 < a$.

以§7.3中例1为例说明分析步骤.

(1)将两组数据输入Excel表格的两列中,如A1:A5和B1:B4,如图9.15所示.

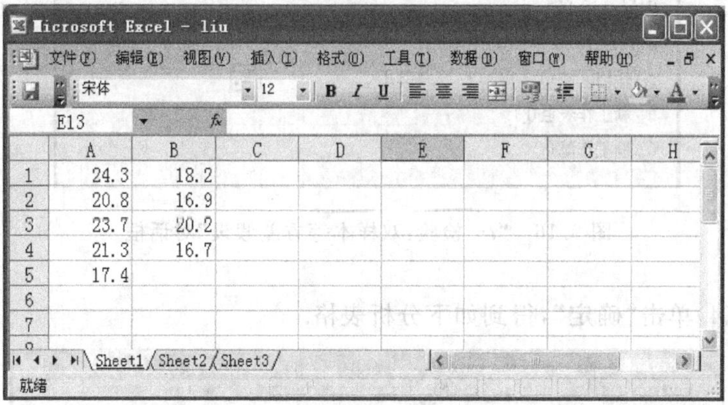

图9.15 "Excel工作表

(2)在"工具"菜单中选择"数据分析"选项,弹出"数据分析"对话框,在"分析工具"列表中双击"t-检验:双样本等方差假设",打开"t-检验:双样本等方差假设"对话框.

(3)在"变量1的区域"选定A1:A5,"变量2的区域"选定B1:B4. 在假设平均差这一项,如果检验问题为:

$$H_0: \mu_1 = \mu_2 \longleftrightarrow H_1: \mu_1 \neq \mu_2,$$

则输入0;如果检验问题为:

$$H_0: \mu_1 - \mu_2 = 3 \longleftrightarrow H_1: \mu_1 - \mu_2 \neq 3,$$

则输入3,这里应输入0. α表示检验水平0.05. 输出区域可以选择C1,如图9.16所示.

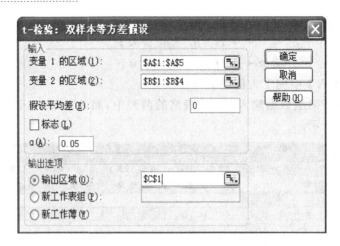

图 9.16 “t—检验:双样本等方差假设”对话框

(4)单击“确定”,得到如下分析表格.

	A	B	C	D	E
1	24.3	18.2	t-检验：双样本等方差假设		
2	20.8	16.9			
3	23.7	20.2		变量 1	变量 2
4	21.3	16.7	平均	21.5	18
5	17.4		方差	7.505	2.59333
6			观测值	5	4
7			合并方差	5.4	
8			假设平均差	0	
9			df	7	
10			t Stat	2.245251	
11			P(T<=t) 单尾	0.0298071	
12			t 单尾临界	1.8945786	
13			P(T<=t) 双尾	0.0596143	
14			t 双尾临界	2.3646243	
15					

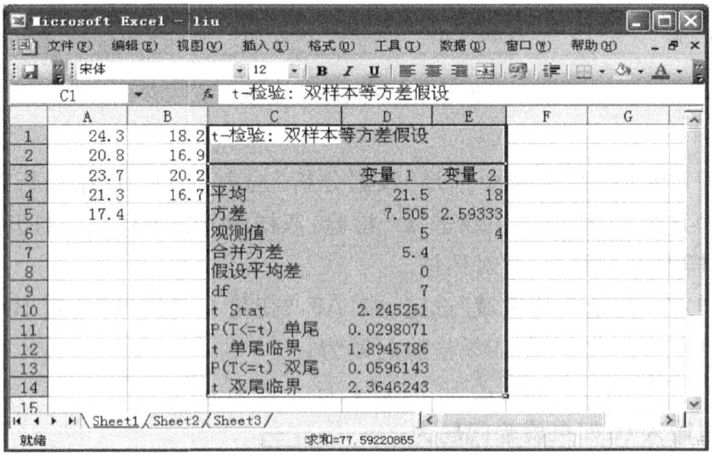

图 9.17 “t—检验:双样本等方差假设”分析表

①df:表示假设检验的自由度,等于两个样本容量之和减 2.

②t Stat:称为 t 统计量,即 $t=\dfrac{(\overline{x_1}-\overline{x_2})-(\mu_1-\mu_2)}{S_{\omega}\sqrt{\dfrac{1}{n_1}+\dfrac{1}{n_2}}}$.

③$P(T<=t)$ 单尾:也称为单侧 P 值,取决于所计算出的统计量 t 和自由度 df 的值,如果 t 为负,单侧 P 值为 $P(T<=t)$;如果 t 为正,

单侧 P 值为 $P(T>=t)$. 本例中为 $P(T>=t)$.

④$P(T<=t)$ 双尾：也称为双侧 P 值，等于单侧 P 值的 2 倍. 本例是双侧检验，用检验水平 α 与 P 值比较，若 $\alpha>P$，则拒绝原假设；若 $\alpha<P$，则接受原假设. 所以本题接受原假设.

⑤t 单尾临界和 t 双尾临界：与方差已知时类似，取决于检验问题.

三、两个正态总体，方差比的检验

检验问题为：

$H_0:\sigma_1^2=\sigma_2^2 \longleftrightarrow H_1:\sigma_1^2\neq\sigma_2^2$；

$H_0':\sigma_1^2\leq\sigma_2^2 \longleftrightarrow H_1':\sigma_1^2>\sigma_2^2$；

$H_0'':\sigma_1^2\geq\sigma_2^2 \longleftrightarrow H_2'':\sigma_1^2<\sigma_2^2$.

以 §7.3 中例 3 为例.

(1) 将两组数据输入 Excel 表格的两列中，如 A1：A6 和 B1：B10，如图 9.18 所示.

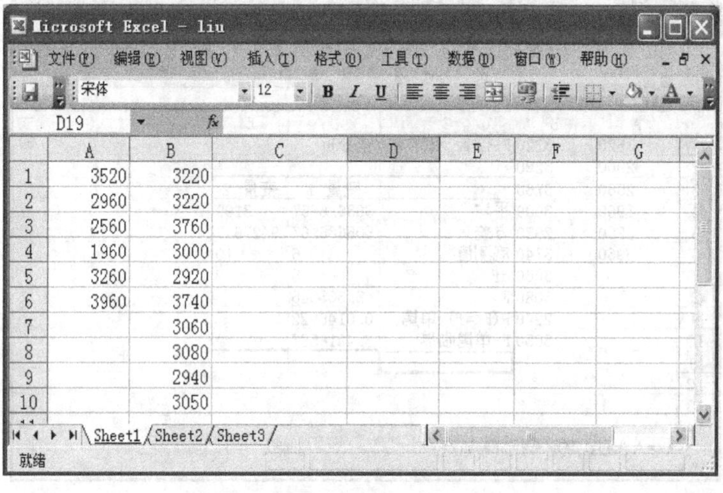

图 9.18 Excel 工作表

(2) 在"工具"菜单中选择"数据分析"选项，弹出"数据分析"对话框，在"分析工具"列表中双击"F 检验：双样本方差"，打开"F-检验 双样本方差"对话框.

(3) 在"变量 1 的区域"选定 A1：A6，"变量 2 的区域"选定 B1：B10. α 表示检验水平 0.05. 输出区域可以选择 C1，如图 9.19 所示.

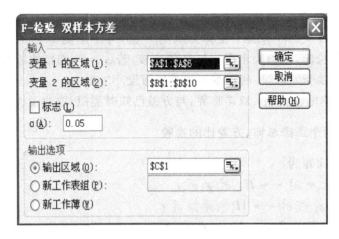

图 9.19 “*F*-检验 双样本方差”对话框

(4)单击“确定”,得到如下分析表格.

	A	B	C	D	E
1	3520	3220	F-检验 双样本方差分析		
2	2960	3220			
3	2560	3760		变量 1	变量 2
4	1960	3000	平均	3036.6667	3199
5	3260	2920	方差	505666.67	94276.7
6	3960	3740	观测值	6	10
7		3060	df	5	9
8		3080	F	5.363646	
9		2940	P(F<=f) 单尾	0.0146522	
10		3050	F 单尾临界	3.4816587	

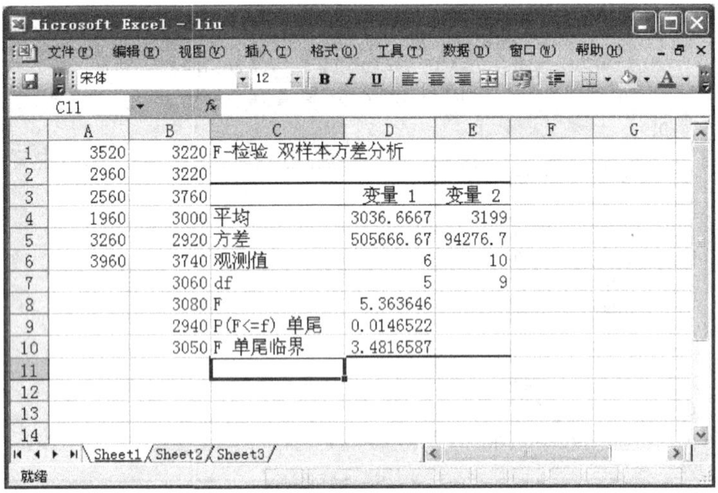

图 9.20 “*F*-检验 双样本方差”分析表

①df:表示 F 检验的两个自由度,分别等于两个样本容量减 1.

②F:称为 F 统计量,即 $F=\dfrac{S_1^{*2}}{S_2^{*2}}$.

③$P(F<=f)$ 单尾:取决于所计算出的统计量 F 的值,如果 $F>1$, P 值为大于 F 的概率;如果 $F<1$, P 值为小于 F 的概率.本例中要

检验 $H_0': \sigma_1^2 \leqslant \sigma_2^2 \longleftrightarrow H_1': \sigma_1^2 > \sigma_2^2$,因为 $F>1$,故为大于 F 的概率. $\alpha=0.05 > p=0.0146522$,因此拒绝原假设. 如果是双侧检验,就用 $\alpha/2$ 与 P 值比较.

④F 单尾临界值:如果 $F<1$,则返回小于 1 的临界值;如果 $F>1$,则返回大于 1 的临界值.

如果是双侧检验,在(3)中"检验水平"中输入 $\alpha/2$ 的值,类似单侧检验方法用 F 值和临界值比较.

四、两个正态总体,异方差,总体均值之差的检验

对于方差未知的两个正态总体,总体均值之差的检验问题,往往需要先检验方差是否相等,如果相等,可以按 2 中所给出的方法检验,如果不相等,需要按如下方法检验.

例 为了验证早餐食用较多的谷类食物是否有助于减少午餐中热量的摄取,随机抽取了 35 人,询问他们早餐和午餐的通常食谱,根据他们的食谱,将其分为两类,一类为早餐经常的谷类食用者(总体 1),一类为早餐非经常的谷类食用者(总体 2). 然后测量每人午餐的大卡摄取量,经过一段时间的试验,得到结果如下:

总体 1:418　681　686　657　535　496　510　519　529　532
　　　　559　696　536　647　544

总体 2:630　599　622　630　596　617　608　706　617　624
　　　　583　580　701　580　608　623　651　589　700　632

试以 0.05 的显著性水平检验此问题.

解 设总体 1 和总体 2 的热量摄取均值分别为 μ_1, μ_2,依题意得检验问题为:
$$H_0: \mu_1 - \mu_2 \geqslant 0 \longleftrightarrow H_1: \mu_1 - \mu_2 < 0.$$

首先判断两个总体方差是否相等,由前面的方法可以推断方差不相等,我们可以利用 Excel 中的"t-检验:双样本异方差假设"分析工具进行检验,操作步骤如下:

(1)将两组数据分别输入 A1:A15 和 B1:B20.

(2)在"工具"菜单中选择"数据分析"选项,弹出"数据分析"对话框,在"分析工具"列表中双击"t-检验:双样本异方差假设",打开"t-检验:双样本异方差假设"对话框.

(3)在"变量 1 的区域"选定 A1:A15,"变量 2 的区域"选定 B1:

B20,"假设平均差"中输入数字 0,α 表示检验水平 0.05.输出区域可以选择 C1.

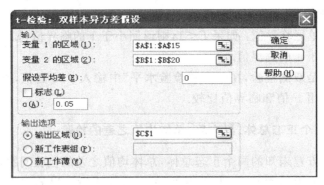

图 9.21 "t-检验:双样本异方差假设"对话框

(4)单击"确定",得到结果如图 9.22 所示.

图 9.22 "t-检验:双样本异方差假设"分析表

由于单侧 P 值为 0.0136846,比显著性水平小,或者 t 统计量的绝对值 2.38998 大于 t 单尾临界值 1.7291328,因此拒绝原假设,即在 0.05 的显著性水平下,早餐食用较多的谷类食物者午餐中热量的摄取较少.

§9.5 方差分析

一、单因素方差分析

以§8.1中例1为例给出用Excel进行方差分析的步骤和结果。

(1) 按如下格式输入数据。

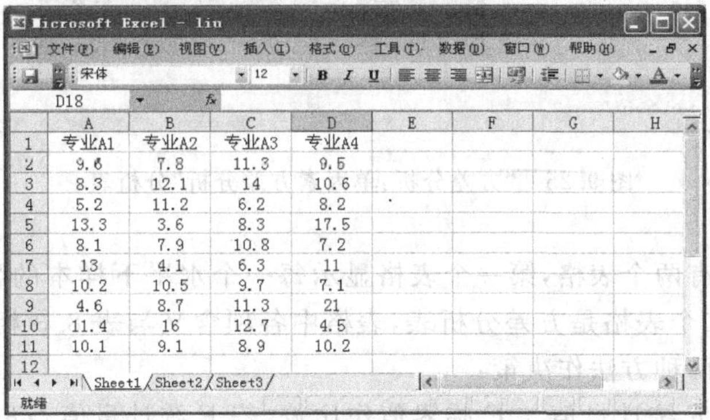

	A	B	C	D
1	专业A1	专业A2	专业A3	专业A4
2	9.6	7.8	11.3	9.5
3	8.3	12.1	14	10.6
4	5.2	11.2	6.2	8.2
5	13.3	3.6	8.3	17.5
6	8.1	7.9	10.8	7.2
7	13	4.1	6.3	11
8	10.2	10.5	9.7	7.1
9	4.6	8.7	11.3	21
10	11.4	16	12.7	4.5
11	10.1	9.1	8.9	10.2

图9.23 Excel工作表

(2) 在"工具"菜单中选择"数据分析"选项,弹出"数据分析"对话框,在"分析工具"列表中双击"方差分析:单因素方差分析",打开单因素方差分析对话框。

(3) 在"输入区域"输入 A1:D11,分组方式选择"列",选中"标志值位于第一行"复选框,在"α"区域输入"0.05",单击"输出区域",输入单元格 E1,表明以 E1 为起点放置方差分析结果。

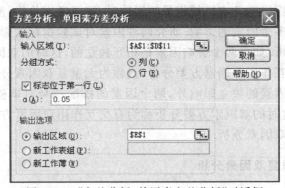

图9.24 "方差分析:单因素方差分析"对话框

(4) 单击"确定"按钮,输出结果如图 9.25 所示.

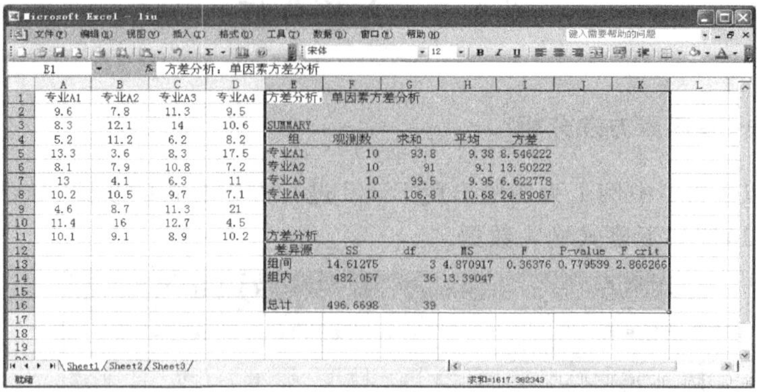

图 9.25 "方差分析:单因素方差分析"分析表

其中有两个表格,第一个表格显示每一个水平下样本的各项统计指标;第二个表格是方差分析表,表格中各项含义与表 8.3 相对应. 我们可以用两种方法作决策:

① 用 F 统计量值与 F 临界值作比较,若 F 统计量值 $>F$ 临界值,则拒绝原假设,说明在该检验水平下因素的不同水平对总体影响显著;若 F 统计量值 $<F$ 临界值,则接受原假设,说明因素的不同水平对总体影响不显著. 由于 $0.36376<2.866266$,所以接受原假设,从而认为专业的选择对毕业生工作第一年的收入没有显著影响.

② 用 P 值与检验水平 α 比较,若 P 值 $>\alpha$,则接受原假设;若 P 值 $<\alpha$,则拒绝原假设. 由于 $0.779539>0.05$,从而接受原假设.

在许多实际问题中,往往需要同时考虑几个因素对试验结果的影响. 例如,分析影响洗衣机销售量的影响时,需要考虑价格、质量、品牌、销售地区等多个因素的影响. 研究两种因素对试验指标的影响,称为双因素方差分析. 如果两个影响因素是相互独立的,这时的双因素方差分析称为无交互作用双因素方差分析,或称为无重复双因素方差分析;如果除了两个影响因素的独立影响外,两个因素的搭配还会对试验结果产生新的效应,这时的双因素方差分析称为有交互作用双因素方差分析,或称为可重复双因素分析.

二、无重复双因素分析

例 有 5 种不同品种的种子和 4 种不同的施肥方案,在 20 块同样

面积的土地上,分别采用 5 种种子和 4 种施肥方案搭配进行试验,取得的收获量数据如下表:

品种	施肥方案			
	1	2	3	4
1	12	9.5	10.4	9.7
2	13.7	11.5	12.4	9.6
3	14.3	12.3	11.4	11.1
4	14.2	14	12.5	12
5	13	14	13.1	11.4

检验种子的不同品种对收获量的影响是否有显著差异;不同的施肥方案对收获量的影响是否有显著差异.($\alpha = 0.05$)

操作方法如下:

(1)如图 9.26 所示,输入数据.

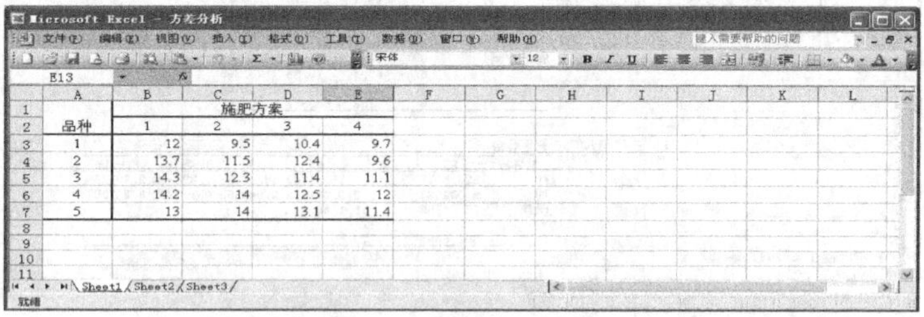

图 9.26 Excel 工作表

(2)在"工具"菜单中选择"数据分析"选项,弹出"数据分析"对话框,在"分析工具"列表中双击"方差分析:无重复双因素分析",打开无重复双因素分析对话框.

(3)在"输入区域"输入 A1:E7,选中"标志"复选框,在"α"区域中输入"0.05",单击"输出区域",输入单元格 F1,表明以 F1 为起点放置方差分析结果.如图 9.27 所示.

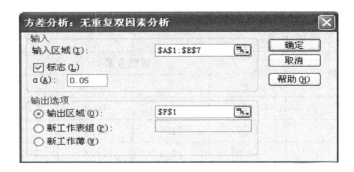

图 9.27　“方差分析:无重复双因素分析”对话框

(4)单击“确定”按钮,输出结果如图 9.28 所示.

	A	B	C	D	E	F	G	H	I	J	K	L
1		施肥方案				方差分析：无重复双因素分析						
2	品种	1	2	3	4							
3	1	12	9.5	10.4	9.7	SUMMARY	观测数	求和	平均	方差		
4	2	13.7	11.5	12.4	9.6		4	10	2.5	1.666667		
5	3	14.3	12.3	11.4	11.1	1	4	41.6	10.4	1.286667		
6	4	14.2	14	12.5	12	2	4	47.2	11.8	2.966667		
7	5	13	14	13.1	11.4	3	4	49.1	12.275	2.0825		
8						4	4	52.7	13.175	1.189167		
9						5	4	51.5	12.875	1.169167		
10												
11						施肥方案	6	68.2	11.36667	26.52267		
12							6	63.3	10.55	20.395		
13							6	62.8	10.46667	14.28667		
14							6	57.8	9.633333	8.522667		
15												
16												
17						方差分析						
18						差异源	SS	df	MS	F	P-value	F crit
19						行	326.5871	5	65.31742	44.43782	1.82E-08	2.901295
20						列	9.034583	3	3.011528	2.048852	0.150222	3.287382
21						误差	22.04792	15	1.469861			
22												
23						总计	357.6696	23				

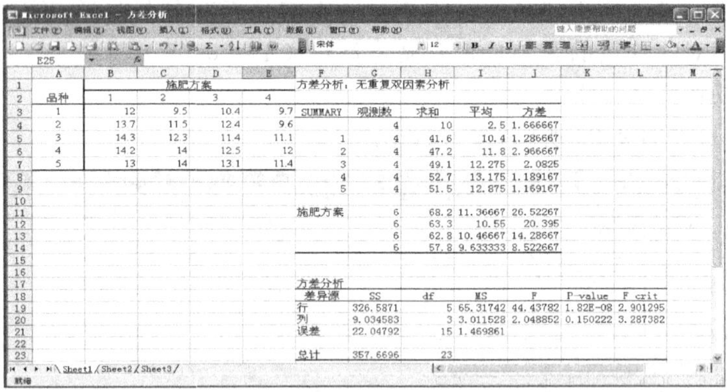

图 9.28　“方差分析:无重复双因素分析”分析表

在方差分析表中,行代表品种,列代表施肥方案,分析方法类似于单因素方差分析.由于行 F 统计量值 44.43782 大于 F 临界值 2.901295或者 P 值 1.82E−08 小于检验水平 0.05,所以拒绝原假设,即种子的不同品种对收获量的影响有显著差异;同理可得不同的施肥方案对收获量的影响无显著差异.

3.可重复双因素分析

例　一家超市连锁店的老板进行一项研究,确定超市所在的位置和竞争者的数量对销售额是否有显著影响.获得的月销售额数据(单位:万元)如下:

		竞争者数量			
		0	1	2	3个以上
超市位置	位于市内居民小区	41	38	59	47
		30	31	48	40
		45	39	51	39
	位于写字楼	25	29	44	43
		31	35	48	42
		22	30	50	53
	位于郊区	18	22	29	24
		29	17	28	27
		33	25	26	32

取显著性水平 $\alpha = 0.01$,检验：

(1)竞争者的数量对销售额是否有显著影响.

(2)超市的位置对销售额是否有显著影响.

(3)竞争者的数量和超市的位置对销售额是否有交互影响.

操作方法如下：

(1)如图 9.29 所示,输入数据.

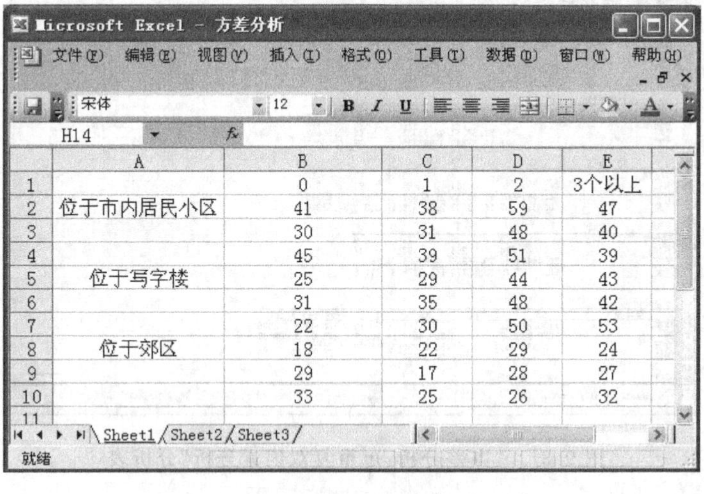

	A	B	C	D	E
1		0	1	2	3个以上
2	位于市内居民小区	41	38	59	47
3		30	31	48	40
4		45	39	51	39
5	位于写字楼	25	29	44	43
6		31	35	48	42
7		22	30	50	53
8	位于郊区	18	22	29	24
9		29	17	28	27
10		33	25	26	32
11					

图 9.29　Excel 工作表

(2) 在"工具"菜单中选择"数据分析"选项,弹出"数据分析"对话框,在"分析工具"列表中双击"方差分析:可重复双因素分析",打开可重复双因素分析对话框.

(3) 在"输入区域"输入 A1:E10,"每一样本的行数"输入 3,在"α"区域中输入"0.05",单击"输出区域",输入单元格 A12,表明以 A12 为起点放置方差分析结果.

图 9.30 "方差分析:可重复双因素分析"对话框

(4) 单击"确定"按钮,输出结果如图 9.31 所示.

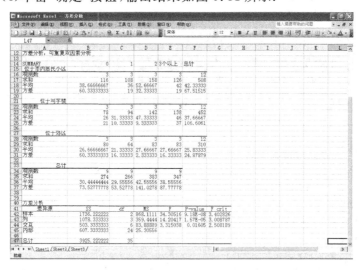

图 9.31 "方差分析:可重复双因素分析"分析表

由输出结果可知,用于检验"超市所在位置"(行因素,输出表中为

"样本")的 $P-\text{value}=9.18\text{E}-08<0.01$,拒绝原假设,表明不同的超市所在位置之间有显著差异,即超市位置对销售额有显著影响;用于检验"竞争者数量"(列因素)的 $P-\text{value}=1.57\text{E}-05<0.01$,同样拒绝原假设,表明不同的竞争者数量之间有显著差异,即竞争者数量对销售额有显著影响;交互作用反映的是"超市所在位置"因素和"竞争者数量"因素联合产生的对销售额的附加效应,其 $P-\text{value}=0.01605>0.01$,因此不拒绝原假设,没有证据表明"超市所在位置"因素和"竞争者数量"因素的交互作用对销售额有显著影响.

§9.6　回归分析

一、一元线性回归分析

以§8.2中例1为例给出用 Excel 进行一元回归分析的步骤和结果.

(1)将价格和需求量这两组数据分别输入 A,B 两列,即 A1:A10 和 B1:B10.

(2)在"工具"菜单中选择"数据分析"选项,弹出"数据分析"对话框,在"分析工具"列表中双击"回归",打开回归对话框.

(3)在"Y 值输入区域"输入 B1:B10,"X 值输入区域"输入 A1:A10,选择"置信度"复选框,输入 99,选择输出区域 D1,如图 9.32 所示.

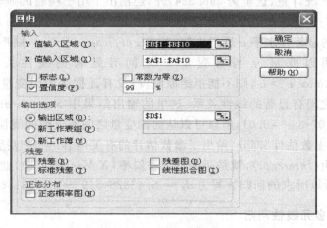

图 9.32　"回归"对话框

(4)单击“确定”按钮,输出结果如图 9.33 所示.

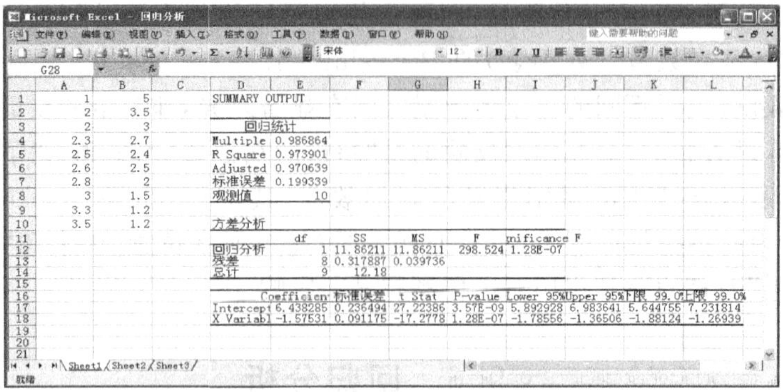

Microsoft Excel - 回归分析

	A	B	C	D	E	F	G	H	I	J	K	L
1	1	5		SUMMARY OUTPUT								
2	2	3.5										
3	2	3		回归统计								
4	2.3	2.7		Multiple	0.986864							
5	2.5	2.4		R Square	0.973901							
6	2.6	2.5		Adjusted	0.970639							
7	2.8	2		标准误差	0.199339							
8	3	1.5		观测值	10							
9	3.3	1.2										
10	3.5	1.2		方差分析								
11					df	SS	MS	F	nificance F			
12				回归分析	1	11.86211	11.86211	298.524	1.28E-07			
13				残差	8	0.317887	0.039736					
14				总计	9	12.18						
15												
16					Coefficien	标准误差	t Stat	P-value	Lower 95%	Upper 95%	下限 99.0%	上限 99.0%
17				Intercept	6.438285	0.236494	27.22386	3.57E-09	5.892928	6.983641	5.644755	7.231814
18				X Variabl	-1.57531	0.091175	-17.2778	1.28E-07	-1.78556	-1.36506	-1.88124	-1.26939

图 9.33 “一元线性回归”分析表

Excel 输出的回归结果包括以下几个部分:

①“回归统计”部分:给出了回归分析中的一些常用统计量,有相关系数(*Multiple R*)

$$= \frac{n\sum xy - \sum x \sum y}{\sqrt{n\sum x^2 - \left(\sum x\right)^2}\sqrt{n\sum y^2 - \left(\sum y\right)^2}};$$

判定系数(*R Square*)$= \dfrac{SSR}{SST}$ 等.

②“方差分析”部分:给出了回归分析的方差分析表.表中除了给出检验的 F 统计量(这里为 298.524)外,还给出了用于检验的显著性 F,即 *Significance F*,它就是用于检验的 P 值.将“*Significance F*”的值与给定的显著性水平 α 进行比较,若 *Significance* $F < \alpha$,则拒绝原假设,表明因变量 y 与自变量 x 之间有显著的线性关系;若 *Significance* $F > \alpha$,则不能拒绝原假设,没有证据表明因变量 y 与自变量 x 之间有显著的线性关系.这里的输出结果中 *Significance* $F = 1.28E-07 < \alpha = 0.01$,所以可以认为两变量之间有近似的线性关系.

③“参数估计”部分:给出了参数估计的有关内容.主要包括回归方程的截距(*Intercept*),就是所谓的 $\hat{\sigma}_0$;斜率(*X Variable* 1),就是所谓的 $\hat{\beta}_1$.所以所求的回归方程为 $\hat{d}_1 = 6.438284519 - 1.575313808\,p$.

二、多元线性回归

在许多实际问题中,影响因变量的因素往往有多个,这种一个因变量同多个自变量的回归问题就是多元回归,当因变量与各自变量之间为线性关系时,这种回归称为多元线性回归.设回归模型为 $y = \beta_0 + \beta_1 x_1 + \cdots + \beta_m x_m + \varepsilon$.

例 在 $Hald.A$ 的著作"$Statistical\ Theory\ With\ Engineering\ Applications$"(1952)中,有一个例子研究水泥的成分与其变硬过程中所释放热量之间的关系.实验数据如下:

$x1$	$x2$	$x3$	$x4$	y
7	26	6	60	78.5
1	29	15	52	74.3
11	56	8	20	104.3
11	31	8	47	87.6
7	52	6	33	95.9
11	55	9	22	109.2
3	71	17	6	102.7
1	31	22	44	72.5
2	54	18	22	93.1
21	47	4	26	115.9
1	40	23	34	83.8
11	66	9	12	113.3
10	68	8	12	109.4

其中 $x1, x2, x3, x4$ 分别为水泥的四种成分(%),y 为每 g 水泥在变硬过程中释放出的热量(单位:k).假设变量 y 与变量 $x1, x2, x3, x4$ 之间有线性关系,下面给出求回归方程的方法.

(1)如图 9.34 所示输入数据.

	A	B	C	D	E
1	x1	x2	x3	x4	y
2	7	26	6	60	78.5
3	1	29	15	52	74.3
4	11	56	8	20	104.3
5	11	31	8	47	87.6
6	7	52	6	33	95.9
7	11	55	9	22	109.2
8	3	71	17	6	102.7
9	1	31	22	44	72.5
10	2	54	18	22	93.1
11	21	47	4	26	115.9
12	1	40	23	34	83.8
13	11	66	9	12	113.3
14	10	68	8	12	109.4

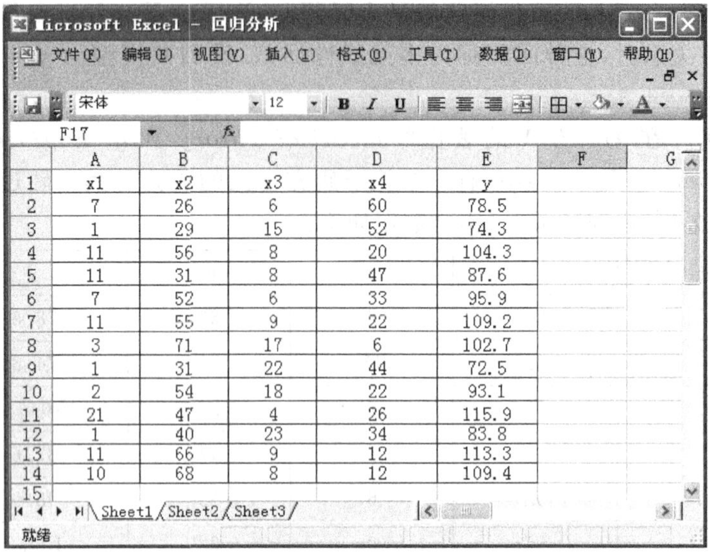

图 9.34 Excel 工作表

(2) 在“工具”菜单中选择“数据分析”选项，弹出“数据分析”对话框，在“分析工具”列表中双击“回归”，打开回归对话框.

(3)在“Y 值输入区域”输入 E2:E14，“X 值输入区域”输入 A2:D14，默认置信度为 95%，选择输出区域 F1.

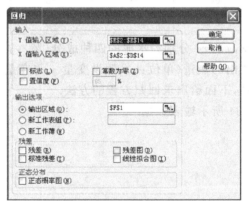

图 9.35 “回归”对话框

(4)单击“确定”按钮，输出结果如图 9.36 所示.

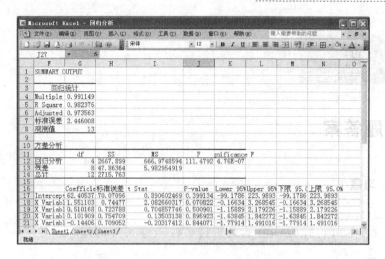

图 9.36 "多元线性回归"分析表

类似一元线性回归分析:

① $Significance\ F = 4.75618E-07 < \alpha = 0.05$,说明水泥的成分与其变硬过程中释放出的热量之间线性关系显著.

② $Coefficients$ 这一列数据给出了回归系数的估计值,即所求的回归方程为

$$y = 62.4053693 + 1.551102648x_1 + 0.51016758x_2 \\ + 0.101909404x_3 - 0.144061029x_4.$$

习题答案

习题 1

9. 0.15,0.5,0.1,0.5.

10. (1) 0.9,0.5,0; (2) 0.5,0.1,0.4; (3) 0.7,0.3,0.2.

11. $\dfrac{2}{4!}$

12. $\dfrac{P_{10}^{7}}{10^{7}}$.

13. $1-\dfrac{P_{365}^{50}}{365^{50}}$.

14. $\dfrac{1}{4}$,$\dfrac{3}{8}$.

15. (1) $1-\left(\dfrac{8}{9}\right)^{25}$; (2) $1-\left(\dfrac{7}{9}\right)^{25}$; (3) $C_{25}^{3}\left(\dfrac{1}{9}\right)^{3}\left(\dfrac{8}{9}\right)^{22}$.

16. $\dfrac{207}{625}$.

17. $\dfrac{2C_{2n-2}^{n-1}}{C_{2n}^{n}}$.

18. 0.25.

19. $\dfrac{C_{6}^{3}\cdot C_{6}^{3}}{C_{12}^{6}}$.

20. (1) 0.0054; (2) 0.0380.

21. 0.121.

22. (1) $\dfrac{13}{24}$; (2) $\dfrac{1}{48}$.

23. (1) $\dfrac{a-1}{a+b-1}$; (2) $\dfrac{a(a-1)}{a(a+b)+a(b-1)}$.

25. (1) $\dfrac{1}{3}$; (2) $\dfrac{1}{2}$.

26. (1) $\dfrac{2}{5}$; (2) $\dfrac{4}{15}$; (3) $\dfrac{1}{30}$.

27. 0.645.

28. (1) 0.056； (2) $\dfrac{1}{18}$.

29. (1) 0.455； (2) 0.14.

30. $\dfrac{20}{21}$, $\dfrac{40}{41}$.

35. 0.902.

36. 9.

37. (1) 0.66； (2) 0.91.

38. (1) 0.107； (2) 0.268； (3) 0.625.

39. $\dfrac{1}{3}$.

40. (1) 0.2286； (2) 0.0497.

41. $\dfrac{2(n-r-1)}{n(n-1)}$, $\dfrac{1}{n-1}$.

42. $C_{2n-r}^{n}\left(\dfrac{1}{2}\right)^{2n-r}$.

43. (1) $\dfrac{C_{n}^{2r} \cdot 2^{2r}}{C_{2n}^{2r}}$； (2) $\dfrac{C_{n}^{1} C_{n-1}^{2r-2} 2^{2r-2}}{C_{2n}^{2r}}$； (3) $\dfrac{C_{n}^{r}}{C_{2n}^{2r}}$.

44. $\dfrac{m^{k}-(m-1)^{k}}{n^{k}}$.

45. 0.25.

46. $\dfrac{29}{90}$, $\dfrac{20}{61}$.

47. $\dfrac{1}{2-p}$, $\dfrac{1-p}{2-p}$；$\dfrac{p}{1-q^{k}}$, $\dfrac{pq}{1-q^{k}}$, ..., $\dfrac{pq^{k-1}}{1-q^{k}}$.

48. 0.08, 0.6.

习题 2

1. $X \sim \begin{pmatrix} 20 & 40 \\ \dfrac{1}{2} & \dfrac{1}{2} \end{pmatrix}$, $Y \sim \begin{pmatrix} 10 & 30 \\ \dfrac{1}{2} & \dfrac{1}{2} \end{pmatrix}$,

$F_X(x) = \begin{cases} 0, & x<20; \\ \dfrac{1}{2}, & 20 \leqslant x < 40; \\ 1, & x \geqslant 40, \end{cases}$ $F_Y(y) = \begin{cases} 0, & y<10; \\ \dfrac{1}{2}, & 10 \leqslant y < 30; \\ 1, & y \geqslant 30. \end{cases}$

图形略.

2. (1) 否； (2) 是.

3. $C = \dfrac{1}{2}$.

4. $X \sim \begin{pmatrix} -5 & -2 & 0 & 2 \\ \dfrac{1}{5} & \dfrac{1}{10} & \dfrac{1}{5} & \dfrac{1}{2} \end{pmatrix}$.

5. $\begin{pmatrix} 3 & 4 & 5 & 6 & 7 \\ \frac{1}{14} & \frac{6}{35} & \frac{9}{35} & \frac{2}{7} & \frac{3}{14} \end{pmatrix}.$

7. $C=\frac{27}{65}, P(1\leqslant X\leqslant 2)=P(0<X<2.5)=\frac{6}{13}.$

8. $a=\frac{1}{2}, b=\frac{1}{\pi}, p(x)=\frac{1}{\pi(1+x^2)}.$

10. $\frac{11}{8}, \frac{31}{8}, -\frac{7}{4}.$

11. 10.37 万元, 0.0291.

12. 1073.6 元.

13. $2, 2.136$.

14. $EX=\bar{x}, DX=\frac{1}{n}\sum_{k=1}^{n}(x_k-\bar{x})^2.$

15. $F_Y(x)=\begin{cases} 0, & x<\beta; \\ 1-e^{-\frac{\lambda}{\alpha}(x-\beta)}, & x\geqslant\beta. \end{cases}$

$p_Y(x)=\begin{cases} 0, & x<\beta; \\ \frac{\lambda}{\alpha}e^{-\frac{\lambda}{\alpha}(x-\beta)}, & x\geqslant\beta. \end{cases}$

$EX=\alpha+\beta, \quad DX=\alpha^2.$

16. $F_Y(y)=\begin{cases} 0, & y<0; \\ y, & 0\leqslant y<1; \\ 1, & y\geqslant 1, \end{cases}$

$p_Y(y)=\begin{cases} 1, & 0<y<1; \\ 0, & \text{其他}. \end{cases}$

19. $S\sim\begin{pmatrix} 100\pi & 121\pi & 144\pi & 169\pi \\ 0.1 & 0.4 & 0.3 & 0.2 \end{pmatrix}, ES=135.4\pi.$

20. $\frac{\pi}{24}(a+b)(a^2+b^2).$

21. (1) 0.0076; (2) 约为 1.

22. $1, 1, \frac{1}{6e}.$

23. (1) 0.9933; (2) 0.0337.

24. $P(X=k)=pq^k, k=0,1,2,\cdots, \quad EX=q/p.$

25. 320000 元.

26. $3e^{-2}-2e^{-3}.$

27. (1) 0.3413; (2) 0.3413; (3) 0.9545; (4) 0.8664.

28. $\frac{3}{5}.$

29. $DX=2, EX^n=\begin{cases} 0, & n \text{ 为奇数}; \\ n!, & n \text{ 为偶数}. \end{cases}$

30. $0, \dfrac{1}{2}$.

31. (1) $A = \dfrac{1}{2\sqrt{\pi}}$; (2) $\dfrac{4}{\sqrt{\pi}}, \left(\dfrac{3}{2} - \dfrac{4}{\pi}\right)4$.

32. $12, -12, 3$.

33. $m+1, m+1$.

34. $20 - 2\pi^2$.

35. $\dfrac{20}{27}$.

36. 1.

37. (1) 2.16; (2) -0.24; (3) 0.72.

42. $Y \sim P(\lambda p)$.

43. $p(x) = \begin{cases} \dfrac{2}{l}\left(1 - \dfrac{x}{l}\right), & 0 < x < l; \\ 0, & 其他 \end{cases}$

  $EX = \dfrac{l}{3}, DX = l^2/18$.

44. 当 λ 为整数时,$k = \lambda$ 或 $k = \lambda - 1$;当 λ 非整数时,$k = [\lambda]$.

46. (1) $\dfrac{n+1}{2}, \dfrac{1}{12}(n+1)(n-1)$; (2) $n, n(n-1)$.

习题 3

1. $P(X=i, Y=j) = \dfrac{C_{10}^{i} C_{7}^{j} C_{5}^{4-i-j}}{C_{22}^{4}}, \quad i \geq 0, j \geq 0, i+j \leq 4$.

2. (1) $k = 12$;

  (2) $F(x,y) = \begin{cases} (1-e^{-3x})(1-e^{-4y}), & x>0, y>0; \\ 0, & 其他; \end{cases}$

  (3) $(1-e)^{-3}(1-e^{-8})$.

3. (1) $F(x,y) = \begin{cases} 0, & x<0 \text{ 或 } y<1; \\ \dfrac{x(y-1)}{2}, & 0 \leq x \leq 2, 1 \leq y \leq 2; \\ \dfrac{x}{2}, & 0 \leq x \leq 2, y > 2; \\ y-1, & x>2, 1 \leq y \leq 2; \\ 1, & x>2, y>2. \end{cases}$

  (2) $G(x,y) = \begin{cases} 0, & x<0 \text{ 或 } y<1; \\ \dfrac{\sqrt{x}(\sqrt{y}-1)}{2}, & 0 \leq x \leq 4, 1 \leq y \leq 4; \\ \dfrac{\sqrt{x}}{2}, & 0 \leq x \leq 4, y>4; \\ \sqrt{y}-1, & x>4, 1 \leq y \leq 4; \\ 1, & x>4, y>4. \end{cases}$

(3) $\dfrac{1}{4}$.

4. $\dfrac{5}{8}$.

5. $p_X(x)=\dfrac{1}{\sqrt{2\pi}}\mathrm{e}^{-\frac{x^2}{2}}, p_Y(y)=\dfrac{1}{\sqrt{2\pi}}\mathrm{e}^{-y^2/2}$.

6. $p(z)=\begin{cases} 0, & z\leqslant 0; \\ \lambda^2 z\mathrm{e}^{-\lambda z}, & z>0. \end{cases}$

8. $p_Z(z)=\begin{cases} 0, & z\leqslant 0; \\ \dfrac{1}{4}, & 0<z\leqslant 2; \\ \dfrac{1}{z^2}, & z>2. \end{cases}$

9. (1)

	-1	0	1
0	$\dfrac{1}{4}$	0	$\dfrac{1}{4}$
1	0	$\dfrac{1}{2}$	0

(2) 不独立.

10. (1)

X \ Y	0	1	2	3
0	$(1-p)(1-q)(1-r)$	$(1-p)[q(1-r)+(1-q)r]$	$(1-p)qr$	0
1	0	$p(1-q)(1-r)$	$p[q(1-r)+(1-q)r]$	pqr

(2) $X\sim\begin{pmatrix} 0 & 1 \\ 1-p & p \end{pmatrix}$;

(3) $Y\sim\begin{pmatrix} 0 & 1 \\ (1-p)(1-q)(1-r) & p(1-q)(1-r)+(1-p)q(1-r)+(1-p)(1-q)r \\ & \\ 2 & 3 \\ pq(1-r)+p(1-q)r+(1-p)qr & pqr \end{pmatrix}$;

(4),(5) 由(1)、(2)、(3)易得.

11. (1) $p_X(x)=\begin{cases} 2x^2+\dfrac{2}{3}x, & 0\leqslant x\leqslant 1; \\ 0, & 其他, \end{cases}$

$p_Y(y)=\begin{cases} \dfrac{1}{3}+\dfrac{1}{6}y, & 0\leqslant y\leqslant 2; \\ 0, & 其他, \end{cases}$

(2) 当 $0<x<1, 0<y<2$ 时

$p_{X|Y}(x|y)=\dfrac{6x^2+2xy}{y+2}$,

$$p_{Y|X}(y|x) = \frac{3x+y}{6x+2};$$

(3) $\frac{65}{72}, \frac{17}{24}$;   (4) $\frac{5}{32}$.

12. $P_S(s) = \begin{cases} \frac{1}{2}(\ln 2 - \ln s), & 0 < s < 2; \\ 0, & 其他, \end{cases}$

13. (1) $p_X(x) = \begin{cases} e^{-x}, & x > 0; \\ 0, & 其他. \end{cases}$

$p_Y(y) = \begin{cases} ye^{-y}, & y > 0; \\ 0, & 其他. \end{cases}$

不独立;

(2) $p_{Y|X}(y|x) = \begin{cases} e^{x-y}, & y > x > 0; \\ 0, & 其他. \end{cases}$

$p_{X|Y}(x|y) = \begin{cases} \frac{1}{y}, & 0 < x < y; \\ 0, & 其他. \end{cases}$

14. $X+Y \sim \begin{pmatrix} 3 & 5 & 7 \\ 0.18 & 0.54 & 0.28 \end{pmatrix}$.

15. $p_Z(z) = \begin{cases} 0, & z < 0; \\ 1 - e^{-z}, & 0 \leq z \leq 1; \\ (e-1)e^{-z}, & z > 1. \end{cases}$

16. $p_Z(z) = \begin{cases} 4ze^{-2z}, & z > 0; \\ 0, & z \leq 0. \end{cases}$

17. $(2 - q^{k-1} - q^k) pq^{k-1}, k = 1, 2, \cdots$

18. $p_Z(z) = \begin{cases} e^{-z}, & z > 0; \\ 0, & 其他. \end{cases}$

19. (1) $X+Y \sim \begin{pmatrix} 0 & 1 & 2 & 3 \\ 0.10 & 0.40 & 0.35 & 0.15 \end{pmatrix}$;

(2) $EZ = 0.25$.

20. (1) 0;   (2) 0.

21. $\rho_{X,Y} = -\frac{1}{11}$.

22. $\frac{1}{2}$.

23. $\frac{5}{3}$.

24. (1)

X_1 \ X_2	0	1
0	$1 - e^{-1}$	0
1	$e^{-1} - e^{-2}$	e^{-2}

(2) $e^{-1}+e^{-2}$.

25. $\frac{\sqrt{2\pi}}{2}\sigma, 2\sigma^2-\frac{\pi}{2}\sigma^2$.

26. $1,3$.

29. (1)

	1	2	3
1	$\frac{1}{9}$	0	0
2	$\frac{2}{9}$	$\frac{1}{9}$	0
3	$\frac{2}{9}$	$\frac{2}{9}$	$\frac{1}{9}$

(2) $EX_1=\frac{22}{9}$.

习题 4

2. 141.
3. (1) 0.0027; (2) $n=440$.
4. 103.
5. $n=35$.

习题 5

1. $\bar{x}=18.45, s^2=9.8775$.
2. $(-0.63, 0.63)$
3. $\bar{x}=2, s^2=1.9661, s=1.4022$.
4. $1/\xi \sim F(n_2, n_1)$
5. (1) 0.9916; (2) 0.8904; (3) $n\approx 96$.
6. $\frac{nS^2}{\sigma^2}\sim\chi^2(23), P(S^2>12)=P\left(\frac{24\times S^2}{9}>\frac{24\times 12}{9}\right)=P\left(\frac{nS^2}{\sigma^2}>32\right)=0.10$.
7. $P\left(\bar{X}=\frac{m}{n}\right)=C_n^m p^m(1-p)^{n-m}, m=0,1,\cdots,n,$
   $E\bar{X}=p, D\bar{X}=\frac{p(1-p)}{n}$.
9. 0.7286.
10. $P\left(\bar{X}=\frac{m}{n}\right)=e^{-\lambda}\cdot\frac{\lambda^m}{m!}, m=0,1,2,\cdots,\quad E\bar{X}=\lambda, D\bar{X}=\lambda/n$.
12. $\bar{u}=\bar{x}/b, s_u^2=s_x^2/b^2$.
14. (1) $n=21$; (2) $n=13$.
16. $t(n-1)$.
17. (1) $e^{-7.2}$; (2) $(1-e^{-4.5})^6$.

18. $\sum X_i \sim B(5, 2/3), E\overline{X} = 2/3, ES_5^2 = 8/45$.

19. $p(x_1, \cdots, x_n) = \begin{cases} 1, & 0 \leq x_1, \cdots, x_n \leq 1; \\ 0, & 其他. \end{cases}$

22. $EX_{(1)} = (\theta + \frac{1}{2}) - \frac{n}{n+1}, EX_{(n)} = \frac{n}{N+1} + (\theta - \frac{1}{2})$,

   $DX_{(1)} = DX_{(n)} = \frac{n}{n+2} - (\frac{n}{n+1})2$.

习题 6

1. $\sum_{i=1}^{n} a_i = 1, D\overline{X} = \frac{1}{n}\sigma^2 \leq \left(\sum_{i=1}^{n} a_i^2\right)\sigma^2 = D\left(\sum_{i=1}^{n} a_i X_i\right)$.

2. $\hat{\mu} = 1147(小时), \hat{\sigma}^2 = 7579(小时^2)$.

3. $\hat{a} = \overline{X} - \sqrt{3}S, \hat{b} = \overline{X} + \sqrt{3}S$.

4. θ 的矩估计为 $\overline{X} - 1$;
   θ 的最大似然估计为 $X_{(1)} = \min(X_1, \cdots, X_n)$.

5. $1/\overline{X}$.

6. 0.00086.

7. (14.5, 15.4).

8. (2116, 1784).

9. (193, 244).

10. (432, 483).

11. $(n-1)\left(\frac{1}{\chi^2_{1-\alpha/2}(n-1)} - \frac{1}{\chi^2_{\alpha/2}(n-1)}\right)\sigma^2$.

12. $-0.002 < \mu_1 - \mu_2 < 0.006(欧姆)$, $0.159 < \frac{\sigma_1^2}{\sigma_2^2} < 23.06$.

13. (1) $n \geq 25$; (2) $n \geq 60$.

14. $E\hat{\mu} = \frac{2}{n(n+1)}\mu \cdot \sum_{k=1}^{n} k = \mu$,

   对 $\forall \varepsilon > 0, P\left(\left|\frac{2}{n(n+1)}\sum_{k=1}^{n} kX_k - \mu\right| \geq \varepsilon\right)$

   $= P\left(\left|\frac{2}{n(n+1)}\sum_{k=1}^{n} k(X_k - \mu)\right| \geq \varepsilon\right)$

   $\leq nP\left(|X_k - \mu| \geq \frac{(n+1)\varepsilon}{2}\right)$

   $\leq n \cdot \frac{4\sigma^2}{(n+1)^2\varepsilon^2} \xrightarrow{n \to \infty} 0$.

16. $k = 1/(2(n-1))$.

17. $\hat{\sigma}^2 = \frac{1}{n}\sum_{i=1}^{n}(x_i - \mu)^2$.

18. $\hat{\theta} = \dfrac{1}{n}\sum_{i=1}^{n}|x_i|$.

19. $D(\hat{\mu}_1) = 0.36\sigma^2, D(\hat{\mu}_2) = 0.39\sigma^2, D(\hat{\mu}_3) = 0.48\sigma^2$.

20. 提示：$E\hat{\theta}^2 = D\hat{\theta} + (E\hat{\theta})^2$.

21. 提示：$\dfrac{(n-1)S_n^{*2}}{\sigma^2} \sim \chi^2(n-1), DS_n^* = \dfrac{2\sigma^4}{n-1}$，用切比雪夫不等式.

22. $\hat{\theta}_1 = \bar{X} - \sqrt{3}S, \hat{\theta}_2 = 2\sqrt{3}S$.

23. $\hat{\theta}_1 = \min(X_1, \cdots, X_n), \hat{\theta}_2 = \bar{X} - \hat{\theta}_1$.

24. $\widehat{E\xi} = \exp\left\{\hat{\mu} + \dfrac{1}{2}\hat{\sigma}^2\right\}, \widehat{D\xi} = (\widehat{E\xi})^2(e^{\hat{\sigma}^2} - 1)$.

25. $D\bar{X} = \lambda^2/n, DX_1 = \lambda^2$.

习题 7

1. 可以.

2. 不可以.

3. 不能.

4. 有显著变化.

5. 有显著差异.

6. (1) 可以认为两方差相等； (2) 平均值有显著差异.

7. 有显著差别.

8. 先检验得到结论是两方差相等，再检验两批产品均值之差，知平均重量无显著差异.

9. 是.

10. 犯第一类错误的概率是 e^{-2}，犯第二类错误的概率是 $1 - e^{-1}$.

11. $C = 1.176$.

12. $u = -1.65 < -u_{0.05}$.

13. $\chi^2 = 24.9 > \chi^2_{0.05}(9)$.

14. $\hat{\lambda} = 2; \chi^2 = 0.119 < \chi^2_{0.05}(3)$.

15. 不真实.

16. $|u| = 0.5 < u_{0.025}$.

17. $\hat{\mu} = 4.3$ 微米, $\hat{\sigma} = 9.71$ 微米, $\chi^2 = 7.19 < \chi^2_{0.05}(6)$.

19. $n \geq 250$.

20. 接受.

21. 服从泊松分布

22. $\hat{\alpha} = \bar{X}^2/S^2, \hat{\lambda} = \bar{X}/S^2$

23. $\hat{m} = \dfrac{\bar{X}^2}{\bar{X} - S^2}, \hat{P} = \dfrac{\bar{X} - S^2}{\bar{X}}$

24. 相互独立
25. 不相同

习题 8

1. $F=5.00, F_{0.05}(2,12) < F < F_{0.01}(2,12)$.
2. $F=3.19 < F_{0.05}(3,9)$.
3. 线性相关关系显著,$\hat{h}=0.684+0.124E$.
5. 线性相关关系显著,$\hat{u}=4.67+0.313t$.
6. (1) 线性关系显著,$\hat{y}=33.05+103.6x$; (2) 48.59 ± 3.27.
7. 线性相关关系显著,$\hat{y}=1.119+8.977/x$.
8. 线性相关关系显著,用 $\ln y$ 与 $1/x$ 求回归,得
$$\ln\hat{y}=0.548-0.146/x, \quad 即 \quad \hat{y}=1.73e^{-0.146/x}.$$
9. $\hat{S}=30.44+3.27p$.

10. $X=\begin{pmatrix} 1 & -1 & 1 \\ 1 & 0 & -2 \\ 1 & 1 & 1 \end{pmatrix}, \hat{b}=\begin{pmatrix} \hat{b}_0 \\ \hat{b}_1 \\ \hat{b}_2 \end{pmatrix}=\begin{pmatrix} \frac{1}{3}(y_1+y_2+y_3) \\ \frac{1}{2}(-y_1+y_2) \\ \frac{1}{6}(y_1-2y_2+y_3) \end{pmatrix}.$

11. $\hat{y}=-65.066+1.077x_1+0.425x_2$,
    回归方程有显著意义.

附表

附表1 函数 $p_\lambda(m) = \dfrac{\lambda^m}{m!}\mathrm{e}^{-\lambda}$ 数值表

	0.1	0.2	0.3	0.4	0.5	0.6	0.7	0.8	0.9
0	0.9048	0.8187	0.7408	0.6703	0.6065	0.5488	0.4966	0.4493	0.4066
1	0.0905	0.1638	0.2222	0.2681	0.3033	0.3293	0.3476	0.3595	0.3659
2	0.0045	0.0164	0.0333	0.0536	0.0758	0.0988	0.1217	0.1438	0.1647
3	0.0002	0.0011	0.0033	0.0072	0.0126	0.0198	0.0284	0.0383	0.0494
4		0.0001	0.0003	0.0007	0.0016	0.0030	0.0050	0.0077	0.0111
5				0.0001	0.0002	0.0004	0.0007	0.0012	0.0020
6							0.0001	0.0002	0.0003

	1.0	1.5	2.0	2.5	3.0	3.5	4.0	4.5	5.0
0	0.3679	0.2231	0.1353	0.0821	0.0498	0.0302	0.0183	0.0111	0.0067
1	0.3679	0.3347	0.2707	0.2052	0.1494	0.1057	0.0733	0.0500	0.0337
2	0.1839	0.2510	0.2707	0.2563	0.2240	0.1850	0.1465	0.1125	0.0842
3	0.0613	0.1255	0.1804	0.2138	0.2240	0.2158	0.1954	0.1687	0.1404
4	0.0153	0.0471	0.0902	0.1336	0.1680	0.1888	0.1954	0.1898	0.1755
5	0.0031	0.0141	0.0361	0.0668	0.1008	0.1322	0.1563	0.1708	0.1755
6	0.0005	0.0035	0.0120	0.0278	0.0504	0.0771	0.1042	0.1281	0.1462
7	0.0001	0.0008	0.0034	0.0099	0.0216	0.0386	0.0595	0.0824	0.1045
8		0.0001	0.0009	0.0031	0.0081	0.0169	0.0298	0.0463	0.0653
9			0.0002	0.0009	0.0027	0.0066	0.0132	0.0232	0.0363
10				0.0002	0.0008	0.0023	0.0053	0.0104	0.0181
11					0.0001	0.0002	0.0007	0.0019	0.0043	0.0082
12						0.0001	0.0002	0.0006	0.0016	0.0034
13							0.0001	0.0002	0.0006	0.0013
14								0.0001	0.0002	0.0005
15									0.0001	0.0002
16										0.0001

续附表 1

	6	7	8	9	10	$\lambda=20$			
						m	p	m	p
0	0.0025	0.0009	0.0003	0.0001		5	0.0001	20	0.0888
1	0.0149	0.0064	0.0027	0.0011	0.0005	6	0.0002	21	0.0846
2	0.0446	0.0223	0.0107	0.0050	0.0023	7	0.0005	22	0.0769
3	0.0892	0.0521	0.0286	0.0150	0.0076	8	0.0013	23	0.0669
4	0.1339	0.0912	0.0573	0.0337	0.0189	9	0.0029	24	0.0557
5	0.1606	0.1277	0.0916	0.0607	0.0378	10	0.0058	25	0.0446
6	0.1606	0.1490	0.1221	0.0911	0.0631	11	0.0106	26	0.0343
7	0.1377	0.1490	0.1396	0.1171	0.0901	12	0.0176	27	0.0254
8	0.1033	0.1304	0.1396	0.1318	0.1126	13	0.0271	28	0.0182
9	0.0688	0.1014	0.1241	0.1318	0.1251	14	0.0382	29	0.0125
10	0.0413	0.0710	0.0993	0.1186	0.1251	15	0.0517	30	0.0083
11	0.0225	0.0452	0.0722	0.0970	0.1137	16	0.0646	31	0.0054
12	0.0113	0.0264	0.0481	0.0728	0.0948	17	0.0760	32	0.0034
13	0.0052	0.0142	0.0296	0.0504	0.0729	18	0.0844	33	0.0020
14	0.0022	0.0071	0.0169	0.0324	0.0521	19	0.0888	34	0.0012
15	0.0009	0.0033	0.0090	0.0194	0.0347			35	0.0007
16	0.0003	0.0015	0.0045	0.0109	0.0217			36	0.0004
17	0.0001	0.0006	0.0021	0.0058	0.0128			37	0.0002
18		0.0002	0.0009	0.0029	0.0071			38	0.0001
19		0.0001	0.0004	0.0014	0.0037			39	0.0001
20			0.0002	0.0006	0.0019				
21			0.0001	0.0003	0.0009				
22				0.0001	0.0004				
23					0.0002				
24					0.0001				

续附表 1

$\lambda=30$				$\lambda=40$				$\lambda=50$			
m	p	m	p	m	p	m	p	m	p	m	p
10		30	0.0726	15		40	0.0630	25		50	0.0563
11		31	0.0703	16		41	0.0614	26	0.0001	51	0.0552
12	0.0001	32	0.0659	17		42	0.0585	27	0.0001	52	0.0531
13	0.0002	33	0.0599	18	0.0001	43	0.0544	28	0.0002	53	0.0501
14	0.0005	34	0.0529	19	0.0001	44	0.0495	29	0.0004	54	0.0464
15	0.0010	35	0.0453	20	0.0002	45	0.0440	30	0.0007	55	0.0422
16	0.0019	36	0.0378	21	0.0004	46	0.0382	31	0.0011	56	0.0377
17	0.0034	37	0.0306	22	0.0007	47	0.0325	32	0.0017	57	0.0330
18	0.0057	38	0.0242	23	0.0012	48	0.0271	33	0.0026	58	0.0285
19	0.0089	39	0.0186	24	0.0019	49	0.0221	34	0.0038	59	0.0241
20	0.0134	40	0.0139	25	0.0031	50	0.0177	35	0.0054	60	0.0201
21	0.0192	41	0.0102	26	0.0047	51	0.0139	36	0.0075	61	0.0165
22	0.0261	42	0.0073	27	0.0070	52	0.0107	37	0.0102	62	0.0133
23	0.0341	43	0.0051	28	0.0100	53	0.0081	38	0.0134	63	0.0106
24	0.0426	44	0.0035	29	0.0139	54	0.0060	39	0.0172	64	0.0082
25	0.0511	45	0.0023	30	0.0185	55	0.0043	40	0.0215	65	0.0063
26	0.0590	46	0.0015	31	0.0238	56	0.0031	41	0.0262	66	0.0048
27	0.0655	47	0.0010	32	0.0298	57	0.0022	42	0.0312	67	0.0036
28	0.0702	48	0.0006	33	0.0361	58	0.0015	43	0.0363	68	0.0026
29	0.0726	49	0.0004	34	0.0425	59	0.0010	44	0.0412	69	0.0019
		50	0.0002	35	0.0485	60	0.0007	45	0.0458	70	0.0014
		51	0.0001	36	0.0539	61	0.0005	46	0.0498	71	0.0010
		52	0.0001	37	0.0583	62	0.0003	47	0.0530	72	0.0007
				38	0.0614	63	0.0002	48	0.0552	73	0.0005
				39	0.0630	64	0.0001	49	0.0563	74	0.0003
						65	0.0001			75	0.0002
										76	0.0001
										77	0.0001
										78	0.0001

附表 2　函数 $\Phi(x) = \dfrac{1}{\sqrt{2\pi}} \displaystyle\int_{-\infty}^{x} e^{\frac{-t^2}{2}} \, dt$ 数值表

x	0	1	2	3	4	5	6	7	8	9
0.0	0.5000	0.5040	0.5080	0.5120	0.5160	0.5199	0.5239	0.5279	0.5319	0.5359
0.1	0.5398	0.5438	0.5478	0.5517	0.5557	0.5596	0.5636	0.5675	0.5714	0.5753
0.2	0.5793	0.5832	0.5871	0.5910	0.5948	0.5987	0.6026	0.6064	0.6103	0.6141
0.3	0.6179	0.6217	0.6255	0.6293	0.6331	0.6368	0.6406	0.6443	0.6480	0.6517
0.4	0.6554	0.6591	0.6628	0.6664	0.6700	0.6736	0.6772	0.6808	0.6844	0.6879
0.5	0.6915	0.6950	0.6985	0.7019	0.7054	0.7088	0.7123	0.7157	0.7190	0.7224
0.6	0.7257	0.7291	0.7324	0.7357	0.7389	0.7422	0.7454	0.7486	0.7517	0.7549
0.7	0.7580	0.7611	0.7642	0.7673	0.7703	0.7734	0.7764	0.7794	0.7823	0.7852
0.8	0.7881	0.7910	0.7939	0.7967	0.7995	0.8023	0.8051	0.8078	0.8106	0.8133
0.9	0.8159	0.8186	0.8212	0.8238	0.8264	0.8289	0.8315	0.8340	0.8365	0.8389
1.0	0.8413	0.8438	0.8461	0.8485	0.8508	0.8531	0.8554	0.8577	0.8599	0.8621
1.1	0.8643	0.8665	0.8686	0.8708	0.8729	0.8749	0.8770	0.8790	0.8810	0.8830
1.2	0.8849	0.8869	0.8888	0.8907	0.8925	0.8944	0.8962	0.8980	0.8997	0.9015
1.3	0.9032	0.9049	0.9066	0.9082	0.9099	0.9115	0.9131	0.9147	0.9162	0.9177
1.4	0.9192	0.9207	0.9222	0.9236	0.9251	0.9265	0.9279	0.9292	0.9306	0.9319
1.5	0.9332	0.9345	0.9357	0.9370	0.9382	0.9394	0.9406	0.9418	0.9429	0.9441
1.6	0.9452	0.9463	0.9474	0.9484	0.9495	0.9505	0.9515	0.9525	0.9535	0.9545
1.7	0.9554	0.9564	0.9573	0.9582	0.9591	0.9599	0.9608	0.9616	0.9625	0.9633
1.8	0.9641	0.9649	0.9656	0.9664	0.9671	0.9678	0.9686	0.9693	0.9699	0.9706
1.9	0.9713	0.9719	0.9726	0.9732	0.9738	0.9744	0.9750	0.9756	0.9761	0.9767
2.0	0.9773	0.9778	0.9783	0.9788	0.9793	0.9798	0.9803	0.9808	0.9812	0.9817
2.1	0.9821	0.9826	0.9830	0.9834	0.9838	0.9842	0.9846	0.9850	0.9854	0.9857
2.2	0.9861	0.9865	0.9868	0.9871	0.9875	0.9878	0.9881	0.9884	0.9887	0.9890
2.3	0.9893	0.9896	0.9898	0.9901	0.9904	0.9906	0.9909	0.9911	0.9913	0.9916
2.4	0.9918	0.9920	0.9922	0.9925	0.9927	0.9929	0.9931	0.9932	0.9934	0.9936
2.5	0.9938	0.9940	0.9941	0.9943	0.9945	0.9946	0.9948	0.9949	0.9951	0.9952
2.6	0.9953	0.9955	0.9956	0.9957	0.9959	0.9960	0.9961	0.9962	0.9963	0.9964
2.7	0.9965	0.9966	0.9967	0.9968	0.9969	0.9970	0.9971	0.9972	0.9973	0.9974
2.8	0.9974	0.9975	0.9976	0.9977	0.9977	0.9978	0.9979	0.9979	0.9980	0.9981
2.9	0.9981	0.9982	0.9982	0.9983	0.9984	0.9984	0.9985	0.9985	0.9986	0.9986

x	$\Phi(x)$	x	$\Phi(x)$	x	$\Phi(x)$
3.0	0.99865	4.0	0.999968	5.0	0.9999997
3.1	0.99903	4.1	0.999979		
3.2	0.99931	4.2	0.999987		
3.3	0.99952	4.3	0.999991		
3.4	0.99966	4.4	0.999995		
3.5	0.99977	4.5	0.999997		
3.6	0.99984	4.6	0.999998		
3.7	0.99989	4.7	0.999999		
3.8	0.99992	4.8	0.9999992		
3.9	0.99995	4.9	0.999995		

附表 3　对应于概率 $P(\chi^2 \geqslant \chi_\alpha^2) = \dfrac{1}{2^{\frac{k}{2}} \Gamma\left(\frac{k}{2}\right)} \int_{\chi_\alpha^2}^{+\infty} x^{\frac{k}{2}-1} e^{-\frac{x}{2}} dx = \alpha$ 及自由度 k 的 χ_α^2 数值表

k \ α	0.995	0.99	0.975	0.95	0.90	0.75	0.50	0.25	0.10	0.05	0.025	0.01	0.005
1	0.00004	0.0002	0.001	0.004	0.016	0.102	0.455	1.32	2.71	3.84	5.02	6.64	7.88
2	0.010	0.020	0.051	0.103	0.211	0.575	1.39	2.77	4.61	5.99	7.38	9.21	10.6
3	0.072	0.115	0.216	0.352	0.584	1.21	2.37	4.11	6.25	7.82	9.35	11.3	12.8
4	0.207	0.297	0.484	0.711	1.06	1.92	3.36	5.39	7.78	9.49	11.1	13.3	14.9
5	0.412	0.554	0.831	1.15	1.61	2.67	4.55	6.63	9.24	11.1	12.8	15.1	16.7
6	0.676	0.872	1.24	1.64	2.20	3.45	5.35	7.84	10.6	12.6	14.4	16.8	18.5
7	0.989	1.24	1.69	2.17	2.83	4.25	6.35	9.04	12.0	14.1	16.0	18.5	20.3
8	1.34	1.65	2.18	2.73	3.49	5.07	7.34	10.2	13.4	15.5	17.5	20.1	22.0
9	1.73	2.09	2.70	3.33	4.17	5.90	8.34	11.4	14.7	16.9	19.0	21.7	23.6
10	2.16	2.56	3.25	3.94	4.87	6.74	9.34	12.5	16.0	18.3	20.5	23.2	25.2
11	2.60	3.05	3.82	4.57	5.58	7.58	10.3	13.7	17.3	19.7	21.9	24.7	26.8
12	3.07	3.57	4.40	5.23	6.30	8.44	11.3	14.8	18.5	21.0	23.3	26.2	28.3
13	3.57	4.11	5.01	5.89	7.04	9.30	12.3	16.0	19.8	22.4	24.7	27.7	29.8
14	4.07	4.66	5.63	6.57	7.79	10.2	13.3	17.1	21.1	23.7	26.1	29.1	31.3
15	4.60	5.23	6.26	7.26	8.55	11.0	14.3	18.2	22.3	25.0	27.5	30.6	32.8

续附表 3

k \ α	0.995	0.99	0.975	0.95	0.90	0.75	0.50	0.25	0.10	0.05	0.025	0.01	0.005
16	5.14	5.81	6.91	7.96	9.31	11.9	15.3	19.4	23.5	26.3	28.8	32.0	34.3
17	5.70	6.41	7.56	8.67	10.1	12.8	16.3	20.5	24.8	27.6	30.2	33.4	35.7
18	6.26	7.02	8.23	9.39	10.9	13.7	17.3	21.6	26.0	28.9	31.5	34.8	37.2
19	6.84	7.63	8.91	10.1	11.7	14.6	18.3	22.7	27.2	30.1	32.9	36.2	38.6
20	7.43	8.26	9.59	10.9	12.4	15.5	19.3	23.8	28.4	31.4	34.2	37.6	40.0
21	8.03	8.90	10.3	11.6	13.2	16.3	20.3	24.9	29.6	32.7	35.5	38.9	41.4
22	8.64	9.54	11.0	12.3	14.0	17.2	21.3	26.0	30.8	33.9	36.8	40.3	42.8
23	9.26	10.2	11.7	13.1	14.8	18.1	22.3	27.1	32.0	35.2	38.1	41.6	44.2
24	9.89	10.9	12.4	13.8	15.7	19.0	23.3	28.2	33.2	36.4	39.4	43.0	45.6
25	10.5	11.5	13.1	14.6	16.5	19.9	24.3	29.3	34.4	37.7	40.6	44.3	46.9
26	11.2	12.2	13.8	15.4	17.3	20.8	25.3	30.4	35.6	38.9	41.9	45.6	48.3
27	11.8	12.9	14.6	16.2	18.1	21.7	26.3	31.5	36.7	40.1	43.2	47.0	49.6
28	12.5	13.6	15.3	16.9	18.9	22.7	27.3	32.6	37.9	41.3	44.5	48.3	51.0
29	13.1	14.3	16.0	17.7	19.8	23.6	28.3	33.7	39.1	42.6	45.7	49.6	52.3
30	13.8	15.0	16.8	18.5	20.6	24.5	29.3	34.8	40.3	43.8	47.0	50.9	53.7
40	20.7	22.2	24.4	26.5	29.1	33.7	39.3	45.6	51.8	55.8	59.3	63.7	66.8
50	28.0	29.7	32.4	34.8	37.7	42.9	49.3	56.3	63.2	67.5	71.4	76.2	79.5
60	35.5	37.5	40.5	43.2	46.5	52.3	59.3	67.0	74.4	79.1	83.3	88.4	92.0

附表4 对应于概率 $P(t \geqslant t_\alpha) = \dfrac{\Gamma\left(\dfrac{k+1}{2}\right)}{\sqrt{k\pi}\,\Gamma\left(\dfrac{k}{2}\right)} \int_{t_\alpha}^{+\infty} \left(1+\dfrac{x^2}{k}\right)^{-\frac{k+1}{2}} \mathrm{d}x = \alpha$

及自由度 k 的 t_α 数值表

k \ α	0.45	0.40	0.35	0.30	0.25	0.20	0.15	0.10	0.05	0.025	0.01	0.005
1	0.158	0.325	0.510	0.727	1.000	1.376	1.963	3.080	6.31	12.71	31.80	63.70
2	0.142	0.289	0.445	0.617	0.816	1.061	1.386	1.886	2.92	4.30	6.96	9.92
3	0.137	0.277	0.424	0.584	0.765	0.978	1.250	1.638	2.35	3.18	4.54	5.84
4	0.134	0.271	0.414	0.569	0.741	0.941	1.190	1.533	2.13	2.78	3.75	4.60
5	0.132	0.267	0.408	0.559	0.727	0.920	1.156	1.476	2.02	2.57	3.36	4.03
6	0.131	0.265	0.404	0.553	0.718	0.906	1.134	1.440	1.943	2.45	3.14	3.71
7	0.130	0.263	0.402	0.549	0.711	0.896	1.119	1.415	1.895	2.36	3.00	3.50
8	0.130	0.262	0.399	0.546	0.706	0.889	1.108	1.397	1.860	2.31	2.90	3.36
9	0.129	0.261	0.398	0.543	0.703	0.883	1.100	1.383	1.833	2.26	2.82	3.25
10	0.129	0.260	0.397	0.542	0.700	0.879	1.093	1.372	1.812	2.23	2.76	3.17
11	0.129	0.260	0.396	0.540	0.697	0.876	1.088	1.363	1.796	2.20	2.72	3.11
12	0.128	0.259	0.395	0.539	0.695	0.873	1.083	1.356	1.782	2.18	2.68	3.06
13	0.128	0.259	0.394	0.538	0.694	0.870	1.079	1.350	1.771	2.16	2.65	3.01
14	0.128	0.258	0.393	0.537	0.692	0.868	1.076	1.345	1.761	2.14	2.62	2.98
15	0.128	0.258	0.393	0.536	0.691	0.866	1.074	1.341	1.753	2.13	2.60	2.95
16	0.128	0.258	0.392	0.535	0.690	0.865	1.071	1.337	1.746	2.12	2.58	2.92
17	0.128	0.257	0.392	0.534	0.689	0.863	1.069	1.333	1.740	2.11	2.57	2.90
18	0.127	0.257	0.392	0.534	0.688	0.862	1.067	1.330	1.734	2.10	2.55	2.88
19	0.127	0.257	0.391	0.533	0.688	0.861	1.066	1.328	1.729	2.09	2.54	2.86
20	0.127	0.257	0.391	0.533	0.687	0.860	1.064	1.325	1.725	2.09	2.53	2.85
21	0.127	0.257	0.391	0.532	0.686	0.859	1.063	1.323	1.721	2.08	2.52	2.83
22	0.127	0.256	0.390	0.532	0.686	0.858	1.061	1.321	1.717	2.07	2.51	2.82
23	0.127	0.256	0.390	0.532	0.685	0.858	1.060	1.319	1.714	2.07	2.50	2.81
24	0.127	0.256	0.390	0.531	0.685	0.857	1.059	1.318	1.711	2.06	2.49	2.80
25	0.127	0.256	0.390	0.531	0.684	0.856	1.058	1.316	1.708	2.06	2.48	2.79
26	0.127	0.256	0.390	0.531	0.684	0.856	1.058	1.315	1.706	2.06	2.48	2.78
27	0.127	0.256	0.389	0.531	0.684	0.855	1.057	1.314	1.703	2.05	2.47	2.77
28	0.127	0.256	0.389	0.530	0.683	0.855	1.056	1.313	1.701	2.05	2.47	2.76
29	0.127	0.256	0.389	0.530	0.683	0.854	1.055	1.311	1.699	2.04	2.46	2.76
30	0.127	0.256	0.389	0.530	0.683	0.854	1.055	1.310	1.697	2.04	2.46	2.75
40	0.126	0.255	0.388	0.529	0.681	0.851	1.050	1.303	1.684	2.02	2.42	2.70
60	0.126	0.254	0.387	0.527	0.679	0.848	0.046	1.296	1.671	2.00	2.39	2.66
120	0.126	0.254	0.386	0.526	0.677	0.845	1.041	1.289	1.658	1.980	2.36	2.62
∞	0.126	0.253	0.385	0.524	0.674	0.842	1.036	1.282	1.645	1.960	2.33	2.58

附表 5　对应于概率 $P(F \geqslant F_\alpha) = \dfrac{\Gamma\left(\dfrac{k_1+k_2}{2}\right)}{\Gamma\left(\dfrac{k_1}{2}\right)\Gamma\left(\dfrac{k_2}{2}\right)} k_1^{\frac{k_1}{2}} k_2^{\frac{k_2}{2}}$

α	$k_2 \diagdown k_1$	1	2	3	4	5	6	7	8
0.05	1	161	200	216	225	230	234	237	239
0.025		648	800	864	900	922	937	948	957
0.01		4050	5000	5400	5620	5760	5860	5930	5980
0.005		16200	20000	21600	22500	23100	23400	23700	23900
0.05	2	18.5	19.0	19.2	19.2	19.3	19.3	19.4	19.4
0.025		38.5	39.0	39.2	39.2	39.3	39.3	39.4	39.4
0.01		98.5	99.0	99.2	99.2	99.3	99.3	99.4	99.4
0.005		199	199	199	199	199	199	199	199
0.05	3	10.1	9.55	9.28	9.12	9.01	8.94	8.89	8.85
0.025		17.4	16.0	15.4	15.1	14.9	14.7	14.6	14.5
0.01		34.1	30.8	29.5	28.7	28.2	27.9	27.7	27.5
0.005		55.6	49.8	47.5	46.2	45.4	44.8	44.4	44.1
0.05	4	7.71	6.94	6.59	6.39	6.26	6.16	6.09	6.04
0.025		12.2	10.6	9.98	9.60	9.36	9.20	9.07	8.98
0.01		21.2	18.0	16.7	16.0	15.5	15.2	15.0	14.8
0.005		31.3	26.3	24.3	23.2	22.5	22.0	21.6	21.4
0.05	5	6.61	5.79	5.41	5.19	5.05	4.95	4.88	4.82
0.025		10.0	8.43	7.76	7.39	7.15	6.98	6.85	6.76
0.01		16.3	13.3	12.1	11.4	11.0	10.7	10.50	10.3
0.005		22.8	18.3	16.5	15.6	14.9	14.5	14.2	14.0
0.05	6	5.99	5.14	4.76	4.53	4.39	4.28	4.21	4.15
0.025		8.81	7.26	6.60	6.23	5.99	5.82	5.70	5.60
0.01		13.7	10.9	9.78	9.15	8.75	8.47	8.26	8.10
0.005		18.6	14.5	12.9	12.0	11.5	11.1	10.8	10.6
0.05	7	5.59	4.74	4.35	4.12	3.97	3.87	3.79	3.73
0.025		8.07	6.54	5.89	5.52	5.29	5.12	4.99	4.90
0.01		12.2	9.55	8.45	7.85	7.46	7.19	6.99	6.84
0.005		16.2	12.4	10.9	10.1	9.52	9.16	8.89	8.68
0.05	8	5.32	4.46	4.07	3.84	3.69	3.58	3.50	3.44
0.025		7.57	6.06	5.42	5.05	4.82	4.65	4.53	4.43
0.01		11.3	8.65	7.59	7.01	6.63	6.37	6.18	6.03
0.005		14.7	11.0	9.60	8.81	8.30	7.95	7.69	7.30

$$\int_{F_\alpha}^{+\infty} \frac{x^{\frac{k_1}{2}-1}}{(k_1 x + k_2)^{\frac{k_1+k_2}{2}}} dx = \alpha \text{ 及自由度}(k_1, k_2) \text{ 的 } F_\alpha \text{ 数值表}$$

9	10	12	15	20	30	60	120	∞
241	242	244	246	248	250	252	253	254
963	969	977	985	993	1001	1010	1014	1018
6020	6060	6110	6160	6210	6260	6310	6340	6370
24100	24200	24400	21600	24300	25000	25200	25400	25500
19.4	19.4	19.4	19.4	19.5	19.5	19.5	19.5	19.5
39.4	39.4	39.4	39.4	39.4	39.05	39.05	39.05	39.05
99.4	99.4	99.4	99.4	99.4	99.5	99.5	99.5	99.5
199	199	199	199	199	199	199	199	199
8.81	8.79	8.74	8.70	8.66	8.62	8.57	8.55	8.53
14.5	14.4	14.3	14.3	14.2	14.1	14.0	13.9	13.9
27.3	27.2	27.1	26.9	26.7	26.5	26.3	26.2	26.1
43.9	43.7	43.4	43.1	42.8	42.5	42.1	42.0	41.8
8.00	5.96	5.91	5.86	5.80	5.75	5.69	5.66	5.63
8.90	8.84	8.75	8.66	8.56	8.46	8.36	8.31	8.26
14.7	14.5	14.4	14.2	14.0	13.8	13.7	13.6	13.5
21.1	21.0	20.7	20.4	20.2	19.9	19.6	19.5	19.3
4.77	4.74	4.68	4.62	4.56	4.50	4.43	4.40	4.37
6.68	6.62	6.52	6.43	6.33	6.23	6.12	6.07	6.02
10.2	10.1	9.89	9.72	9.55	9.38	9.20	9.11	9.02
13.8	13.6	13.4	13.1	12.9	12.7	12.4	12.3	12.1
4.10	4.06	4.00	3.94	3.87	3.81	3.74	3.70	3.67
5.22	5.46	5.37	5.27	5.17	5.07	4.96	4.90	4.85
7.98	7.87	7.72	7.56	7.40	7.23	7.06	6.97	6.88
10.4	10.2	10.0	9.81	9.59	9.36	9.12	9.00	8.88
3.63	3.64	3.57	3.51	3.44	3.38	3.30	7.27	3.23
4.82	4.76	4.67	4.57	4.47	4.36	4.25	4.20	4.14
6.72	6.62	6.47	6.31	6.16	5.99	5.82	5.74	5.65
8.51	8.38	8.18	7.97	7.75	7.53	7.31	7.19	7.08
3.39	3.35	3.28	3.22	3.15	3.08	3.01	2.97	2.93
4.36	4.30	4.20	4.10	4.00	3.89	3.78	3.73	3.67
5.91	5.81	5.67	5.52	5.36	5.20	5.03	4.95	4.86
7.34	7.21	7.01	6.81	6.61	6.40	6.18	6.06	5.95

续附表 5

α	$\dfrac{1}{2}$	1	2	3	4	5	6	7	8
0.05	9	5.12	4.26	3.86	3.63	3.48	3.37	3.29	3.23
0.025		7.21	5.71	5.05	4.72	4.48	4.32	4.20	4.10
0.01		10.6	8.02	6.99	6.42	6.06	5.80	5.61	5.47
0.005		13.6	10.1	8.72	7.96	7.47	7.13	6.88	6.69
0.05	10	4.96	4.10	3.71	3.48	3.33	3.22	3.14	3.07
0.025		6.94	5.46	4.83	4.47	4.24	4.07	3.95	3.85
0.01		10.0	7.56	6.55	5.99	5.64	5.39	5.20	5.06
0.005		12.8	9.43	8.08	7.34	6.87	6.54	6.30	6.12
0.05	12	4.75	3.89	3.49	3.26	3.11	3.00	2.91	2.85
0.025		6.55	5.10	4.47	4.12	3.89	3.73	3.61	3.51
0.01		9.33	6.93	5.95	5.41	5.06	4.82	4.64	4.50
0.005		11.8	8.51	7.23	6.52	6.07	5.76	5.52	5.35
0.05	15	4.54	3.68	3.29	3.06	2.90	2.79	2.71	2.64
0.025		6.20	4.77	4.15	3.80	3.58	3.41	3.29	3.20
0.01		8.68	6.36	5.42	4.89	4.56	4.32	4.14	4.00
0.005		10.8	7.70	6.48	5.80	5.37	5.07	4.85	4.67
0.05	20	4.35	3.49	3.10	2.87	2.71	2.60	2.51	2.45
0.025		5.87	4.46	3.86	3.51	3.29	3.13	3.01	2.91
0.01		8.10	5.85	4.94	4.43	4.10	3.87	3.70	3.56
0.005		9.94	6.99	5.82	5.17	4.76	4.47	4.26	4.09
0.05	30	4.17	3.32	2.92	2.69	2.53	2.42	2.33	2.27
0.025		5.57	4.18	3.59	3.25	3.03	2.87	2.75	2.65
0.01		7.56	5.39	4.51	4.02	3.70	3.47	3.30	3.17
0.005		9.18	6.35	5.24	4.62	4.23	3.95	3.74	3.58
0.05	60	4.00	3.15	2.76	2.53	2.37	2.25	2.17	2.10
0.025		5.29	3.93	3.34	3.01	2.79	2.63	2.51	2.41
0.01		7.08	4.98	4.13	3.65	3.34	3.12	2.95	2.82
0.005		8.49	5.80	4.73	4.14	3.76	3.49	3.29	3.13
0.05	120	3.92	3.07	2.68	2.45	2.29	2.18	2.09	2.02
0.025		5.15	3.80	3.23	2.89	2.67	2.52	2.39	2.30
0.01		6.85	4.79	3.95	3.48	3.17	2.96	2.79	2.66
0.005		8.18	5.54	4.50	3.92	3.55	3.28	3.09	2.93
0.05	∞	3.84	3.00	2.60	2.37	2.21	2.10	2.01	1.94
0.025		5.02	3.69	3.12	2.79	2.57	2.41	2.29	2.19
0.01		6.63	4.61	3.78	3.32	3.02	2.80	2.64	2.51
0.005		7.88	5.30	4.28	3.72	3.35	3.09	2.90	2.74

续附表 5

9	10	12	15	20	30	60	120	∞
3.18	3.14	3.07	3.01	2.94	2.86	2.79	2.75	2.71
4.03	3.96	3.87	3.77	3.67	3.56	3.45	3.39	3.33
5.35	5.26	5.11	4.96	4.81	4.65	4.48	4.40	4.31
6.54	6.42	6.23	6.03	5.83	5.62	5.41	5.30	5.19
3.02	2.98	2.91	2.84	2.77	2.70	2.62	2.58	2.54
3.78	3.72	3.62	3.52	3.42	3.31	3.20	3.14	3.08
4.94	4.85	4.71	4.56	4.41	4.25	4.08	4.00	3.91
5.97	5.85	5.66	5.47	5.27	5.07	4.86	4.75	4.64
2.80	2.75	2.69	2.62	2.54	2.47	2.38	2.34	2.30
3.44	3.37	3.28	3.18	3.07	2.96	2.85	2.79	2.72
4.39	4.30	4.16	4.01	3.86	3.70	3.54	3.45	3.36
5.20	5.09	4.91	4.72	4.53	4.33	4.12	4.01	3.90
2.59	2.54	2.48	2.40	2.33	2.25	2.16	2.11	2.07
3.12	3.06	2.96	2.86	2.76	2.64	2.52	2.46	2.40
3.89	3.80	3.67	3.52	3.37	3.21	3.05	2.96	2.87
4.54	4.42	4.25	4.07	3.88	3.69	3.48	3.37	3.26
2.39	2.35	2.28	2.20	2.12	2.04	1.95	1.90	1.84
2.84	2.77	2.68	2.57	2.46	2.35	2.22	2.16	2.09
3.46	3.37	3.23	3.09	2.94	2.78	2.61	2.52	2.42
3.96	3.85	3.68	3.50	3.32	3.12	2.92	2.81	2.69
2.21	2.16	2.09	2.01	1.93	1.84	1.74	1.68	1.62
2.57	2.51	2.41	2.31	2.20	2.07	1.94	1.87	1.79
3.07	2.98	2.84	2.70	2.55	2.39	2.21	2.11	2.01
3.45	3.34	3.18	3.01	2.82	2.63	2.42	2.30	2.18
2.04	1.99	1.92	1.84	1.75	1.65	1.53	1.47	1.39
2.33	2.27	2.17	2.06	1.94	1.82	1.67	1.58	1.48
2.72	2.63	2.50	2.35	2.20	2.03	1.84	1.73	1.60
3.01	2.90	2.74	2.57	2.39	2.19	1.96	1.83	1.69
1.96	1.91	1.83	1.75	1.66	1.55	1.43	1.35	1.25
2.22	2.16	2.05	1.94	1.82	1.69	1.53	1.43	1.31
2.56	2.47	2.34	2.19	2.03	1.86	1.66	1.53	1.38
2.81	2.71	2.54	2.37	2.19	1.98	1.75	1.61	1.43
1.88	1.83	1.75	1.67	1.57	1.46	1.32	1.22	1.00
2.11	2.05	1.94	1.83	1.71	1.57	1.39	1.27	1.00
2.41	2.32	2.18	2.04	1.88	1.70	1.47	1.32	1.00
2.62	2.52	2.36	2.19	2.00	1.79	1.53	1.36	1.00

附表 6　相关系数显著性检验表

$n-2$	0.05	0.01	$n-2$	0.05	0.01
1	0.997	1.000	21	0.413	0.526
2	0.950	0.990	22	0.404	0.515
3	0.878	0.959	23	0.396	0.505
4	0.811	0.917	24	0.388	0.496
5	0.754	0.874	25	0.381	0.487
6	0.707	0.834	26	0.374	0.478
7	0.666	0.798	27	0.367	0.470
8	0.632	0.765	28	0.361	0.463
9	0.602	0.735	29	0.355	0.456
10	0.576	0.708	30	0.349	0.449
11	0.553	0.684	35	0.325	0.418
12	0.532	0.661	40	0.304	0.393
13	0.514	0.641	45	0.288	0.372
14	0.497	0.623	50	0.273	0.354
15	0.482	0.606	60	0.250	0.325
16	0.468	0.590	70	0.232	0.302
17	0.456	0.575	80	0.217	0.283
18	0.444	0.561	90	0.205	0.267
19	0.433	0.549	100	0.195	0.254
20	0.423	0.537	200	0.138	0.181